AF298944

LA PHYSIQUE

A LA PORTÉE

DE TOUT LE MONDE,

OUVRAGE où l'on expose les différentes parties de la Physique, de manière à pouvoir apprendre, sans le secours d'aucun Maître, non seulement ce qu'il y a de plus agréable et de plus amusant, mais encore ce qu'il y a de plus sublime et de plus relevé dans la science de la Nature.

.... Cui lecta potenter erit res.
Nec facundia deseret hunc, nec lucidus ordo.
HORAT. *de Arte Poetica.*

Par M. AIMÉ-HENRI PAULIAN, Prêtre, de différentes Académies.

SECONDE ÉDITION.

TOME PREMIER.

A NISMES,

Chez J. GAUDE et Cᵉ., Imprim.-Lib.

1791.

PRÉFACE.

TOUT ouvrage d'une utilité générale doit naturellement être bien reçu du public, sur-tout s'il est présenté sous une forme nouvelle. Tel est celui que nous lui offrons : il traite non seulement de ce qu'il y a de plus agréable et de plus amusant, mais encore de ce qu'il y a de plus sublime et de plus relevé dans la science de la Nature ; il sera donc d'une utilité générale. La Physique est la science à la mode dans tous les royaumes de l'Europe, en France sur-tout, où les Savans sont en possession depuis si long-temps de donner le ton dans l'empire des lettres.

Nous prétendons mettre en état, je ne dis pas seulement les personnes d'un certain âge, mais les jeunes-gens de l'un & de l'autre sexe, de pénétrer facilement, sans le secours d'aucun Maître, dans tous les secrets de la Nature : notre ouvrage sera donc présenté sous une forme nouvelle. Il n'est encore aucun Auteur qui ait eu une pareille idée ; nous l'avons saisie avec empressement, et nous nous félicitons qu'elle se soit offerte à notre esprit. La clarté qui, nous assure-t-on de toutes parts , *fait comme le caractère distinctif des ouvrages que nous avons donnés au public , et l'étude constante que nous faisons depuis si long-temps de la science de la Nature , nous mettent en état d'exécuter , dans tous ses points , un si beau projet.*

La nécessité où nous nous trouvons d'entrer dans les détails les plus minutieux , nous oblige à ne mettre , dans nos premiers dialogues , que deux Interlocuteurs , le Maître et le Disciple. Dans la suite nous en augmenterons le nombre. Il est même certaines matières que nous prévoyons ne pouvoir traiter que par lettres ou par dissertations. Quelque forme que nous donnions à nos leçons , l'on peut être assuré que nous prendrons tous les moyens possibles pour que , dans quelque circonstance que nous nous trouvions, l'utile ne soit jamais séparé de l'agréable.

LA PHYSIQUE

A LA PORTÉE

DE TOUT LE MONDE.

Sur la Physique considérée en général, en elle-même et dans son objet.

LE Maître. Vous voilà donc déterminé à marcher sur les traces de votre respectable Père, qu'une mort prématurée vous a enlevé. Vous voulez, comme lui, dans votre jeunesse, orner votre esprit de toutes les connoissances dont il peut être capable. Je loue votre dessein, et je m'offre très-volontiers à être votre guide dans la route toujours épineuse des sciences humaines. C'est moins un service que je vous rendrai avec plaisir, qu'une dette que je vous payerai avec empressement. Vous savez combien j'étois attaché à celui que vous pleurerez jusqu'à la fin de vos jours. D'ailleurs, si j'ai fait quelques progrès en Physique, je les lui dois ; il m'en a donné les premières leçons.

A ,

Le Disciple. C'est aussi par la Physique que je vous commencer. Ce sera là me conformer aux intentions d'un Père, dont les vertus éminentes et les connoissances profondes seront toujours présentes à mon esprit. Trop heureux de trouver, dans le plus cher de ses amis, le moyen de marcher un jour sur ses traces ! Aussi écouterai-je les leçons que vous aurez la bonté de me faire, avec la plus grande docilité, avec le plaisir même le plus inexprimable. Je vous aimerai comme mon père.

Le Maître. Et moi comme mon fils. Vous ressemblez par la figure, l'esprit et le caractère, à celui que j'ai eu le malheur de perdre. Votre conduite soutenue peut, en quelque sorte, me dédommager de cette perte. Mais ne différons pas nos leçons, et entrons au plutôt en matière.

Le Disciple. Je le souhaite avec autant d'empressement que vous. Commencez, je vous en prie, par me donner une idée générale de la Physique. Apprenez-moi quels sont les principaux avantages qu'elle me procurera.

Le Maître. Aurez-vous un jour assez étudié la Nature, pour mériter, à juste titre, le nom de Physicien ? Rien ne vous étonnera dans ce vaste univers ; tous les objets qu'il renferme vous deviendront intéressans ; vous en connoîtrez l'essence et les différentes propriétés ; et dans quelques années vous lirez aussi facilement dans le grand livre du monde, que vous lisez à présent dans les livres qui sont le plus à votre portée. Vous promenerez-vous sur la surface du globe que nous habitons ? Vous le parcourrez à peu-près comme fait un homme qui visite les différens appartemens d'un palais magnifique qu'il vient de faire meubler,

Verrez-vous des eaux *douces* et des eaux *salées?* vous connoîtrez l'origine de unes, et vous saurez pourquoi les autres sont sujettes, dans certaines mers, à un *flux* et à un *réflux* journalier. Apercevrez-vous des plantes? vous en aurez étudié la naissance, examiné l'accroissement, guéri les maladies, prévenu la mort. Ce qu'il y a de plus compliqué dans leurs couleurs, de plus diversifié dans leurs odeurs, de plus incompréhensible dans leur immense fécondité, ne sera pas pour vous, comme pour le commun des hommes, autant d'énigmes difficiles à expliquer. Les Animaux *raisonables* et *irraisonnables* dont notre globe est habité, ont des corps, et ces corps ont un mécanisme secret dont vous connoîtrez tout le merveilleux.

Lorsque de la surface de la terre vous pénétrerez dans son intérieur, vous y trouverez des feux souterrains allumés, tantôt par voie de fermentation, tantôt par le moyen de la matière électrique; vous en apercevrez facilement, je ne dis pas l'utilité, mais l'indispensable nécessité; et vous leur pardonnerez aisément les maux terribles qu'ils procurent à certaines contrées sujettes aux tremblemens de terre, en faveur des biens immenses dont ils sont la source intarissable. Sans eux la Nature tomberoit dans un engourdissement aussi funeste que le néant. Aucun métal, aucune pierre, aucun fossile, en un mot, ne se formeroient dans le sein de la terre. Aucune végétation dans les plantes; leur tige seroit brûlée par les rayons du soleil, et leurs racines périroient par un froid excessif. Les hommes, eux-mêmes, ne seroient pas épargnés; l'hiver le moins rude dépeupleroit tout l'univers.

De la surface de la terre, vous vous éleverez dans son atmosphère par la simple imagination, et non sur des *Aérostats* dont vous aurez trop bien étudié le mécanisme, pour ne pas en prévoir tous les dangers. Vous saurez comment et à quelle distance se forment les Météores *aériens*, *ignées* et *aqueux*, les vents, les tonnerres, les brouillards, la neige, la pluie la grêle, etc. Vous vous convaincrez, par les observations les plus sûres, que l'*aurore boréale* et la *lumière zodiacale* ne doivent pas être rangées parmi les météores ordinaires. Les expériences les plus décisives vous apprendront que l'air a du ressort et de la pesanteur. Dès-lors, toutes les difficultés disparoîtront, lorsqu'on vous présentera quelque observation météorologique, ou lorsqu'on vous invitera à conduire le son *direct* et le son *réfléchi*, jusqu'à l'organe de l'ouie.

Après avoir examiné l'atmosphère terrestre, vous porterez vos regards dans les cieux ; et pour que rien ne vous échappe dans ces immenses régions, vous vous servirez d'instrumens, qui, en donnant plus d'étendue à l'image des objets les plus éloignés, les éclairciront et les raprocheront. Incapable de les fabriquer vous-mêmes, vous ne demanderez que de l'addresse dans les ouvriers, parce que vous les dirigerez suivant les lois d'une savante théorie. Sans le secours de ces instrumens et par le moyen des plus simples calculs, vous connoîtrez les distances des planètes et des comètes, leur masse, leur densité, leur poids, celui de toutes les montagnes de l'univers. Oui, je ne crains pas de le dire, vous n'aurez pas plus de peine à peser le soleil, les planètes et les comètes, que vous en avez maintenant à peser, par le moyen de la balance ou de la romaine, les chofes les plus usuelles. Ce sera par les lois de *Képler* que vous jugerez de ces différentes distances ; et ce seront les lois du *centre de gravitation* des corps célestes, qui vous aideront à découvrir les autres phénomènes. Vous vous moquerez du système de *Ptolomée* ; vous rejetterez celui de *Ticho-brahé* ; et conduit par *Copernic*, vous placerez le soleil au cendre du monde, & la terre, comme les autres planètes, tournera périodiquement autour de lui. Le nombre, la grandeur, la distance des étoiles fixes, vous donneront la plus haute idée du Souverain Maître de l'univers. Par les calculs les plus aisés et les plus infaillibles, vous prédirez les éclipses totales et partielles, je ne dis pas un an, mais mille ans, mille siècles avant qu'elles arrivent.

Pour rendre plus facilement raison de tant de phénomènes, vous examinerez avec soin les systèmes généraux inventés par les plus grands Physiciens, et vous adopterez celui qui vous paroîtra le plus conforme aux lois générales du mouvement, et aux règles les plus invariables de la plus sûre mécanique. Telle est l'idée générale que vous devez vous former de la science à laquelle vous allez vous adonner.

Le Disciple. Avant de vous entendre, j'avois énvie d'apprendre la Phyfique, maintenant rien n'est comparable au désir dont je suis enflammé. Commençons au plutôt, je vous en prie, et dites-moi ce que c'est que la Physique ; employez pour cela la définition la plus claire et la plus nette, et permettez-moi de vous interrompre, lorfqu'il vous échappera quelque terme dont je ne comprendrai pas le sens.

Le Maître. Je vous accorde volontiers cette

permission. Un terme que vous n'entendriez pas, ou même que vous n'entendriez qu'à demi, vous feroit regarder comme incertaines et problématiques les vérités les plus claires et les plus évidentes.

La Physique est la science de la nature, considérée dans ses objets purement matériels. L'homme, par exemple, le chef-d'œuvre sorti des mains du Tout-Puissant, est composé de deux substances bien différentes, le corps et l'ame. Un Physicien n'a droit de parler de cette ame, purement spirituelle, que lorsqu'elle lui sera absolument nécessaire, pour expliquer certains mouvements du corps. Mais le corps de l'homme, ainsi que tous les corps des Êtres animés, sont directement sous son pouvoir. Tel est le domaine au-delà duquel il ne lui est jamais permis de s'étendre. En agir autrement, ce seroit, comme l'on dit, mettre sa faulx dans la moisson d'autrui. C'est donc le corps en général, et tout corps quelconque en particulier, qui est l'objet immédiat de la Physique.

Le Disciple. Je vous comprends ; je sais même ce que c'est que *corps* ; mais si l'on m'en demandoit la définition exacte, je me trouverois furieusement embarrassé.

Le Maître. L'on distingue en Physique trois différentes dimensions, la longueur, lalargeur et la profondeur ou l'épaisseur. Toute substance qui a ces trois dimensions, est un corps ; et comme toute matière, quelque imperceptible qu'elle soit, en est douée, il s'ensuit évidemment que toute matière, grande, petite, moyenne, sensible ou insensible est un corps.

Le Disciple. Mon corps est donc composé de

différents corps. Mon doigt, par exemple, a de la longueur, de la largeur et de l'épaisseur ; c'est donc un corps.

Le Maître. Il y a dans votre corps, non seulement des millions, mais des milliards et des milliards de corps. L'arithmétique ne sauroit en exprimer le nombre : c'est la réunion de ces corps, faite par l'Auteur même de la nature, qui forme ce qu'on appelle *corps humain.*

Le Disciple. Lorsque je voudrai parler en Physicien, il faudra donc que je mette continuellement en avant les trois différentes dimensions. Si cela est, les conversations en Physique, que je croyois être si agréables, causeront un souverain ennui.

Le Maître. Cela n'est pas nécessaire. Il vous sera permis de considérer le corps, tantôt suivant sa longueur seulement, tantôt suivant sa longueur et sa largeur, et tantôt suivant ses trois dimensions.

Chercherez-vous, par exemple, dans la suite, la distance qu'il y a de la terre au soleil ? Vous considérez les corps intermédiaires suivant leur longueur seulement ; les deux autres dimensions vous seront inutiles. L'espace qui les sépare, ce prend alors pour une ligne, parce que plus il sera long, plus aussi la terre et le soleil seront éloignés l'un de l'autre.

Voudrez-vous arpenter un terrain quelconque ? Vous le considérerez suivant sa longueur et sa largeur seulement, parce que plus il aura de longueur et de largeur, plus grand aussi sera le nombre d'arpens qu'il contiendra. Sa profondeur peut bien contribuer à sa bonté, mais elle ne peut augmenter, ni diminuer en aucune manière son étendue.

Il n'en sera pas ainſi, lorsqu'on vous deman-
dera quel est le poids absolu d'une matière quelconque ; vous la considérerez alors suivant ses
trois dimensions, puisque plus elle aura de longueur, de largeur et d'épaisseur, plus aussi le
poids en sera considérable.

De là la célèbre division des corps en *ligne*,
surface et *solide*. La ligne est un corps dont on
ne considère que la longueur, abstraction faite
des deux autres dimensions. La surface est un
corps dont ont considère la longueur et la largeur, abstraction faite de la troisième dimension.
Enfin le solide est un corps dont on considère
les trois dimensions ensemble. Ces trois espèces
de corps sont les objets de trois traités de Physique très-amusans et très-intéressans, la *longi-
métrie*, la *Planimétrie* et la *Stéréométrie*. Dans le
premier, le Physicien opère sur les lignes ; dans
le second, il opère sur les surfaces ; dans le troisième sur les solides.

Quelquefois en Physique, comme en Mathématique, on considère le corps comme dénué
de ses trois dimensions, et alors on l'appelle *point*.
Lorsque dans la suite vous chercherez la distance
entre deux astres, éloignés l'un de l'autre de plusieurs millions de lieues, vous regarderez ces astres comme deux *points*, parce qu'il n'est pas nécessaire de connoître leur longueur, leur largeur
et leur épaisseur, pour se former une idée nette
de leur éloignement. Les Physiciens, comme les
Mathématiciens, ont donc raiſon de considérer
la ligne comme une suite de points rangés les
uns après les autres, les surfaces comme une
suite de lignes adoſsées les unes aux autres, et
les ſolides comme une suite de surface mises les

tines sur les autres. Mais n'oubliez jamais que ce sont là des *précisions purement intellectuelles*, absolument nécessaires pour traiter avec clarté les différentes parties dont une science est composée.

Le Disciple. Je vous ai compris parfaitement, à un seul terme près, dont je ne sens pas tout-à-fait l'énergie.

Le Maître. Quel est-ce terme ?

Le Disciple. Celui de *précisions intellectuelles.*

Le Maître. Vous en faites tous les jours sans vous en apercevoir. Je suppose que le même homme soit Avocat et Consul. Je suppose encore que vous ayez un procès en règle, et une affaire qui soit du ressort de la Police. Lorsque vous irez consulter ce Monsieur pour votre procès, comment le considérerez-vous ?

Le Disciple. Comme Avocat simplement.

Le Maître. Et lorsque vous lui parlerez de votre affaire de pure Police.

Le Disciple. Comme Consul précisément.

Le Maître. Et bien, dans le premier cas, vous avez préscindé intellectuellement de sa qualité de Consul, et dans le second de celle d'Avocat. Me comprenez-vous maintenant ?

Le Disciple. Parfaitement bien. Mais de quoi sont composés les différens corps ?

Le Maître. De quatre différens principes connus sous le nom *d'élémens primitifs*, l'air, l'eau, la terre et le feu. Je vous le prouverai dans la suite par des milliers d'expériences, lorsque je vous initierai dans les secrets de la chimie.

Le Disciple. Il y a sur la terre tant d'espèces de corps. Comment, avec quatre élémens, peut-on former tant de corps qui n'ont presqu'aucune ressemblance les uns avec les autres?

Le Maître. Y a-t-il sur la terre, je vous le demande, autant d'espèces de corps, qu'il y a de mots différens dans la langue française ? Non sans doute ; cependant il suffit, pour les former, de combiner un certain nombre de lettres.

Le Disciple. Mais ces lettres sont au nombre de vingt-quatre ; et vous ne me parlez que de quatre élémens.

Le Maître. Mais le nombre de mots de la langue française est bien supérieur à celui des différentes espèces de corps ?

Le Disciple. Je commence à vous comprendre. Encore une comparaison, et je ne vous fais plus aucune question sur cette matière.

Le Maître. N'y a-t-il pas plus de nombres dans l'Arithmétique, qu'il n'y a sur la terre d'espèces différentes de corps ? La chose n'est pas douteuse. Nous les formons tous cependant par le moyen de dix caractères, connu sous le nom de *chiffres*.

Le Disciple. Mais enfin, qu'est-ce qui détermine un corps à être de telle espèce, plutôt que de telle autre ?

Le Maître. C'est la *forme*. Du même marbre, l'ouvrier tirera tantôt un vase, tantôt une statue, tantôt une table, etc. C'est donc l'arrangement, la configuration des parties, qui place un corps dans une espèce plutôt que dans une autre. Nous devons à Descartes cette manière de parler, intelligible à tout le monde. Avant lui, les Philosophes prétendoient qu'il y avoit dans chaque corps, outre la matière tellement arrangée, un *être substantiel*, une *forme substantielle* qui déterminoit la matière à être plutôt or, qu'argent, etc. Qu'est-ce que la forme substantielle, leur demandoit-on ? C'est ce qui constitue un corps dans telle et telle espèce. Ils étoient si attachés à cette manière de parler en

Phyſique, qu'il eût été dangereux de les contredire. Descartes et ses sectateurs ne l'éprouvèrent que trop souvent. La cohorte péripatéticienne avoit pour général un nommé Voëtius, ancien Recteur de l'Université d'Utrecht. C'est celui-là même que le P. Daniel, *dans son voyage du monde de Descartes*, nous dépeint comme un suppôt d'Université, à cheveux gris, qu'une voix de tonnerre avoit rendu redoutable dans les diſputes, et qui n'étoit déchaîné contre Descartes, que parce qu'il eût été obligé, sur la fin de sa carrière, ou d'apprendre la nouvelle Phyloſophie, ou de garder le silence dans les Thèses. Quelle alternative pour un vieux *Pédant!* Malgré ce terrible adversaire, le Médecin Régius, Professeur dans la même Université, eut la hardiesse de proſcrire les *formes substantielles*, pour substituer en leur place la diverse configuration des parties des corps. Grande rumeur s'excite dans l'Université ; les esprits se partagent ; on ne parle d'autre chose dans la ville ; trève de nouvelles et de politique ; on ne s'entretient plus dans la *Bourse* que de *formes substantielles*. Cependant Voëtius ne s'endormit pas dans une affaire de cette importance. Il alla aux premières diſputes de Régius. Il aposta et plaça en divers endroits de la Salle quantité d'Ecoliers qui, d'abord que le Disciple de Régius commençoit à parler, éclatoient de rire, faisoient des huées, frappoient des mains, et étoient parfaitement secondés par les Docteurs, amis de Voëtius. Ce charivari démonta le pauvre Régius, qui fut obligé de faire finir la dispute.

A la Comédie succéda la Tragédie. Voëtius entreprit son Adversaire, et il ne s'en fallut de rien qu'il ne lui fît perdre sa chaire. Il le déféra

aux Magistrats ; et Régius ne se tira d'affaire ;
qu'en leur promettant de suivre exactement l'ordre qu'ils lui donnèrent par une sentence publique, de ne plus enseigner la nouvelle Philosophie, de s'en tenir aux anciens dogmes, et de
ne plus attaquer les *formes substantielles*. La sentence fut imprimée et affichée dans toutes les places
et tous les carrefours de la Ville. C'est ainsi qu'on se
comporte, lorsqu'on défend une mauvaise cause.

Voëtius, fier de ses premiers succès, voulut faire
condamner par toute l'Université la Philosophie de
Descartes. Il en vint à bout. Il le fit citer par ordre
des Magistrats, avec grand bruit, au son de la cloche et par l'Officier de Justice, et il fit déclarer
libelles diffamatoires deux écrits où Descartes
avoit parlé de Voëtius.

L'Université de Leyde, à la sollicitation de
Voëtius, suivit l'exemple de celle d'Utrecht.

Descartes ne fut pas dans la suite mieux traité
en France, sa patrie, qu'il l'avoit été dans les pays
étrangers. Les Universités de Caen et d'Angers or-
donnèrent à leurs Professeurs d'enseigner les *formes
substantielles*, sous peine, en cas de désobéissance,
de perdre leurs priviléges et leurs degrés.

Tous ces faits incroyables, dans un siècle aussi
éclairé que le nôtre, sont tirés de la vie de Descartes.
L'Historien nous marque en termes exprès (*tom. 2,
pag.* 264)que ce qui soutint ce grand homme dans
toutes ces épreuves, ce fut le jugement favorable que
portèrent les Jésuites sur ces ouvrages en général et
sur le livre des *principes* en particulier. C'est dans ce
livre dont je vous ferai connoître dans la suite les beautés et les défauts, qu'il substitue aux *inintelligibles
formes substantielles* l'arrangement et la configuration des parties sensibles et insensibles des corps.

II. Leçon.

II. Leçon.

Sur la petitesse incompréhensible des parties élémentaires des corps.

Le Maître. Donnez l'essor à votre imagination, et représentez-vous, si vous le pouvez, je ne dis pas un corps invisible, mais un corps que le meilleur de tous les microscopes ne puisse pas rendre visible, vous aurez une idée, telle quelle, des parties élémentaires des corps. On les appelle en Physique *corpuscules élémentaires.*

Le Disciple. Une goutte d'eau est sans contredit une partie élémentaire de l'eau; on la voit, on la touche, elle mouille, etc. Tous les élémens ne sont pas donc composés de parties aussi petites que vous le prétendez. Je vous accorderois sans peine cette proposition, si vous parliez de l'air ou du feu; mais lorsqu'il s'agira de l'eau ou de la terre, je la regarderai comme fausse et insoutenable.

Le Maître. Vous parlerez bien différemment, lorsque vous aurez réfléchi sur ce grand nombre d'expériences que j'aurai occasion dans cette leçon, de vous mettre sous les yeux. Vous direz alors, j'en suis assuré, que ces mots *petitesse incompréhensible* ne sont pas assez expressifs. Il me suffira maintenant de vous dire que la goutte d'eau dont vous me parlez, contient, je ne dis pas des millions, mais des milliards et des milliards sans nombres de parties élémentaires de l'eau.

Le Disciple. La terre, *m'avez-vous dit,* est un

Tome I.　　　　　　　　　B

des quatre élémens dont sont composés tous les corps. Ne pourrai-je pas me représenter une partie élémentaire terrestre comme le plus petit de tous les grains de sable qui se trouvent sur les côtes de la mer ?

Le Maître. Gardez-vous en bien. Vous n'auriez que des idées fausses sur les parties élémentaires des corps. Pour vous rendre ma pensée plus sensible, je vais vous faire une comparaison assez frappante. Je vous le demande, quelle est la montagne la plus élevée que vous connoissiez le mieux ?

Le Disciple. La montagne la plus élevée que je connoisse le mieux, que j'aie parcourue avec le plus d'attention ; c'est une montagne située dans le Comtat-Venaissin qu'on appelle en langue vulgaire *Mont-ventoux*. Je grimpai jusqu'à son sommet au milieu d'août. Je n'y demeurai pas long-temps ; je n'avois qu'un habit léger ; aussi éprouvai-je un froid très-sensible.

Le Maître. Je ne puis pas me servir du *Mont-ventoux* pour établir ma comparaison ; c'est plutôt une monticule qu'une montagne.

Le Disciple. Servez-vous donc des *Cordillières* ; mais donnez-m'en auparavant une idée.

Le Maître. Une fameuse chaîne de montagnes, la plus élevée qu'on connoisse, forme l'épine des deux Amériques, depuis la pointe du Chili jusqu'aux côtes boréales du Labrador. Vers le Popayan et le Pérou où elle prend le nom de *Cordillières*, elle a une hauteur perpendiculaire étonnante. La moins élevée des 13 montagnes qui se trouvent dans la Province de Quito, a 2430 toises au-dessus du niveau de la mer ; la

plupart en ont 3000 ; il en est même qui en ont
jusqu'à 3220.

Le Disciple. Je n'ai point eu de peine à vous
suivre ; j'ai assez bien étudié la Géographie dans
mon enfance. Faites maitenant la comparaison
qui doit me donner une idée de la petitesse incompréhensible des parties élémentaires.

Le Maître. Joignez ensemble les 13 montagnes
qui forment les *Cordillières* ; vous aurez une
masse immense de matière. Reprenez votre grain
de sable. Vous pourrez assurer hardiment que
votre grain de sable a beaucoup plus de masse
vis-à-vis une partie élémentaire, même terrestre,
que les *Cordillières* n'en ont vis-à-vis ce grain de
sable.

Le Disciple. Je ne le ferai jamais ; je craindrois
qu'on ne se moquât de moi.

Le Maître. Ne le faites pas devant un Physicien ; il auroit droit de se moquer de vous. Que
vous êtes loin de votre compte, vous diroit-il!
Rassemblez dans votre imagination toutes les
montagnes de l'univers, et dites hardiment : un
grain de sable a plus de masse vis-à-vis une
partie élémentaire quelconque, que toutes les
montagnes de l'univers n'en ont vis-à-vis ce grain
de sable. Je crois même que sa comparaison ne
donneroit pas une idée assez nette de la petitesse
incompréhensible des parties élémentaires. A peine
l'auriez-vous, si au lieu de prendre toutes les
montagnes, vous preniez la terre entière pour
le sujet de votre comparaison.

Le Disciple. Quelque respect que j'aie pour
vous ; quelque grande que soient vos connoissances en Phyſique, je ne vous croirai cependant
jamais précisément sur votre parole. Vous m'avez

annoncé des expériences en preuve de votre
étonnante assertion. Si elles sont décisives, j'adopterai vos comparaifons ; si non, je ne m'en servirai jamais.

Le Maître. Je loue votre manière de penser ;
elle me prouve que vous avez le précieux germe
de l'esprit philosophique. Il y a, dieu merci,
bien long-temps que cette vieille maxime, *ipse
dixit, le Maître l'a dit*, ne règne plus dans les
Écoles. C'est cette maxime d'esclave qui a retardé
pendant tant de siècles les progrès des sciences
humaines, ceux de la Physique en particulier.
Avant Descartes, les Physiciens ne pensoient
guère que les uns d'après les autres. Les idées des
Maîtres entroient aussitôt dans l'esprit des Disciples qui, sans y faire aucun changement, les
transmettroient à leurs crédules successeurs. Ne me
croyez donc pas précisément sur ma parole, j'y
consens ; mais ne refusez jamais de vous rendre
aux preuves claires et évidentes ; et au défaut
de celles-ci, aux expériences constatées et réitérées. J'espère que vous regarderez comme telles
celles que je vais vous apporter.

Première expérience. Remplissez une cassolette
de verre de quelque liqueur odoriférante, *par
exemple*, d'eau de fleur d'orange ou d'esprit de
vin chargé de lavande, et posez là sur une lampe
allumée. Quand la liqueur commencera à bouillir, il sortira par le bec de la cassolette une
vapeur qui embaumera la chambre, sans cependant qu'il paroisse une diminution sensible dans
la liqueur, lorsque l'expérience ne dure que
deux à trois minutes. Voilà un fait bien constaté ; faisons là-dessus quelques réflexions.

La chambre où se fait cette expérience, est

évidemment remplie d'air. Chaque particule, je ne dis pas *élémentaire*, mais *sensible* d'air, a reçu au moins une particule odoriférante. Combien grand est le nombre de ces particules aëriennes, et combien grand par conséquent est celui des particules odoriférantes que la liqueur a perdues ! Elle n'a cependant éprouvé aucune diminution sensible ; donc les particules odoriférantes qui s'en sont échappées, sont d'une petitesse incompréhensible.

Le Disciple. Je me trompe sans doute ; il me paroît que cette première expérience n'est pas assez décisive. En effet, dans une chambre ordinaire il n'est guère qu'un million de particules sensibles aëriennes qui aient reçu un pareil nombre de particules odoriférantes. Elles en auroient reçu tout au plus un milliard, si la liqueur eût continué à bouillir, et que tout ce qu'elle a d'odoriférant se fût exhalé par le bec de la cassolette. Or, je vous le demande, qu'est-ce qu'un milliard, pour être apporté en preuve de la bonté des étonnantes comparaisons que vous avez faites ?

Le Maître. Une particule odoriférante n'est pas une particule élémentaire. Celle-ci est des milliards & des milliards de fois plus petite que celle-là. Faites attention à l'expérience suivante, vous conviendrez que mes comparaisons n'offrent rien de révoltant.

Seconde expérience. Regardez à travers un excellent microscope la laite d'un seul merlus ; vous y apercevrez plus de petits animaux qu'il n'y a d'habitans sur toute la surface de la terre. Nous devons cette belle observation au célèbre *Lewenhock.* Elle me donne occasion de vous faire faire quelques réflexions bien judicieuses.

Le nombre de ces animaux est trop grand, pour que leur petitesse ne soit pas incompréhensible. Cela supposé, voici comment je raisonne : chacun de ces animaux a un corps organisé. Combien petit doit être le cœur de cet animal ! combien petites doivent être ses veines et ses artères ! combien déliés doivent être les globules qui lui tiennent lieu de sang et qui nagent dans un fluide encore plus subtil ! il n'est cependant aucun de ces globules qui ne soit incomparablement plus grand qu'une partie élémentaire quelconque. Vous pouvez donc dans la suite vous servir de mes comparaisons, sans vous exposer à la risée de qui que ce soit.

Le Disciple. Je commence à apercevoir qu'un grain de sable doit avoir plus de masse vis-à-vis une partie élémentaire quelconque, que les fameuses *cordillières* n'en ont vis-à-vis ce grain de sable. Je l'assurerai hardiment dans la suite ; et si quelqu'un me taxe d'exagération, je lui rapporterai l'observation du célèbre *Lewenhock.* Si l'histoire de la Physique en fournissoit une plus frappante, je me servirois de votre seconde comparaison, pour donner une idée encore plus juste de la petitesse incompréhensible des parties élémentaires.

Le Maître. Vous serez bientôt satisfait. Allez chercher, je vous en prie, dans ma bibliothèque les mémoires de l'Académie des Sciences de Paris, *année* 1778.

Le Disciple. Voici ce que vous demandez.

Le Maître. Prenez la partie historique, *pag.* 19, et pour mieux comprendre ce que vous allez lire, sachez que la mite, espèce de ver qui naît dans le fromage , est un des plus petits insectes que nous connoissions. Lisez maintenant.

Le Disciple. M. de Malezieu a vu au microscope des animaux vivants , vingt-sept millions de fois plus petits qu'une mite. Il a aperçu à travers leur peau transparente des viscères , des œufs , une espèce de sang qui circuloit par des mouvemens contraires.

Le Maître. Un globule de leur sang est par rapport au corps d'un de ces animalcules , comme un globule de votre sang est à votre corps. Mais un globule de votre sang est infiniment plus petit que votre corps. Donc un globule de sang d'un de ces animalcules est infiniment plus petit que son corps , lequel est vingt-sept millions de fois plus petit que celui d'une mite.

Le Disciple. Un globule de sang d'un de ces animalcules est donc une partie élémentaire. On ne peut rien imaginer de plus délié.

Le Maître. Point du tout. Un globule de sang d'un de ces animalcules a incomparablement plus de masse qu'une partie élémentaire quelconque.

Le Disciple. J'adopte sans peine votre seconde comparaison ; et lorsqu'on me parlera des parties élémentaires des corps , j'avancerai , sans craindre de me tromper , qu'un grain de sable a plus de masse vis-à-vis une partie élémentaire quelconque , que toutes les montagnes de l'univers n'en ont vis-à-vis ce grain de sable. La découverte de M. de Malezieu me servira de preuve. S'il y avoit une observation encore plus frappante , j'adopterois votre troisième comparaison , mais je regarde la chose comme impossible.

Le Maître. Si vous étiez en état de tirer des conséquences de certaines opérations que vous faites cent fois chaque jour, vous ne me diriez pas qu'il est impossible de faire des observations plus frappantes que celles de M. de Malezieu. Avez-vous bonne vue ?

Le Disciple. Ma vue est excellente. Lorsque je suis sur quelque colline, je compte sans peine les fenêtres d'un bâtiment éloigné d'une lieue.

Le Maître. Entre ce bâtiment et vous, voyez-vous beaucoup d'objets intermédiaires ?

Le Disciple. Qui pourroit les compter ? Je vois distinctement les épis dont une terre est couverte, les feuilles des arbres dont un terrain est complanté, etc., etc.

Le Maître. Par quel moyen voyez-vous tant d'objets différens ?

Le Disciple. Par les rayons de lumière que ces différens objets réfléchissent à mes yeux.

Le Maître. Fort bien. Savez-vous ce que c'est que la prunelle de votre œil ?

Le Disciple. C'est une très-petite ouverture circulaire qui donne passage aux rayons de lumière, qui peignent au fond de mon œil les images des objets que j'aperçois. Je n'en sais pas davantage.

Le Maître. Vous en savez assez pour le présent. Raisonnez maintenant avec moi. Vous voyez des objets dont le nombre est infini, si on les considère dans les parties dont ils sont composés ; vous recevez donc une infinité de rayons de lumière. Ces rayons de lumière passent très-librement & sans se confondre par une très-petite ouverture circulaire ; vous en convenez. Convenez donc qu'ils sont composés de parties dont la petitesse est plus qu'incompréhensible. Encore n'est-il pas décidé que ce soient là de parties purement élémentaires.

Le Disciple. Oh pour le coup je me rends. J'avoue avec vous qu'un grain de sable a plus de masse vis-à-vis une partie élémentaire quelconque, que la terre entière n'en a vis-à-vis ce grain de sable. La chose me paroît démontrée. Continuons notre leçon ; je vous écoute avec un plaisir infini.

Le Maître. Nous la continuerons chez un *tireur* d'or. Vous le verrez opérer sans surprise, parce que, s'il m'est permis de parler ainsi, vous le verrez avec des *yeux physiciens.*

Le Disciple. Partons au plutôt ; d'ici à sa maison, le chemin me paroîtra bien long.

Le Maître. Jetez d'abord les yeux sur cette plaque d'acier ; on l'appelle *filière.*

Le Disciple. Je n'aperçois sur cette plaque que plusieurs ouvertures circulaires dont le diamètre va toujours en diminuant. Les premières sont assez considérables ; à peine un fil peut-il passer par la dernière.

Le Maître. Cela suffit ; vous commencez à avoir le coup d'œil observateur. Prenez maintenant ce cylindre d'argent, et pesez-le.

Le Disciple. Il pèse 22 livres & demi, ou 45 marcs. Je sais qu'une livre vaut 16 onces et qu'un marc en vaut 8.

Le Maître. Examinez la longueur et le diamètre de ce cylindre ; voilà un pied de roi bien gradué.

Le Disciple. Ce cylindre a 22 pouces de long sur un diamètre d'un pouce et un quart ou de 15 lignes. Je sais qu'un pied se divise en 12 pouces, et un pouce en 12 lignes.

Le Maître. Voyez ces feuilles d'or ; elles n'ont quasi point d'épaisseur. Pesez-les.

Le Disciple. Elles ne pèsent qu'une once.

Le Maître. Leur poids est donc trois cent soixante fois moindre que celui du cylindre, puisque celui-ci pèse 45 marcs, et que celles-là ne pèsent qu'une once.

Le Maître. J'en conviens. Mais que fera-t-on de ces feuilles d'or.

Le Maître. On en couvrira le cylindre d'argent, de manière qu'en étant inséparables, elles ne formeront plus, pour ainsi dire, qu'un même corps avec lui.

Le Disciple. La chose n'est pas difficile à comprendre : ce sera un cylindre d'argent doré. Qu'en fera-t-on ?

Le Maître. A force d'instrumens et de bras, on fera passer le cylindre doré par tous les trous de la filière, en commençant par le plus grand, et finissant par le plus petit. Après ces différentes operations, son épaisseur sera réduite à celle d'un fil d'or ; mais aussi sa longueur sera de cent lieues, de deux mille toises chacune.

Le Disciple. Je voudrois bien savoir quelle est la longueur du fil d'or comparée avec celle du cylindre, avant qu'il eût passé par les trous de la filière.

Le Maître. Elle est douze cent mille fois plus grande. Fiez-vous à moi ; j'en ai fait le calcul. Dans quelque temps, vous en ferez sans peine de bien plus difficiles.

Le Disciple. Après les expériences que vous m'avez rapportées, cette longueur immense n'a rien d'incompréhensible pour moi. Qu'il me tarde d'être Physicien ! Rien ne m'étonnera dans ce vaste univers.

Le Maître. Vous ne serez pas donc étonné,

lorsqu'on vous dira que , si vous exposez au grand air une certaine quantité d'*Assa fœtida* dont vous connoîtrez le poids , vous trouverez ce poids diminué , en 6 jours , de la huitième partie d'un *grain* seulement.

Le Disciple. Non sans doute. Je conclurai que les corpuscules qui s'en exhalent , sont d'une petitesse incompréhensible. Je vous demanderai seulement ce que vous entendez par *Assa fœtida* , et quelle proportion il y a entre un *grain* et une *livre.*

Le Maître. Il est juste de vous satisfaire. L'*Assa fœtida* est une gomme tirée de la plante qui porte le Benjoin , elle nous vient des Indes orientales.

Le grain est le plus petit poids que nous connoissons ; aussi ne s'en sert-on que pour peser les choses les plus précieuses. Une livre contient neuf mille deux cent seize grains.

Le Disciple. Je comprends sans peine qu'un flambeau allumé , placé pendant l'obscurité de la nuit sur le sommet d'une montagne , doit être aperçu de bien loin.

Le Maître. On aperçoit à la distance de près de deux lieues.

Le Disciple. Cela doit être ; vous m'avez appris qu'il n'est rien d'aussi petit et d'aussi délié que les corpuscules dont sont composés les rayons de lumière. Je voudrois savoir maintenant pourquoi vous vous êtes si étendu sur la petitesse incompréhensible des parties élémentaires des corps.

Le Maître. C'est que c'est là un des points fondamentaux de la Physique. Si les parties élémentaires des corps n'étoient pas d'une petitesse incompréhensible , le monde entier changeroit bientôt de face, tout seroit bouleversé dans ce vaste univers.

Le Disciple. Et pourquoi ?

Le Maître. Le voici. Tous les corps, de quelque espèce qu'ils soient, *avons-nous dit dans la première leçon*, sont composés de quatre élémens, l'air, l'eau, la terre et le feu. Ils ne conservent leur espèce, que parce que les parties élémentaires sont inaltérables, c'est-à-dire, ne donnent prise à aucune espèce d'attaque de la part de quelque agent créé que ce soit. Si une partie élémentaire aérienne, *par exemple*, pouvoit être attaquée par une partie élémentaire ignée, elle seroit bientôt altérée, et peu à peu détruite. Il en seroit de même d'une partie élémentaire aqueuse ou terrestre. Le feu, le plus actif des élémens, détruiroit tôt ou tard les trois autres. Il ne resteroit que l'élément du feu, et par conséquent le monde changeroit de face ; tout seroit bouleversé dans ce vaste univers. Les parties élémentaires quelconques, inaltérables de leur nature, doivent donc être d'une petitesse incompréhensible. Elles ont été faites par *création* ; elles ne peuvent finir que par *annihilation*.

Le Disciple. Ces deux mots *création* et *annihilation* me paroissent avoir besoin de quelque explication.

Le Maître. Vous avez raison. Il seroit fâcheux de confondre *création* avec *production* et *annihilation* avec *dissolution*.

Tout ce qui est fait avec une matière préexistante, est fait par *production* ; et plutôt ou plus tard il finit par *dissolution*, c'est-à-dire, par la désunion des parties dont il est composé. Veut-on bâtir une maison ? On ramasse les différens maté-

riaux dont elle doit être composée ; on les unit
ensemble ; et la durée de la maison est toujours
analogue à la nature des matériaux employés, à
l'habileté des ouvriers qui les ont mis en œuvre,
et au soin qu'on a de réparer, par l'entretien,
tous les ravages que peut faire le temps. Cependant, quelque précaution qu'on prenne, tôt ou
tard la maison finira par vestuté, c'est-à-dire, par
dissolution. Tempus edax rerum.

Tout ce qui a été fait sans matière préexistante,
c'est-à-dire tout ce qui a été tiré du néant par
un acte de la puissance suprême du Souverain
Maître de l'univers, a été fait par *création*. Il ne
sauroit finir que par *annihilation*, c'est-à-dire,
par un second acte de celui qui ordonnera
de rentrer dans le néant, d'où sa main toute puissante l'avoit tiré librement. Telles sont les parties
élémentaires de corps ; elles ont été faites par
création, elles ne finiront que par *annihilation*.

Le Disciple. Les parties élémentaires de corps
ne sont pas donc composées des parties étroitement unies les unes avec les autres ; ce sont des
corps simples.

Le Maître. Je n'en sais rien. Tout ce que je
sais, c'est que si les corpuscules élémentaires
sont composés de parties, elles sont parfaitement
semblables, et si étroitement unies les unes avec
les autres, qu'aucun agent créé ne sauroit les
séparer.

Le Disciple. Quelqu'un pourroit bien me demander si la matière est ou n'est pas divisible à
l'infini. Que répondrois-je ?

Le Maître. Vous répondrez que vous n'en savez rien, et vous ajouterez que c'est-là la question
du monde la plus inutile.

Le Disciple. Pourquoi ?

Le Maître. Parce qu'il vous suffit de savoir que la Matière est actuellement divisible et divisée, autant qu'il est nécessaire à la conservation de l'univers, c'est-à-dire, en des parties encore plus subtiles, que tout ce que nous pouvons nous imaginer de plus délié.

Le Disciple. C'est ainsi que je répondrai, lorsqu'on m'interrogera sur ce sujet. Mais comme cette réponse suppose que vous n'adoptez aucun des systèmes qui ont paru sur la divisibilité de la matière, et que, dans les écoles, les plus célèbres Professeurs traitoient autrefois cette question avec autant de complaisance, que d'étendue ; je voudrois d'abord être bien au fait des deux sentimens opposés, et savoir ensuite quelles sont les raisons qui vous ont déterminé à n'en adopter aucun. En rigueur de justice, il ne faut condamner personne, sans l'entendre.

Le Maître. Vous avez raison ; je vais vous satisfaire. Les anciens Physiciens n'étoient rien moins que d'accord sur la divisibilité de la matière. Les uns prétendoient qu'elle étoit divisible *à l'infini*, les autres qu'elle étoit composée des *points Physiques.*

Les premiers soutenoient que le créateur lui-même trouveroit éternellement des parties à diviser dans une certaine étendue de matière, par exemple, dans une aile de mouche.

Les seconds assuroient que le créateur, après un nombre innombrable de divisions, et de soudivisions, arriveroit enfin à un *point Physique*, c'est-à-dire, à une particule de matière simple et indivisible. Tel est l'état de ces deux fameuses questions, sur lesquelles les jeunes Physiciens disputoient avec acharnement, les semaines, les mois entiers.

le Disciple. Quelles sont les raisons qui vous ont engagé à ne pas soutenir la divisibilité de la matière à *l'infini.*

le Maître. J'eusse été obligé d'admettre dans une matière quelconque, grande, petite, moyenne, une infinité actuelle de parties, et par conséquent des infinis plus grands les uns que les autres, des infinis créés, etc. Tout cela me répugne. Je ne connois d'autre infini que celui qui est incréé, le Créateur du ciel et de la terre.

le Disciple. Pourquoi rejetez-vous les points physiques ?

Le Maître. C'est qu'il faut adopter l'une de ces deux réponses.

Dans un *point physique* le dessus est le dessous, le côté droit et le côté gauche sont la même chose.

Un *point physique* est inétendu ; il n'a ni longueur, ni largeur, ni profondeur.

La première de ces deux réponses choque le bon sens. La seconde est incompréhensible. Des points inétendus, joints ensemble, ne formeront jamais une étendue. D'ailleurs un point physique, quelque petit, quelqu'imperceptible que vous le supposiez, est un corps ; il en a donc l'essence, et par conséquent les trois dimensions.

Ce n'est pas donc sans raison que je ne veux adopter aucun des deux sentimens que je viens de vous exposer, et que je me contente d'assurer que la matière est actuellement divisible et divisée, autant qu'il est nécessaire à la conservation de l'univers, c'est-à-dire, en des parties encore plus subtiles que tout ce que nous pouvons nous imaginer de plus délié. En agir autrement, c'est vouloir déterminer jusqu'où s'étend ou ne s'étend pas la puissance suprême du Créateur. Seroit-il témérité comparable à celle-là ?

Le Disciple. Il n'est rien de plus raisonnable que votre manière de penser sur la divisibilité de la matière. Si cependant il eût fallu me décider entre les *points physiques* et la *divisibilité à l'infini*, je n'aurois pas hésité, je l'avoue ; j'aurois donné la préférence aux *points physiques*.

Le Maître. Vous auriez donc soutenu que des *points inétendus*, joints ensemble, pouvoient former une *étendue*.

Le Disciple. Point du tout, c'est là une absurdité. J'aurois donné à mes *points* une étendue réelle, mais imperceptible. Quel est l'inventeur des *points physiques inétendus* ?

Le Maître. C'est un Philosophe inconséquent, appelé Zenon, natif d'Elée en Italie, qui florissoit vers l'an 504 avant Jesus-Christ. Il enseignoit gravement que la première génération des hommes est venue du soleil ; qu'il n'y a dans l'univers aucune substance étendue, que le mouvement est une chose impossible, etc. J'ai encore vu, dans les écoles, réfuter sérieusement les deux dernières de ces propositions, ainsi que son opinion sur le *continu* composé de *points physiques inétendus*.

Un autre Zenon, grand défenseur de ce syſtême, n'étoit pas plus sage que le premier. Il admettoit en tout une destinée inévitable. Son valet qu'il battoit pour un larcin, s'excusoit en lui disant qu'il étoit destiné à dérober. *Tu l'es aussi à être battu*, lui répondit Zenon, en continuant à le frapper.

III. Leçon.

III. LEÇON.

Sur l'air considéré en général.

LE *Maître*. L'air, l'un des quatre élémens primitifs, sans le secours duquel les hommes et les animaux ne sauroient vivre, est un corps fluide, grave & élastique, répandu jusqu'à une certaine hauteur aux environs de la terre, et dont nous ignorons parfaitement la figure, quelques conjectures que les Physiciens, à l'exemple de Descartes, aient voulu faire là dessus.

Le *Disciple*. Je voudrois bien savoir quelles sont les conjectures de Descartes sur la figure des particules aériennes sensibles : il passe pour un si grand Physicien.

Le *Maître*. Je rends à Descartes toute la justice qu'il mérite, et j'avoue sans peine qu'il n'est qu'un esprit aussi vaste que profond, aussi fier que courageux, qui ait pu tirer la physique de l'état obscur et humiliant où elle étoit depuis environ deux mille ans. Malgré cela cependant, je regarde ce qu'il a dit sur la figure des particules aériennes sensibles, comme des assertions hasardées et dénuées de tout fondement. Il assure, dans la quatrième partie du livre des Principes, que l'air est un fluide composé de parties irrégulières, très-déliées ; il veut que ces parties soient molles et flexibles, à peu près comme le sont les petites plumes ou les petits bouts de corde ; il assure enfin que l'air est comme pénétré de ce qu'il appelle sa *matière subtile*. Ne

Tome I.   C

faisons point de roman en Physique, & tenez-
vous-en à la description que je vous ai faite de
l'air que nous respirons.

Le Disciple. J'avoue sans peine que l'air est
un corps fluide. C'est un corps, puisqu'il a de
l'étendue, et que je le sens, lorsque je l'agite
rapidement avec la main ou avec un éventail.
Pour sa fluidité, elle m'est démontrée par l'extrême facilité avec laquelle je divise ses parties,
lorsque je vais d'un lieu à un autre. Mais que l'air
soit un corps grave, voilà ce que je n'avouerai
jamais ; je le crois plutôt léger que pesant : j'en
porte sur la tête une quantité prodigieuse, et je
n'en sens pas le poids.

Le Maître. C'est ainsi qu'on raisonne, lorsqu'on n'est pas physicien. Pour vous faire comprendre combien énorme est l'erreur à laquelle
vous adhérez, dites-moi, je vous en prie, l'eau
a-t-elle de la pesanteur ?

Le Disciple. Qui en doute ? Une cruche remplie d'eau pèse bien plus qu'une cruche vide.

Le Maître. Vous avez voyagé dans les villes
maritimes, vous auriez pu vous servir d'un
exemple bien plus noble et bien plus frappant,
celui d'un vaisseau de guerre de cent pièces de
canon. Quelle ne doit pas être la pesanteur de
l'eau, pour soutenir un poids aussi immense !
Que diriez-vous d'un plongeur, qui regarderoit
l'eau de la mer comme dénuée de pesanteur,
parce qu'il n'en sent pas le poids à 20, 30, 40
toises de profondeur ? Il raisonneroit cependant
aussi conséquemment que vous.

Le Disciple. Je me trompe, j'en conviens ; il
ne m'arrivera jamais de vous faire de pareilles
questions d'un ton aussi décisif. Cependant, pour

comprendre pourquoi je ne sens pas le poids de l'air, je voudrois bien que vous m'expliquassiez pourquoi le plongeur ne sent pas le poids de l'eau.

Le Maître. Ecoutez ma réponse et ne l'oubliez jamais, je vous en conjure. Avez-vous réellement en vie de faire des progrès en Physique ?

Le Disciple. Est-ce que vous en doutez ? L'attention avec laquelle je vous écoute, en est une preuve assez convaincante.

Le Maître. Hé bien, le moyen le plus infaillible de n'en faire jamais aucun, c'est de vouloir savoir les choses avant le temps. Je pourrois vous dire que tous les fluides cherchent nécessairement à se mettre en équilibre, non seulement entr'eux, lorsqu'ils sont de même espèce, mais encore les uns avec les autres, lorsqu'ils sont d'une espèce différente. Je pourrois ajouter que les différentes colonnes d'eau étant nécessairement en équilibre les unes avec les autres, le plongeur ne doit pas en sentir le poids. Cette réponse, très-obscure maintenant par rapport à vous, vous paroîtra dans la suite plus claire que le jour, lorsque vous aurez appris les règles auxquelles les corps fluides sont soumis nécessairement. Elles sont l'objet de deux traités de Physique très-amusans et très-intéressans, connus sous le nom d'*Hidraulique* et d'*Hidrostatique.*

Le Disciple. Qu'il me tarde d'être Physicien! L'air a de la pesanteur, m'avez-vous assuré; vous en demander la preuve, ce ne sera pas sans doute une demande indiscrète.

Le Maître. Au contraire, c'est une demande absolument nécessaire, et dont vous aurez, dans différentes leçons, non pas une, mais des millions de preuves. Commençons par les plus sensibles. Si je vous disois de me prouver que l'eau n'est pas un corps léger, comment vous y prendriez-vous ?

Le Disciple. Je vous ferois remarquer qu'un vaisseau de guerre de cent pièces de canon, où l'on a embarqué toutes les provisions nécessaires à la nourriture de plus de quinze cens personnes pendant un voyage de long cours, vogue facilement sur les eaux ; et d'après cette observation, je ferois le raisonnement suivant : ce qui est en équilibre avec un corps d'une pesanteur infinie, doit être infiniment pesant ; mais l'eau est en équilibre avec un corps d'une pesanteur infinie : donc l'eau doit être un corps infiniment pesant.

Le Maître. Vous raisonnez suivant les règles de la plus saine Logique. Mais cependant, comme il ne faut jamais exagérer, votre raisonnement n'en seroit que meilleur, si vous aviez dit *très-pesant*, au lieu de dire *infiniment pesant*. Connoissez-vous les ballons aérostatiques, qui, dans peu de temps, feront le sujet de différentes leçons ?

Le Disciple. J'étois à Lyon, lorsqu'on lança le plus grand Aérostat qui ait encore été construit. On m'a assuré qu'il avoit cent pieds de diamètre horizontal sur cent vingt pieds de hauteur. On y avoit adapté une galerie en osier, assez grande pour contenir tous les approvisionnemens nécessaires aux voyageurs aériens qui étoient au nombre de sept, ayant à leur tête M. *de Montgolfier*. J'ai vu cette grande machine s'élever pompeusement dans les airs à la hauteur d'environ cinq cens toises, et voguer dans cet élément depuis la plaine des Breteaux jusqu'au-dessus des nouveaux bâtimens de la Loge de la Bienfaisance.

Le Maître. Appliquez donc aux Aérostats et à l'air le raisonnement que vous avez fait sur les vaisseaux de guerre et sur l'eau ; vous conclurez nécessairement que l'air est un corps très-pesant.

Le Disciple. L'air a de la pesanteur ; voilà un fait bien prouvé. Je ne vous en demande pas la cause ; vous ne manqueriez pas de me répondre que je ne suis pas encore en état de pénétrer dans ce secret de la nature.

Le Maître. Vous avez raison. La pesanteur, quoiqu'extrinsèque à son sujet, est cependant une qualité commune à tous les corps. Aussi la cause de ce grand phénomène est-elle regardée comme le désespoir des Physiciens. Je vous mettrai dans la suite sous les yeux tous les systêmes généraux de Physique qu'on a imaginé jusqu'à présent, et vous n'hésiterez pas à adopter celui qui vous fournira la cause la plus vraisemblable de la gravité des corps, de quelque espèce qu'ils soient.

Le Disciple. Ne sont-ce pas les Physiciens modernes qui ont découvert que l'air a de la pesanteur.

Le Maître. Point du tout. Les Physiciens modernes ont expliqué, par la pesanteur de l'air, un très-grand nombre de phénomènes que les anciens expliquoient très-mal, ou qu'ils regardoient comme inexplicables. Trois cens quatre-vingt-quatre ans, avant la naissance du Messie, nâquit un des plus grands hommes de l'antiquité, Aristote, fils de Nicomachus. Il soupçonna que l'air, comme tous les corps, devoit avoir de la pesanteur. Il l'assura bientôt après, parce qu'il trouva qu'un ballon vide pesoit moins que le même ballon, lorsqu'il est rempli d'air. Cette expérience est rapportée vers le milieu du quatorzième chapitre du quatrième livre de son traité sur le Ciel.

Le Disciple. Vous regardez Aristote comme l'un des plus grands hommes de l'antiquité. Vous me surprenez ; j'en ai entendu parler bien différemment.

Le Maître. Ceux qui parlent de la sorte, n'ont jamais lu les ouvrages d'Aristote, ou ils ne les ont lu que traduits en mauvais latin, et défigurés par les Arabes qui, pour donner une suite à la plupart de ses livres de Physique, furent obligés de suppléer bien des feuilles que les insectes avoient rongées.

Le Disciple. Faites-moi donc connoître ce grand homme. La Physique historique n'est pas sans doute étrangère à nos leçons.

Le Maître. Les anciens ont regardé Aristote comme le plus vaste et le plus beau génie que la nature eût produit, et ils l'ont surnommé le *Prince des Philosophes* : nos modernes, au contraire, se sont fait un devoir de le mépriser, j'ai presque dit de le tourner en ridicule. Si l'on peut accuser les uns d'exagération dans les éloges qu'ils lui ont donné, l'on doit reprocher aux autres leur ignorance ou leur injustice dans le jugement qu'ils ont porté sur les ouvrages d'un si grand homme. Excès pour excès, j'aimerois mieux donner dans le premier, que dans le second. Il est sûr, en effet, que la logique, la rhétorique et la poétique d'Aristote seront toujours universellement estimées. Il en est de même de son traité des animaux ; peut-être n'en fera-t-on jamais de meilleur. Ce dernier ouvrage fut com-

posé par l'ordre d'Alexandre le Grand, dont Aristote avoit été le précepteur. Ce Prince lui envoya
huit cens talens, somme même aujourd'hui très-
considérable, pour fournir à la dépense de cette
entreprise, et il lui donna, pour travailler sous
ses ordres, tous les chasseurs et tous les pêcheurs
qu'il lui demanda. La plupart des points de Physique dont nos modernes se glorifient d'avoir fait
la découverte, Aristote les a traités avec beaucoup de soin ; telles sont, outre la gravité de
l'air, les questions de la circulation du sang, du
mouvement de la terre autour du soleil, immobile au centre du monde, etc. etc. La première
de ces questions est supposée comme une chose
connue de tout le monde, à la fin du troisième
et dernier chapitre sur les causes physiques du
sommeil et de la veille. Qu'on dise ensuite
qu'Harvei a parlé le premier de la circulation du
sang. La question du mouvement de la terre autour du soleil est examinée dans le chapitre 13e.
du second livre sur le Ciel. Il est vrai que, dans
le chapitre suivant, Aristote se déclare pour l'im-
mobilité de la terre. Je conviens qu'il a tort ; mais
qu'on convienne aussi que Copernic n'est pas
l'inventeur du système qui porte son nom.

Le Disciple. Que quelqu'un parle avec mépris du grand Aristote, je le traiterai comme
il le mérite. Ne me laissez rien ignorer, je vous
en prie, de tout ce qui peut entrer dans son
panégyrique.

Le Maître. Aristote, lors même qu'il étoit disciple de Platon, s'adonna à l'étude avec tant de
fureur, que, pour ne pas succomber au sommeil, il étendoit hors du lit une main dans laquelle il avoit une boule d'airain, afin de se ré-

veiller au bruit qu'elle faisoit, en tombant dans un bassin. Les Magistrats d'Athènes lui donnèrent une espèce d'enclos aux environs de la Ville, appelé le *Lycée*; ce fut là qu'il fonda la secte des *Péripatéticiens*, Philosophes qui disputoient en se promenant. Il mourut à l'âge de 63 ans, non à Athènes, d'où les Prêtres de Cérès qui l'accusèrent d'impiété, l'obligèrent de sortir, mais à Chalcis, ville de la Grèce. Leur accusation n'étoit pas calomnieuse. Aristote avoit trop d'esprit, il avoit trop étudié la nature, pour ne pas adorer celui qui seul a pu tirer l'univers du néant.

Le Disciple. Pour me donner une idée nette des dépenses immenses que fit *Aristote* à l'occasion de son traité des animaux, faites-moi le plaisir de me dire ce que valoit un talent du temps d'Alexandre le Grand.

Le Maître. Un talent, du temps d'Alexandre le Grand, étoit une certaine quantité d'or ou d'argent. Un talent d'or valoit environ cent trente mille livres de notre monnoie; un talent d'argent n'en valoit qu'environ huit mille deux cens. Il n'est pas probable qu'Alexandre envoyât à Aristote huit cens talens d'or; il lui eût envoyé plus d'un milliar. Il lui envoya sans doute six à sept millions, valeur de huit cens talens d'argent.

Le Disciple. Le présent est assez considérable. Continuons. Vous avez avancé, au commencement de cette leçon, que l'air que nous respirons est un corps fluide, grave et élastique. Qu'entendez-vous par *corps élastique*, et comment peut-on trouver que l'air a de l'élasticité?

Le Maître. J'entends par *corps élastique* tout corps que le choc et la compression font changer de figure, et qui, après le choc et la compression, reprend ou du moins tend à reprendre la figure qu'il vient de perdre. Prenez, *par exemple*, une lame d'acier; tenez-en les deux extrémités entre les doigts, et courbez-la en forme d'arc, vous sentirez l'effort qu'elle fera pour reprendre sa première figure, et elle la reprendra, en effet, à l'instant que vous retirerez vos doigts. Ce phénomène est trop intéressant, pour que, dans la suite, je ne vous en indique pas la cause. Mais ne nous pressons pas; pour le présent le fait nous suffit.

Le Disciple. Une boule d'ivoire est sans contredit un corps fort élastique; elle réjaillit promptement. Nous ne voyons pas cependant que, par le choc, elle perde sa première figure.

Le Maître. Vous ne le voyez pas, j'en conviens. Elle la perd néanmoins, et en voici la preuve sensible. Ayez une table de marbre, enduite d'une légère couche de suif ou de cire. Ayez une boule d'ivoire, la plus sphérique que vous pourrez trouver. Faites tomber cette boule perpendiculairement sur la table, tantôt d'une plus grande et tantôt d'une moindre hauteur; vous apercevrez sur le suif ou sur la cire un plan circulaire plus ou moins grand, suivant la hauteur d'où la boule est tombée. Voilà le fait; la conséquence n'est pas difficile à tirer. La boule d'ivoire a dû s'aplatir plus ou moins, au point de contact, et a dû reprendre, d'abord après, sa première figure. C'est même parce qu'elle la reprend, qu'au lieu de rouler sur le marbre, elle réjaillit sur elle-même à plus ou moins de hauteur, suivant la longueur de la ligne qu'elle a parcourue en descendant.

Le Disciple. Je ne comprends pas, je l'avoue, la nécessité de cette conséquence. J'ai bien de la peine à me persuader que, par un choc aussi simple, une boule d'ivoire puisse s'aplatir.

Le Maître. Posez votre boule d'ivoire sur la table de marbre ; quelle impression laissera-t-elle sur la cire ?

Le Disciple. Une impression presqu'insensible. Il n'y a dans sa surface sphérique que trois à quatre points qui aient été en contact avec la cire.

Le Maître. Il n'y auroit eu qu'un seul point en contact avec la cire, si la boule et le plan avoient une figure aussi parfaite que celle que leur supposent les Mathématiciens dans leurs démonstrations. Vous en conviendrez facilement, lorsque je vous aurai initié dans la partie de la géométrie absolument nécessaire à un Physicien. Cela supposé, voici comment je raisonne :

Si, en choquant le plan, la boule d'ivoire ne se fût pas aplatie ; au lieu de laisser sur la cire la figure d'un plan circulaire, elle n'auroit laissé que l'impression de quelques points, comme il est arrivé, lorsque vous l'avez simplement posée sur la table de marbre. La figure circulaire qu'elle a laissée sur la cire, suppose donc qu'elle s'est plus ou moins aplatie, suivant le plus ou moins de hauteur d'où elle est tombée.

Le Disciple. Votre raisonnement est sans replique, j'en conviens. N'y auroit-il pas moyen, avec le secours d'un excellent microscope, de voir cet aplatissement.

Le Maître. La chose est impossible ; la boule

d'ivoire perd et reprend sa figure dans un instant indivisible. N'êtes-vous pas assuré que l'aiguille qui marque les heures sur votre montre, a un mouvement réel ?

Le Disciple. Sans doute ; dans l'espace de douze heures, elle parcourt le cadran en entier.

Le Maître. Avec le meilleur de tous les microscopes, la verrez-vous se mouvoir ?

Le Disciple. Vous avez raison ; il ne reste maintenant qu'à prouver que l'air que nous respirons a de l'élasticité.

Le Maître. Les preuves ne manqueront pas. Avant de vous les mettre sous les yeux, je dois vous expliquer ces deux termes *compression* et *dilatation*. L'air est souvent dans l'un et souvent dans l'autre de ces deux états.

La compression est l'action par laquelle on fait occuper à un corps un espace plus petit que celui qu'il occupe naturellement. La compression suppose nécessairement la compressibilité, comme le raisonnement suppose la puissance de raisonner ; et la compressibilité suppose que l'intérieur du corps n'est pas physiquement plein, ou qu'il contient un fluide dont on peut le délivrer : elle suppose encore que les parties de ce corps ont beaucoup de flexibilité. On comprime une éponge en deux manières, tantôt en rapprochant ses parties flexibles les unes des autres, si elle n'est imprégnée d'aucun fluide, et tantôt en la délivrant du fluide qu'elle contient, si elle en est imprégnée.

Le Disciple. Quelle différence y a-t-il entre *compression* et *condensation* ?

Le Maître. Il n'y en a aucune ; ce sont là deux termes parfaitement synonymes. Je vous prouverai, dans la suite, que le froid est la grande cause de la compression naturelle des corps. Quant à la compression artificielle, elle en a sans nombre.

Le Disciple. Je comprends sans peine que dans un corps, l'état de compression est directement oppo.é à celui de dilatation. Un corps se dilate donc, lorsqu'il occupe un plus grand espace que celui qu'il occupe naturellement.

Le Maître. Un corps se dilate, lorsque conservant la même quantité de matière propre qu'il avoit auparavant, il acquiert un plus grand volume. La dilatation a pour cause l'introduction de quelque fluide dans l'intérieur du corps. Ce fluide en sépare les parties, et les tient comme suspendues les unes au-dessus des autres. Vous serez convaincu, dans la suite, que la chaleur est la cause la plus générale de la dilatation, comme le froid est la cause la plus ordinaire de la compression.

Le Disciple. Quelle différence y a-t-il entre *dilatation* et *rarefaction* ?

Le Maître. Aucune ; ce sont là deux termes parfaitement synonymes. L'air que nous respirons est le corps le plus capable de dilatation et de condensation. Il paroît même qu'il se dilate plus facilement qu'il ne se condense. Boyle l'a dilaté treize mille six cens soixante et dix-neuf fois plus, tandis que Hales ne l'a condensé que dix-huit cens trente-huit fois plus, qu'il ne l'est aux environs de la terre.

Le Disciple. Doit-on faire grand fonds sur les expériences de ces deux Physiciens ?

Le Maître. Ou ne faites fonds sur aucune expérience, ou adoptez purement et simplement celles qui sont rapportées dans les ouvrages de ces deux grands hommes.

Boyle est regardé, avec raison, comme le père de la Physique expérimentale. C'est l'inventeur de la fameuse *machine pneumatique*, dont je vous ferai la description, et dont je vous expliquerai le mécanisme en son lieu. Ce fut environ l'année 1660, qu'à l'aide de sa nouvelle machine, Boyle fit toutes les expériences que nous répétons encore avec tant de plaisir. On vit alors, pour la première fois, le mercure d'un baromètre placé sous le récipient de la machine pneumatique, descendre et se mettre au niveau de celui que contient le vase du même baromètre. On vit, sous ce même récipient, une pomme ridée, reprendre sa première beauté ; une vessie flasque, s'enfler prodigieusement ; la matière liquide de l'œuf sortir entière de la coque, et y rentrer ensuite avec impétuosité ; les animaux tomber en convulsion, et périr sans retour dans le vide ; la pendule avoir des vibrations plus fortes, plus égales et plus durables ; l'eau froide s'élever à gros bouillons ; le marteau battre contre les parois d'une clochette, et ne rendre aucun son, etc. etc.

Le Disciple. Qu'il me tarde de voir ces expériences ! Il me paroît que je les expliquerois sans peine, les unes par la gravité, les autres par le ressort, quelques-unes, enfin, par la gravité et le ressort de l'air réunis ensemble.

Le Maître. Il n'est pas encore temps de vous procurer cet agrément. Il sera comme la récompense de la peine que vous aurez eue à étudier les règles auxquelles sont soumis tous les corps fluides, de quelque espèce qu'ils soient. S'il vous restoit quelque doute sur l'élasticité de l'air, je vous ferois remarquer avec quelle facilité réjaillit un ballon rempli d'air. Je vous dirois sur-tout que dans un fusil à vent, un air extraordinairement comprimé par le moyen d'une pompe foulante logée dans la crosse, y tient lieu de poudre, et chasse une balle qui va porter la mort à 70 pas.

Le Disciple. Je n'ai aucun doute sur l'élasticité de l'air. Je voudrois seulement savoir quel rang tient Hales parmi les Physiciens.

Le Maître. Hales est regardé comme l'un des plus grands Physiciens du dix-huitième siècle. Les Anglois assurent, avec raison, que ce qu'il a fait pour la Physique expérimentale peut être mis en parallèle avec les services qu'a rendu Newton à la Physique céleste. Nous en avons la preuve la plus convaincante dans les deux grands ouvrages que publia le Docteur Hales en l'année 1727, et en l'année 1733; l'un a pour titre la *Statique des végétaux, et l'analyse de l'air*; l'autre, la *Statique des animaux*. Le premier a été traduit en français par M. de Buffon, et le second par M. de Sauvages. J'aurai occasion d'orner nos leçons des expériences les plus curieuses que renferment ces deux excellens ouvrages.

Il est cependant une expérience que je dois vous rapporter ici; c'est la 77ᵉ. dans le premier des deux ouvrages dont je viens de vous parler. Elle vous apprendra la différence qu'il y a entre l'air considéré comme partie élémentaire d'un corps, et l'air considéré comme un fluide dans lequel nous vivons, nous respirons, etc. Rien ne vous arrêtera dans l'exposition que je vais vous faire de cette belle expérience, si vous savez ce que c'est que *grain* et *cube*.

Le Disciple. Je le sais. Le *grain* est le plus petit

de tous les poids ; c'est la septante-deuxième partie d'un *gros* ; le *gros* est la huitième partie d'une *once* ; et l'*once* est la seizième partie d'une *livre*.

Pour le cube, c'est un corps solide, dont les trois dimensions, longueur, largeur et profondeur, sont parfaitement égales entre elles. Les dez à jouer sont de véritables cubes. Venons-en à l'expérience de M. Hales.

Le Maître. M. Rambi, Chirurgien de la maison du Roi d'Angleterre, donna à M. Hales des pierres qu'il avoit tirées du corps humain. Celui-ci distilla une de ces pierres, dont le poids étoit de 230 grains, et qui avoit à-peu-près en volume deux tiers de pouce cubique. Il en sortit avec vivacité, dans la distillation, 516 pouces cubiques d'air, c'est-à-dire, 645 fois le volume de la pierre ; de sorte que, par l'action du feu, il y eut plus de la moitié de cette pierre qui se convertit en air.

Le Disciple. La pierre en question, *dites-vous,* pesoit 230 grains, et elle produisit 516 pouces cubiques d'air. Il faudroit prouver que ces 516 pouces pèsent plus de 115 grains.

Le Maître. La chose n'est pas bien difficile. 516 pouces cubiques d'air pèsent 147 grains. En effet, 7 pouces cubiques d'air pèsent 2 grains. Partez de ce principe ; c'est là un fait constaté. Si 7 pouces cubiques d'air pèsent 2 grains, 516 pouces en peseront évidemment 147. Mais la pierre dont il s'agit ne pesoit que 230 grains : donc par l'action du feu, il y eut plus de la moitié de cette pierre qui se convertit en air.

Le Disciple. L'argument est sans réplique. Mais comment apprendrai-je par cette expérience la différence qu'il y a entre l'air considéré comme partie élémentaire d'un corps, et l'air considéré comme un fluide dans lequel nous vivons et nous respirons ?

Le Maître. L'air dans lequel nous vivons et nous respirons, est dans l'état de la plus parfaite fluidité ; je vous l'ai prouvé au commencement de cette leçon. L'air, devenu partie élémentaire des corps, est dans un état de fixité et comme de solidité ; c'est pour lui un état violent : aussi reprend-il sa fluidité ordinaire, lorsque les corps sont décomposés et réduits à leurs élémens primitifs.

Ceux qui sont sujets au mal de la pierre, l'un des plus cruels que l'on puisse imaginer, concluront de cette expérience qu'ils doivent s'interdire tout aliment indigeste ; ce sont, comme disent les Médecins, des *alimens venteux.*

Le Disciple. Je ne croyois pas que la Physique fournît des remèdes contre les maladies.

Le Maître. Vous parlerez bien différemment, lorsque vous serez au fait de l'*Electricité médicale* et des *airs factices* ; vous y trouverez des ressources dans des maladies que la Médecine avoit déclarées incurables. Je ne connois aucun grand Médecin, qui n'ait été un célèbre Physicien. De là l'axiome si usité : *Ubi desinit Physicus, ibi incipit Medicus.*

IV. Leçon.

IV. LEÇON.

Sur l'Atmosphère terrestre, considérée en général.

LE Maître. La description que je vous ai faite de l'air dans ma dernière leçon, ne sera suffisamment expliquée, que lorsque vous saurez jusqu'à quelle hauteur l'air est répandu aux environs de la terre ; vous connoîtrez alors quelles sont les limites de l'atmosphère terrestre.

Le Disciple. Avant de déterminer cette hauteur, je voudrois bien savoir ce que vous entendez par atmosphère.

Le Maître. Des particules très-déliées dont un corps est environné, forment son atmosphère. Il n'est peut-être point de corps qui ne soit entouré d'une atmosphère, plus ou moins étendue et plus ou moins sensible. Les pierres d'aimant, les corps électrisés, les fleurs, les plantes envoient de leur sein des corpuscules qui s'étendent plus ou moins loin, suivant que l'aimant est plus ou moins vigoureux, l'électricité plus ou moins forte, les fleurs et les plantes plus ou moins odoriférantes.

Le Disciple. L'atmosphère terrestre est donc formée par des corpuscules insensibles que la terre et les eaux nous fournissent plus ou moins abondamment, suivant le degré de fermentation qui règne dans le sein de la terre et le degré de chaleur que nous éprouvons. Je vois souvent s'élever des exhalaisons, des brouillards et des vapeurs qui obscurcissent furieusement notre atmosphère.

Tome I. D

Le Maître. Votre remarque est très-juste ; elle m'annonce même que vous ferez un jour de grands progrès en Physique. Il n'en est pas cependant de l'atmosphère terrestre comme des atmosphères ordinaires ; celles-ci ne se forment guères que par émission ; celle-là au contraire a été faite par création, et elle est, si je puis ainsi parler, alimentée par émission. Je m'explique.

Le Souverain Maître de l'Univers, en tirant la terre du néant, créa en même temps tout l'air dont elle est environnée. Cet air ne l'abandonne jamais ; il participe à tous ses mouvemens, à peu près comme vos habits participent à tous les mouvemens de votre corps, et voilà ce que l'on entend par *atmosphère terrestre proprement dite.* Mais à quoi serviroit l'air dont elle est composée, s'il n'étoit pas respirable ? Et le seroit-il, si la terre ne lui fournissoit pas des vapeurs, des exhalaisons, tout ce qui en un mot devient la matière de tant de météores qui se forment dans les airs ? Il est donc vrai de dire que l'atmosphère terrestre, faite d'abord par création, est continuellement alimentée par émission.

Le Disciple. Quelle est la hauteur de l'atmosphère terrestre ? j'ai entendu dire qu'elle n'étoit que de quinze à vingt lieues tout au plus.

Le Maître. Il n'y a pas encore quarante ans que, dans toutes les Ecoles, on enseignoit une erreur aussi grossière ; et pour la faire passer pour une vérité incontestable, on apportoit en preuve l'expérience suivante. Si l'on place, *difoit-on*, deux baromètre parfaitement égaux, l'un au pied et l'autre au sommet d'une montagne dont la hauteur perpendiculaire soit de 96 toises, vous verrez que le baromètre, placé au sommet de la montagne, sera plus bas de huit lignes que celui que l'on aura placé au pied. Cela supposé, voici comment on raisonnoit.

C'est la pression de l'air extérieur sur le mercure contenu dans le vase du baromètre, qui soutient, dans le tube du même instrument, la petite colonne de mercure au-dessus du niveau de celui qui se trouve dans le vase, et qui l'y soutient à une plus grande ou à une moindre hauteur, suivant que l'air est plus ou moins grave, plus ou moins élastique. Ce que je vous ai appris dans ma leçon précédente, doit vous mettre au fait de ce mécanisme, et doit vous préparer à ce que j'ai à vous dire dans la leçon suivante, sur cet instrument météorologique.

Dans nos climats, la hauteur moyenne du baromètre est de vingt-sept pouces et demi, ou de 330 lignes. La colonne d'air qui gravite sur la surface du mercure n'auroit donc que 330 fois 12, ou 3960 toises de longueur.

Le disciple. L'atmosphère terrestre n'auroit donc qu'environ deux lieues moyennes de hauteur. Pourquoi lui en donne-t-on 15 à 20 ?

Le Maître. C'est qu'on sait par expérience que plus on s'éloigne de la terre, moins aussi l'air est chargé de vapeurs et d'exhalaisons. Sur le sommet des Cordillières, l'air est à peine respirable ; cependant la plus haute de ces montagnes n'a que 3220 toises de hauteur perpendiculaire. Or, *disoit-on,* si une colonne d'air grossier de douze toises de hauteur ne soutient le mercure qu'à une ligne au-dessus de son niveau, il faudra peut-être, lorsque l'air sera extrêmement raréfié, une colonne de cent toises de hauteur pour produire le même effet. Voilà pourquoi on donnoit

15 à 20 lieues de hauteur à l'atmosphère terrestre.

Le Disciple. Je trouve ces raisonnemens assez solides. Pourquoi accusez-vous ceux qui les font, de donner dans une erreur des plus grossières ?

Le Maître. C'est qu'ils n'ont que des idées fausses sur la raréfaction de l'air, à mesure qu'on s'éloigne de la terre. Newton, le grand Newton prétend, dans sa vingt-huitième question d'optique, qu'à environ deux lieues de la terre, l'air est quatre fois plus raréfié que celui que nous respirons ; à environ quatre lieues, il l'est seize fois plus ; à environ huit lieues, il l'est 256 fois plus. En suivant cette proportion, l'on assurera qu'à environ seize lieues, l'air est près de soixante-six mille fois plus raréfié, que celui que nous respirons aux environs de la terre. Une colonne de cet air de douze toises de hauteur, ne sauroit faire varier le baromètre d'une manière sensible. Aussi suis-je persuadé que le mécanisme de cet instrument dépend presque uniquement d'une colonne d'air grossier d'environ deux lieues de hauteur perpendiculaire. La matière des météores, tels que la pluie, la neige, le tonnerre, etc., ne sauroit s'élever plus haut ; l'air seroit trop rare pour la soutenir.

Concluons qu'on ne doit se servir du baromètre, pour mesurer une hauteur perpendiculaire quelconque, que lorsqu'on ne veut que des *à peu près.* Cette mesure n'est physiquement exacte, que lorsque l'air a la même densité, depuis le pied jusqu'au sommet de la montagne dont vous voulez connoître la hauteur : ce qui n'arrive que bien rarement, ou plutôt, ce qui n'arrive presque jamais.

Le Disciple. Je comprend assez ce que c'est

que densité. Je serois cependant embarrassé, s'il me falloit parler sur cette matière. Donnez-m'en, je vous en prie, une définition exacte?

Le Maître. Ne confondons pas dans un corps la matière propre avec la matière étrangère. Dans un fer rougi au feu, les parties ferrugineuses constituent sa matière propre, et les parties ignées sa matière étrangère.

Le Disciple. La matière étrangère entre-t-elle dans la densité des corps?

Le Maître. Point du tout; elle la diminue pour l'ordinaire. Une vessie de cochon remplie d'air, a beaucoup moins de densité, que lorsqu'elle est flasque.

Le Disciple. Où voulez-vous en venir, je ne le comprends pas?

Le Maître. Encore un mot, et vous me comprendrez. Tout corps a tel ou tel volume, parce qu'il occupe tel ou tel espace. La grandeur du volume d'un corps est toujours analogue à la grandeur de l'espace auquel il correspond. Un quintal de plomb, par exemple, ne pèse pas plus qu'un quintal de liège. La différence qu'il y a entre ces deux poids, c'est que l'un remplit un très-petit, et l'autre un très-grand espace. La densité a deux rapports nécessaires; l'un à la matière propre du corps; l'autre à son volume. Un corps contient-il beaucoup de matière propre sous un petit volume? il est très-dense; en contient-il peu sous un grand volume? il est très-rare. Deux corps, avec la même quantité de matière propre, occupent-ils, l'un un plus petit, l'autre un plus grand espace? Le premier est plus dense que le second; et voilà pourquoi le plomb est plus dense que le liège. Les Physiciens ont donc

D 3

raison d'assurer que la densité du mercure est
environ quatorze fois plus grande que celle de
l'eau , puisque l'espace occupé par une livre de
mercure est environ quatorze fois plus petit ,
que celui qu'occupe une livre d'eau. Par la même
raison , l'eau a environ mille fois plus et le mercure environ quatorze mille fois plus de densité
que l'air que nous respirons aux environs de la
terre. Je me sers de ces exemples , parce que
j'aurai souvent occasion de comparer la densité
de l'air , tantôt avec celle de l'eau , tantôt avec
celle du mercure.

Le Disciple. La matière étrangère, *m'avez-vous
dit*, ne constitue pas la densité des corps; elle
la diminue pour l'ordinaire. Pourquoi donc l'air
est-il si dense aux environs de notre globe ? N'est-
ce pas aux vapeurs et aux exhalaisons qui s'élèvent de la terre et des eaux, qu'il doit cet excès
de densité ? Les vapeurs et les exhalaisons sont
cependant , par rapport à lui , une matière fort
étrangère.

Le Maître. Votre remarque est fort judicieuse;
elle présente même une objection à laquelle il est
nécessaire de répondre. On dit qu'un corps est
composé de parties homogènes , lorsqu'il est composé de parties parfaitement semblables; on l'appelle alors *corps simple*; et on appelle *mixte* tout
corps composé de parties hétérogènes , c'est-à-
dire, de parties de différente espèce. Un lingot
d'or exactement purifié , passe pour un corps
simple. Un bâtiment est évidemment un corps
mixte; les pierres, la chaux, le bois , etc. ; sont
autant de matériaux de différente espèce.

L'air que nous respirons est un corps mixte ;
c'est un *tout* composé d'air élémentaire , de va-

peurs, d'exhalaisons, etc. Ces vapeurs et ces exhalaisons sont étrangères à l'air, considéré comme *élémentaire*; mais elles ne sont pas étrangères à l'air, considéré comme *respirable*; elles constituent son essence physique. L'air respirable doit donc diminuer en densité, à mesure qu'il s'éloigne de la terre.

Le Disciple. Voilà une objection parfaitement bien résolue. Venons-en maintenant à la hauteur de l'atmosphère terrestre. Il me tarde que vous l'ayez déterminée.

Le Maître. Je donne à l'atmosphère terrestre au moins trois cens lieues de hauteur perpendiculaire, au lieu de 15 à 20 qu'on lui a donné jusqu'à présent.

Le Disciple. Il faut que vous soyez assuré du fait, pour affirmer la chose d'une manière si positive. Faites-moi part, je vous en prie, des preuves sur lesquelles vous établissez une assertion aussi nouvelle.

Le Maître. Vous rappellez-vous du phénomène qui vous effraya tant, il y a quelques mois? Faites-m'en la description.

Le Disciple. Ne m'en parlez pas; je frissonne toutes les fois que j'y pense; j'ai cru que la fin du monde arrivoit et que la terre alloit être réduite en cendre. D'ailleurs, je n'ai encore eu que trois leçons de Physique, comment voulez-vous que je dépeigne un phénomène aussi effrayant? Vous vous moqueriez de moi bien sûrement.

Le Maître. Je ne m'en moquerai pas, je vous l'assure; je conserverai précieusement la description que vous me ferez de ce phénomène intéressant; vous la comparerez avec celle que vous ferez dans la suite, lorsque vous serez en état d'expliquer ce point de Physique.

Le Disciple. Environ trois heures après le coucher du soleil, je vis le nord tout en feu ; il me parut même changé en sang. Je vis des rayons de lumière se croiser, se choquer les uns les autres ; je vis, enfin, comme des boucliers, des lances, des épées enflammées, des armées nombreuses se livrer les combats les plus sanglans. J'avois à mes côtés un homme de bon sens ; il regardoit ce phénomène comme le pronostic des plus grands troubles. Il a eu raison ; l'Europe entière n'a jamais été aussi bouleversée que maintenant.

Le Maître. Vous avez dépeint ce phénomène à-peu-près comme l'ont dépeint, pendant plus de mille ans, les historiens, les faiseurs de chroniques, tous ceux, en un mot, qui voyoient les choses, moins par leurs yeux, que par leur imagination échauffée. Il y a eu même des Physiciens de ce temps-là, qui raisonnoient sur ce phénomène comme votre prétendu homme de bon sens. On n'en est guère pourvu, lorsqu'on veut parler sur des matières qu'on n'entend pas, et qu'on n'est pas en état d'entendre. S'il eût paru, l'année dernière, quelque comète à grande queue, on ne manqueroit pas de la regarder comme la cause physique et immédiate de tous les maux dont nous sommes accablés ; maux, cependant, auxquels succéderont des biens capables de nous les faire oublier.

Le Disciple. Le phénomène que je vis du côté du nord, n'annonce donc aucun malheur ; et je pourrai être tranquille, lorsque j'en verrai de pareils.

Le Maître. C'est un phénomène purement naturel, aussi peu à craindre que l'apparition d'une comète, d'une éclipse de soleil ou de lune.

Le Disciple. Quel nom lui donnez-vous en Physique ?

Le Maître Nous l'appelons aurore boréale. Nous lui donnons le nom d'*aurore*, parce que ce phénomène, dans ses premiers commencemens, en a presque la même couleur. L'épithète *boréale* lui convient au mieux. Au lieu de paroître, comme l'aurore ordinaire, du côté du levant, elle paroît du côté du nord.

Le Disciple. Vous allez, sans doute, me dire maintenant quelles sont les causes physiques de l'aurore boréale ?

Le Maître. Il n'en est pas encore temps. Il faut auparavant que vous soyez aussi au fait de l'atmosphère solaire , que vous le serez, à la fin de cette leçon , de l'atmosphère terrestre.

Le Disciple. Pourquoi donc m'en parlez-vous maintenant ? Vous aimez bien à piquer ma curiosité.

Le Maître. J'ai de meilleures raisons pour en agir de la sorte ; ce n'est que par l'aurore boréale qu'on détermine la hauteur perpendiculaire de l'atmosphère terrestre. On se sert pour cela de la plus fameuse aurore boréale qui ait encore paru, celle du 19 octobre 1726. Elle fut observée par les plus grands Astronomes et les plus grands Physiciens ; et il résulte de leurs observations astronomiques, et de leurs démonstrations géométriques , qu'elle étoit éloignée de la surface de la terre de deux cents soixante-six lieues. Je ne dois donc vous détailler les causes physiques des aurores boréales, que lorsque je vous aurai appris les propositions de géométrie qu'un Physicien ne sauroit ignorer.

Le Disciple. Je le comprends ; la position de l'aurore boréale du 19 octobre 1726 , entre nécessairement dans cette leçon : le reste seroit un hors d'œuvre. Qu'il me tarde de savoir un peu de géométrie, pour me convaincre par moi-même qu'elle étoit éloignée de 266 lieues de la surface de la terre ! Mais est-il bien assuré que les aurores boréales se trouvent dans l'atmosphère terrestre ? Si elles étoient plus élevées que les dernières couches de cette atmosphère , la démonstration dont vous me parlez ne signifieroit rien.

Le Maître. Vous avez raison. Mais n'ayez aucun doute là-dessus. Il est démontré que les aurores boréales, tout le temps de leur durée, font partie de l'atmosphère terrestre. Si cela n'étoit pas ainsi , elles auroient dans l'espace de 24 heures , comme la lune , le soleil et tous les astres , un mouvement circulaire apparent d'orient en occident.

Le Disciple. Vous appelez ce raisonnement une démonstration ; je n'y entends rien. Les aurores boréales , *dites-vous* , n'ont aucun mouvement apparent d'orient en occident : donc elles se trouvent dans l'atmosphère terrestre. Je ne vois pas la légitimité de cette conséquence.

Le Maître. Ce n'est ni votre faute, ni la mienne , si vous ne la comprenez pas. Les matières de Physique sont si étroitement liées les unes avec les autres , qu'on ne peut faire aucun progrès dans la science de la nature , sans supposer démontrées des propositions qui le seront réellement dans la suite. Tout l'art du Maître ne consiste à ne dire à son Disciple que les choses qu'il

est en état de comprendre , et à l'assurer qu'il
peut regarder comme vraies telles et telles choses
dont il ne peut pas encore saisir la démonstration.
C'est-là l'état où nous nous trouvons l'un et l'autre.
Reprenons mon raisonnement. *Les aurores boréa-*
les n'ont aucun mouvement apparent d'orient en
occident :' donc elles sont dans l'atmosphère ter-
restre. Voulez-vous comprendre , je ne dis pas
la légitimité , mais la nécessité de cette conséquence , supposez vraies les propositions suivantes. Je vous promets de vous en donner , en
temps et lieu , la démonstration. Vous savez ,
sans doute , ce que c'est que mouvement de rotation sur son axe.

Le Disciple. Je le sais à-peu-près. Expliquez-le-
moi cependant, j'en aurai une idée plus nette.

Le Maître. Faites tourner cette roue. Elle est
fixe ; elle n'a pas changé de place ; elle a été cependant en mouvement, puisque les parties dont
sa circonférence est composée , ont successivement correspondu à différents points du lieu où
elle est placée. C'est-là ce qu'on appelle avoir un
mouvement de rotation sur son axe.

Le Disciple. Je le comprends ; dans ces sortes
de mouvemens , ce n'est pas le corps entier, ce
sont ses parties qui changent de place.

Le Maître. Venons-en maintenant aux propositions que vous devez regarder comme incon-
testables, parce que, dans la suite, vous en aurez la
démonstration.

Première Proposition. La terre a , d'occident en
orient , un mouvement sur son axe , qu'elle
achève dans l'espace de 24 heures. C'est-là ce
qu'on nomme son mouvement journalier.

Seconde Proposition. Tout ce qui se trouve sur

la surface de la terre et dans son atmosphère ;
l'atmosphère elle-même a ce même mouvement.

Troisiéme Proposition. Tous les corps qui sont
placés hors de l'atmosphère terrestre, doivent
nous paroître se mouvoir d'orient en occident
dans l'espace de 24 heures. C'est-là ce qu'on
appelle *illusion optique.* Nous sommes exposés
tous les jours à de pareilles illusions. Tous ceux
qui traversent une rivière d'occident en orient,
s'imaginent que le rivage, quoiqu'immobile, s'approche d'eux, en allant d'orient en occident.

Le Disciple. Je l'ai souvent éprouvé. Supposé
que ces trois propositions soient vraies, votre
raisonnement est incontestable. Si les aurores
boréales n'étoient pas dans l'atmosphère terrestre,
elles auroient dans l'espace de 24 heures, comme
la lune, le soleil et tous les astres, un mouvement circulaire apparent d'orient en occident.
Elles ne l'ont pas : elles sont donc dans l'atmosphère terrestre, quoiqu'elles soient éloignées de
266 lieues de la surface de la terre. Mais prenez
garde, vous avez donné à notre atmosphère au
moins 300 lieues de hauteur perpendiculaire ;
vous n'en avez trouvé que 266. Trouvez-en
encore une quarantaine, et je n'ai plus rien à
vous dire.

Le Maître. La chose ne me sera pas difficile :
écoutez-moi encore quelques momens. Le soleil
est entouré d'une atmosphère qui s'étend quelquefois jusqu'à plus de trente millions de lieues. Je
vous le prouverai dans la suite.

La matière de l'atmosphère solaire consiste
en des parties facilement inflammables.

Lorsque l'atmosphère solaire s'étend jusqu'à
environ trente millions de lieues, ses dernières

couches tombent dans l'atmosphère terrestre , tantôt en colonnes , tantôt en pelotons , tantôt en traînées, etc. ; et c'est alors qu'elles forment le phénomène des aurores boréales. Cela supposé , voici comment je raisonne. Les aurores boréales forment pour nous un spectacle des plus frappans. Le seroit-il à ce point, si la matière de l'atmosphère solaire ne pénétroit pas très-avant dans notre atmosphère ? Comptons donc une quarantaine de lieues depuis la région où se trouvent les aurores boréales jusqu'aux dernières couches de l'atmosphère terrestre , et concluons hardiment que sa hauteur perpendiculaire est au moins de trois cents lieues.

Le Disciple. J'aperçois maintenant que l'atmosphère terrestre doit avoir au moins trois cents lieues de hauteur perpendiculaire ; je l'assurerai hardiment sur votre parole ; mais je n'en serai convaincu, et je ne pourrai dire, *je le sais*, que lorsque vous m'aurez mis en état de comprendre les démonstrations que vous m'avez annoncées. Je vous préviens que je sais très-imparfaitement l'arithmétique. Je n'ai aucune teinture de géométrie , et j'ignore ce que c'est que l'algèbre.

Le Maître. Ces connoissances vous seront nécessaires , lorsque nous passerons , de la partie agréable , à la partie sublime de la Physique. Pour lors vous les aurez acquises , sans interrompre nos leçons , et sans , pour ainsi dire , vous en être aperçu.

Le Disciple. Quel moyen emploirez-vous pour cela ? Je ne craignois rien tant que cette interruption.

Le Maître. Chaque leçon de Physique sera

terminée d'abord par une règle d'arithmétique ; ensuite par une règle d'algèbre ; enfin par une proposition de géométrie. Je commencerai, lorsqu'il en sera temps.

Le Disciple. Je voudrois bien savoir avec quelle force l'atmosphère terrestre, grave et élastique de sa nature, presse la surface de la terre.

Le Maître. Il est très-facile de vous satisfaire. Si la terre étoit couverte d'eau à la hauteur de 32 pieds, quelle pression n'exerceroit pas sur sa surface cette masse immense de fluide ! Un pied cube d'eau pèse 70 livres, et la terre a vingt-sept millions de lieues quarrées. Telle est précisément la pression de l'atmosphère terrestre, puisqu'une colonne d'air de 300 lieues d'élévation est en équilibre avec une colonne d'eau de même base de 32 pieds de hauteur. Nous l'éprouvons tous les jours dans les pompes aspirantes ; et vous l'éprouveriez vous-même dans une seringue ordinaire, si elle avoit 32 pieds de long. Si l'on faisoit des baromètres à *eau*, ce liquide s'y éleveroit à la hauteur de 32 pieds.

Le Disciple. Je comprend sans peine que l'atmosphère comprime autant le globe terrestre, qu'il le seroit par trente-deux pieds d'eau qui couvriroient sa surface. Mais, en me parlant ainsi, vous ne me donnez qu'une idée générale de cette pression. Je voudrois savoir à quels poids elle équivaut. Je ne sais pas assez l'arithmétique pour faire ce calcul ; mais j'ai assez présentes les quatre premières règles de cette science, pour vous écouter avec plaisir, et pour vous suivre dans vos opérations.

Le Maître. Pour rendre ce calcul plus facile et moins ennuyeux, examinons d'abord quelle pression exerceroit sur une lieue quarrée une colonne d'eau de trente deux pieds de hauteur ; et pour aller pas à pas, répondez aux questions suivantes. Quelle est la longueur d'une lieue moyenne de France ?

Le Disciple. On lui donne communément deux mille toises ; et comme la toise contient six pieds, une lieue moyenne de France doit avoir douze mille pieds de longueur.

Le Maître. Savez-vous ce que c'est qu'une lieue quarrée ?

Le Disciple. Je ne le sais pas. Je sais seulement qu'un espace quarré est un espace renfermé par quatre côtés égaux. Cette chambre, par exemple, représente un quarré parfait ; les quatre murailles ont la même longueur.

Le Maître. Un géomètre ne seroit pas content de votre défini·ion. Mais cependant, toute insuffissante qu'elle est, elle nous suffit pour le présent. Tirez maintenant quatre lignes de douze mille pieds de longueur chacune, et joignez-les à angles droits ; l'espace qu'elles renfermeront vous représentera une lieue quarrée ; ce sera là la base de votre colonne d'eau de trente-deux pieds de hauteur.

Le Disciple. Combien de pieds quarrés contient cette base ?

Le Maître. Multipliez douze mille par douze mille ; le produit sera de cent quarante-quatre millions ; et ce produit vous donnera le nombre de pieds quarrés que cette base contient. Pour avoir le nombre de pieds cubes que contient la colonne entière, vous multiplierez cette

base par trente-deux pieds, et le produit vous
apprendra que la colonne en question contient
quatre milliards, six cens huit millions de pieds
cubes d'eau ; et comme un pied cube d'eau pèse
soixante et dix livres, multipliez ce dernier produit par 70, et vous serez convaincu que le poids
de votre colonne pèse trois cens vingt-deux milliards cinq cent soixante millions de livres. Je
vous donnerai dans mes leçons sur la géométrie
pratique, la démonstration des différentes opérations que je viens de faire.

Le Disciple. Je comprends quelle est la pression de l'atmosphère sur une lieue quarrée. Je
referai ces opérations, lorsque vous aurez terminé vos leçons de Physique par les règles de
l'arithmétique. Continuez cependant, et donnez-
moi une idée de la pression totale de l'atmosphère
sur la surface de la terre.

Le Maître. La terre a en surface vingt-sept
millions de lieues quarrées : je vous le démontrerai dans une de mes leçons sur la géométrie
pratique. Multipliez donc le dernier nombre trouvé
par vingt-sept millions ; le produit sera l'expression de la pression totale de l'atmosphère sur la
surface de la terre.

Le Disciple. Ce produit doit être immense.
Nous ferons cette opération dans la suite.

V. LEÇON.

V. LEÇON.

Sur le Baromètre.

LE Maître. Jetez les yeux sur ce Baromètre, c'est un des meilleurs qu'il y ait bien loin d'ici. Il a été construit par un Artiste célèbre, de l'atelier duquel il sort des instrumens de Physique et de Mathématique de la dernière perfection. Il rehausse les connoissances les plus précieuses par une manipulation dans la Physique expérimentale, que je regarde comme unique.

Le Disciple. Vous parlez sans doute de M. Skanégati. On tient par-tout le même langage. Nous sommes heureux qu'il ait fixé sa demeure dans cette Ville.

Le Maître. Je vous conduirai souvent chez lui. Vous vous convaincrez par vous-même que tout ce que je vous avance dans nos leçons, est conforme à l'expérience. Avant de vous expliquer le mécanisme du Baromètre, examinez-en toutes les parties.

Le Disciple. Je vois un tube de verre recourbé, composé de deux parties, l'une assez longue, l'autre très-courte. L'extrémité supérieure de celle-là est exactement fermée; elle contient une petite colonne de mercure qui s'élève à la hauteur de vingt-sept pouces et demi. La partie la plus courte contient aussi du mercure dans un vase de verre, terminé par un tube assez ouvert, pour permettre à l'air extérieur de graviter sur la surface du mercure contenu dans le vase. Le Baromètre est appliqué à une planche couverte de

Tome I.   E

papier blanc, sur lequel on a tracé une échelle de 29 pouces de longueur. Elle est graduée de pouce en pouce seulement depuis le premier jusqu'au vingt-sixième. Les trois derniers pouces sont chacun soudivisés en 12 lignes. Voilà toutes mes remarques.

Le Maître. Ecoutez maintenant les miennes. Le tube du baromètre a 32 pouces de longueur, et environ deux lignes de diamètre intérieurement. Il est d'un verre bien net, bien uni en dedans et en dehors. On a évité d'y faire passer aucune liqueur et d'y souffler dedans avec la bouche. Le mercure qu'il contient est un mercure purifié, et par conséquent dépouillé de toute humidité et de toute saleté. L'extrémité supérieure du tube est scellée *hermétiquement*.

Le Disciple. Je ne comprend pas ce que signifie le mot *hermétiquement* : ayez la bonté de me l'expliquer.

Le Maître. Sceller hermétiquement un tube de verre, c'est le sceller avec sa propre matière. L'Emailleur fond une de ses extrémités à la lampe. Il tortille avec des pincettes les parties fondues, et il les réunit de manière à former le meilleur, le plus impénétrable de tous les bouchons. C'est à un ouvrier nommé *Hermés* que nous devons cette importante découverte. *Hermétiquement* signifie donc *à la manière d'Hermés*. Continuons nos remarques.

Le réservoir ou le vase de verre du baromètre peut avoir différente grandeur et différente figure. La figure conique d'un pouce et demi de diamètre dans sa plus grande largeur, me paroît préférable à toutes les autres. Dans les expériences de physique, l'on fait descendre la colonne de mercure jusqu'au niveau de celui que le vase contient. Donnez donc à ce vase la capacité que vous jugerez à propos, pourvu qu'elle soit telle, qu'il puisse recevoir le mercure qui passera de la partie la plus longue dans la partie la plus courte du baromètre, lorsqu'on fera ces sortes d'expériences.

Mais ce qu'il faut sur-tout remarquer et ne jamais oublier, c'est que le tube du baromètre est exactement purgé d'air. Une seule bulle d'air introduite dans le mercure ou logée entre la surface du mercure et l'extrémité du tube scellée *hermétiquement*, rendroit inutile cet instrument météorologique.

Le Disciple. Jusqu'à quelle hauteur peut s'élever le mercure dans le tube du baromètre ?

Le Maître. Jusqu'à 29 pouces ; c'est-là sa plus grande élevation ; elle n'est quelquefois que de 26 pouces.

Le Disciple. Vous m'avez dit que le tube du baromètre a 32 pouces de longueur. Il y a donc dans ce tube au moins trois pouces qui ne renferment aucune espèce de corps. La chose est bien difficile à concevoir.

Le Maître. Cette conséquence n'est pas légitime. La partie du tube dont vous me parlez, contient un fluide assez délié, pour n'opposer aucune résistance au mercure, lorsqu'il passe du 26me. au 29me. pouce. C'est la lumière ou un fluide aussi délié qu'elle.

Le Disciple. Quel est l'inventeur du Baromètre ?

Le Maître. C'est un physicien du dix-septième siècle, appelé *Toricelli* ; il fit cette précieuse découverte en l'année 1643. Ce grand Homme nâquit à Faenza en Italie le 15 octobre 1608. Le célèbre Galilée en faisoit un cas infini. Il l'attira auprès de lui à Florence quelques années avant sa mort. A cette époque, les habitans de cette Ville craignant que Toricelli ne retournât dans sa patrie, lui donnèrent une Chaire de Mathématique. Il ne l'occupa que cinq ans. Il mourut, à la fleur de son âge, le 15 octobre 1647. De quelles découvertes n'eût-il pas enrichi la Physique ! Quels ouvrages n'auroit-il pas composé, marqués au coin de l'immortalité, s'il eût vécu autant que son ami Galilée ! Toricelli a été l'inventeur des Microscopes simples. Son Traité du mouvement sera toujours regardé comme un chef-d'œuvre.

Le Disciple. Pourquoi dit-on que le baromètre est un instrument météorologique ?

Le Maître. Le baromètre annonce le beau temps, la pluie, le vent, les orages, le calme etc.: c'est donc un instrument météorologique. C'est une espèce de boussole presqu'aussi nécessaire sur terre, que l'est sur mer la boussole magnétique.

Le Disciple. Je n'entreprendrai aucun voyage de plaisir ; je n'irai jamais à la promenade, que je n'aie auparavant consulté mon baromètre. Qu'il me tarde d'en connoître le mécanisme !

Le Maître. Il est temps en effet de vous l'expliquer. Posons auparavant deux principes.

Principe 1. Deux fluides homogènes ou de même espèce, qui se trouvent dans deux tubes communicans, sont en équilibre, et ils s'élèvent toujours à la même hauteur dans les deux branches, lors même qu'elles sont de différentes capacités.

Nos puits ne haussent et ne baissent, suivant la hauteur de notre fameuse Fontaine, que parce qu'ils communiquent avec elle, et que leurs eaux sont des fluides homogènes contenus dans des réservoirs de différente capacité, mais communicants tous avec le réservoir commun.

La surface d'un fluide homogène, contenu dans un vase, ne présente le plus parfait de tous les niveaux, que parce que les colonnes dont il est composé, prises de deux en deux, sont comme dans deux tubes communicants.

Si le tube du baromètre étoit ouvert, la coonne de mercure descendroit, et se mettroit de niveau avec celui qui se trouve dans le réservoir de cet instrument.

Le Disciple. J'en ai la preuve sous les yeux, dans celui que je cassai malheureusement l'autre jour.

Le Maître. Le malheur ne fut pas bien grand; ce n'étoit pas un baromètre de Skanégati. Vous avez saisi le principe que j'ai posé; saisissez bien celui-ci, et vous n'aurez aucune peine à comprendre le mécanisme du baromètre.

Principe 2. Lorsque deux fluides hétérogènes ou de différente espèce se trouvent dans deux tubes communicants, ils ne s'élèvent pas à la même hauteur. Celui qui aura moins de densité, s'élevera plus que l'autre; et il s'élevera d'autant plus, que sa densité sera moins considérable.

Le baromètre forme deux tubes communicants. Supposez que l'extrémité du tube le plus long soit ouverte et que ce tube contienne 14 pouces d'eau, ils seront en équilibre avec un pouce de mercure introduit dans le tube le plus court. Je dis 14 *pouces*, pour éviter toute fraction. Je ne cherche que la clarté. Je sais que le mercure n'est pas précisément 14 fois plus dense que l'eau. Ce

E 3

sera dans la leçon sur la *densité*, que je déterminerai exactement la différence qu'il y a entre la
densité du mercure et celle de l'eau.

Je ne vous ai prouvé que par l'expérience la
vérité des deux principes que je viens de poser.
Pour le présent cette preuve doit vous suffire.
Je vous détaillerai les autres dans mes leçons sur
l'*Hydrostatique*.

Le Disciple. Ces principes sont si lumineux,
que j'entrevois le mécanisme du baromètre. Je
serois presque en état de l'expliquer.

Le Maître. Que vous me faites plaisir ! vous
me confirmez dans l'idée où je suis, que vous
serez un jour un grand physicien. Commencez.

Le Disciple. Le baromètre forme deux tubes
communicants exactement purgés d'air. L'extrémité supérieure de la partie la plus courte de cet
instrument météorologique, est ouverte. Elle
donne entrée a une colonne d'air atmosphérique,
qui vient graviter sur la surface du mercure contenu dans le réservoir, et qui l'oblige, par cette
pression, à s'élancer dans la partie la plus longue,
parce qu'elle est purgée d'air, et qu'elle est scellée
hermétiquement. Le mercure doit donc monter
dans le tube du baromètre, jusqu'à ce qu'il s'y
forme une colonne mercurielle assez pesante,
pour être en équilibre avec la colonne aérienne
qui a pénétré dans le réservoir.

Le Maître. Je suis très-content de votre explication ; je n'en aurois pas donné une plus claire
et plus précise. C'est par le même mécanisme que
l'eau s'élève dans la seringue. En tirant le piston,
vous purgez d'air le cylindre qui forme le corps
de cet instrument. L'air qui gravite sur la surface de l'eau, l'oblige à s'élancer dans le cylindre ;

comme l'air qui gravite sur la surface du mercure l'oblige à s'élancer dans le tube du baromètre. Vous serez encore plus convaincu de la bonté de votre explication, lorsque nous ferons les expériences de la machine pneumatique. L'une de ces expériences consiste à empêcher l'air extérieur de graviter sur la surface du mercure contenu dans le vase du baromètre. Vous verrez alors la colonne mercurielle baisser jusqu'à ce qu'elle soit de niveau avec le mercure que renferme le réservoir.

Le Disciple. Que j'aurois envie de voir cette jolie expérience ! je suis bien fâché que votre machine pneumatique ne soit pas encore raccommodée.

Le Maître. Il est très-facile de vous satisfaire. Transportez-vous chez M. Skanegati ; témoignez-lui votre envie, il est assez poli pour faire sur le champ l'expérience dont il s'agit. Je vous y conduirois moi-même, si je n'attendois pas ici une personne de considération avec qui je dois terminer une affaire de la plus grande importance.

Le Disciple. J'y vais de ce pas, j'y cours. Je vous rendrai compte demain matin de tout ce que j'aurai vu.

Le Maître. Comment avez-vous passé la soirée de hier ?

Le Disciple. Je n'en ai jamais passé d'aussi agréable. Je me suis d'abord convaincu par moi-même que M. Skanegati est tel que vous me l'avez dépeint au commencement de cette leçon. J'ai trouvé dans son Cabinet de Physique un assez grand nombre d'amateurs, occupés des expériences électriques ; ce sont les gens du monde les plus aimables et les plus polis. L'un de ces Messieurs expliquent ces expériences avec une grâce, une précision, une netteté que je ne saurois vous exprimer. C'est M. Boyer.

Le Maître. Je n'en suis pas étonné. M. Boyer est un physicien dont je fais un cas infini. Parmi le grand nombre de gens de mérite qu'il y a dans cette Ville, je n'en connois aucun qui lui soit préférable. Son goût décidé pour la littérature, le met en état de semer des fleurs sur les routes épineuses des sciences les plus abstraites. Tout plaît, tout s'embellit sous sa plume légère, sous son pinceau délicat. Venons-en à l'expérience que vous aviez tant envie de voir. Comment a-t-elle réussi ?

Le Disciple. A merveille ; je m'y attendois. Mais ce à quoi je ne m'attendois pas, c'est d'expliquer cette expérience devant une compagnie aussi respectable. J'ai eu beau dire que je n'avois encore pris que quatre leçons de physique, que je savois à peine bégayer dans cette Science, il a fallu me rendre à leurs pressantes sollicitations.

Le Maître. Comment vous êtes-vous tiré d'affaire ?

Le Disciple. A vous dire vrai, pas si mal. J'ai répété ce que je vous avois dit une heure auparavant.

Le Maître. Ces Messieurs ont donc été contens de vous.

Le Disciple. Ils m'ont comblé de politesse ; chacun a voulu m'embrasser ; ils m'ont tous assuré que je ferois des progrès en Physique ; ils m'ont accordé la permission, ils m'ont même fait promettre d'assister, lorsque bon me sembleroit, à leurs doctes séances.

Le Maître. Vous répondrez de temps en temps

à l'honneur qu'ils vous ont fait ; lorsque, *par exemple*, vous serez parfaitement au fait du baromètre, vous pourrez vous présenter avec confiance. Il y a mille jolies choses à dire sur cet instrument météorologique. Continuons notre leçon.

Vers le milieu du siècle dernier, on n'étoit pas encore bien convaincu de la pesanteur de l'air. Descartes, pour mettre cette vérité dans le plus grand jour, pria M. Dupérier, qui se trouvoit pour lors en Auvergne, de placer deux baromètres parfaitement égaux, l'un au pied et l'autre au sommet de la montagne du *Puy de Domme*, et de lui marquer le résultat de cette expérience. M. Dupérier le fit, et il trouva que le mercure monta plus haut dans le tube du baromètre placé au pied, que dans le tube de celui qui étoit placé au sommet de la montagne. Ce fait est rapporté par Descartes lui-même, *lettre* 77, *tome* 3.

Le Disciple. La chose devoit arriver ainsi. A bases égales, une colonne plus longue doit avoir plus de force, qu'une colonne plus courte. La colonne d'air qui descend jusqu'au pied d'une montagne, est évidemment plus longue que celle qui s'arrête au sommet. Celle-là doit donc avoir plus d'action que celle-ci sur le mercure contenu dans le vase du baromètre. Le mercure a donc dû monter plus haut dans le tube du baromètre qui fut placé au pied, que dans le tube de celui qui fut placé au sommet de la montagne du *Puy de Domme.*

Le Maître. Votre explication est conforme aux lois de la saine Physique. On ne peut en donner de meilleure ; on pourroit cependant vous faire des objections auxquelles il ne vous

seroit pas facile de répondre. Je vais vous les
proposer.

Ne voyons-nous pas , *pourroit-on vous dire* ,
que le mercure s'élève à la même hauteur , soit
que le baromètre soit placé dans une chambre ,
soit qu'il soit placé en pleine campagne ? Dans
une chambre cependant la colonne d'air n'a que
quelques pieds de hauteur , tandis qu'en pleine
campagne elle a 300 lieues d'élévation. Ce n'est
pas donc de la longueur de la colonne d'air que
dépend la plus grande ascension du mercure dans
le tube du baromètre.

Le Disciple. Je ne m'attendois pas à une pareille difficulté ; je la regarde comme insoluble. Si
on me la proposoit, que devrois-je répondre ?

Le Maître. Elle est insoluble réellement , lorsqu'on n'a égard qu'à la pesanteur de l'air , pour
expliquer les différens effets du baromètre. Ayez
égard à son élasticité , et faites en sorte que
tantôt la pesanteur , tantôt l'élasticité jouent le
rôle principal , dès-lors toutes les difficultés
disparoîtront. Dans l'expérience du *Puy de Domme* , servez-vous sur-tout , comme vous l'avez
fait, de la pesanteur de l'air ; mais ne pensez presque qu'à son ressort, et vous expliquerez , sans
peine , pourquoi le mercure s'élève aussi haut
dans une chambre, que lorsque le baromètre est
placé en pleine campagne. Voici donc comment
vous répondrez à l'objection que je vous ai
proposée. J'appelle *air intérieur*, l'air renfermé
dans la chambre, et j'appelle *air extérieur*, celui
qui se trouve hors de la chambre.

N'est-il pas vrai que l'air intérieur communique avec l'air extérieur ? Voilà donc deux fluides
homogènes, qui, se trouvant comme dans deux

tubes communicants, tendent à s'élever à la même hauteur. Ils s'y élèveroient, en effet, si l'air intérieur ne trouvoit pas dans le plancher de la chambre un obstacle insurmontable à son élévation. Il agit donc, comme corps élastique, contre le plancher, lequel à son tour réagit contre lui. C'est cette réaction qui, de globule en globule, se communiquant jusqu'au mercure contenu dans le vase du baromètre, le fait monter aussi haut dans la chambre, qu'en pleine campagne.

Vous pourrez ajouter, si vous le jugez à propos, que les fluides exerçant leur pression en tout sens, l'air extérieur presse latéralement l'air intérieur, et que cette pression latérale supplée à ce qui manque de hauteur à l'air intérieur.

Le Disciple. Je suis trop satisfait de votre première réponse, pour avoir recours à la seconde. Vous m'avez prouvé dans la troisième leçon, que l'air est doué d'un ressort prodigieux. Vous ne m'avez encore rien dit de la pression latérale que je ne comprends presque pas. Aussi la laissé-je de côté.

Le Maître. Elle est cependant très-facile à comprendre. Elle se manifeste tous les jours à vos yeux. Dites-moi, lorsque vous voulez vider un tonneau, n'est-ce pas à un de ses fonds qui, dans la position où se trouve le tonneau, devient un de ses côtés, que vous faites une ouverture ; et pour lors le vin ne coule-t-il pas ? Le vin exerce donc une pression latérale qui occasionne son écoulement.

Le Disciple. Vous avez raison ; rien ne couleroit, si le tonneau étoit rempli de sable. Mais si l'air de la chambre où se trouve le baromètre n'avoit aucune communication avec l'air extérieur, c'est-à-dire, si la chambre étoit fermée comme *hermétiquement*, à quelle hauteur s'élèveroit le mercure dans le baromètre? Il n'y a point ici de pression latérale.

Le Maître. Si l'air de la campagne et celui de la chambre fermée comme *hermétiquement*, ont précisément la même densité, le mercure s'élèvera à la même hauteur, soit qu'on place le baromètre en pleine campagne, soit qu'on le place dans la chambre dont nous parlons, avec la seule différence que celui-ci n'éprouvera aucune variation, tandis que celui-là sera sujet à toutes celles que l'air extérieur éprouve lui-même.

Le Disciple. Ce sera, sans doute, au ressort de l'air que vous aurez recours, pour expliquer ce phénomène.

Le Maître. Qui en doute? Vous comprenez bien que l'air, le plus élastique de tous les corps, tend à se débander, comme font tous les corps à ressort. Ce qui l'en empêche, ce sont les planchers et les murailles de la chambre fermée comme *hermétiquement*. L'air intérieur agit donc contre les murailles et les planchers qui, à leur tour, reagissent contre lui; et cette reaction, dans cette expérience comme dans la précédente, doit soutenir le baromètre à sa hauteur ordinaire.

Le Disciple. Vous m'avez assuré que les variations du baromètre annonçoient infailliblement les variations de l'atmosphère. Quand est-ce que le baromètre annonce la pluie?

Le Maître. Quand le baromètre descend au-dessous de sa hauteur moyenne, c'est-à-dire, au-dessous de vingt-sept pouces et demi.

Le Disciple. Il pronostique donc le beau temps, lorsqu'il monte au-dessus de sa hauteur moyenne.

Le Maître. Sans contredit. Si je vous en demandois la raison , que me répondriez-vous ?

Le Disciple. Je vous répondrois qu'en temps de pluie , et quelque temps avant la pluie , l'air doit être moins pesant , que lorsqu'il fait beau temps.

Le Maître. Vous me répondez comme répondent encore aujourd'hui quelques Professeurs dans les Ecoles , comme répondoient tous les Physiciens il y a une quarantaine d'années. Ils avoient tort. Quelque temps avant la pluie , l'air est évidemment plus chargé de vapeurs , et par conséquent plus dense et plus pesant , que lorsque le temps est sec et serein. Souvent avant la pluie , de sombres et tristes nuages dérobent le Ciel à nos yeux. L'atmosphère est pour lors si chargée de vapeurs , l'air est si pesant , que l'on a quelque peine à respirer. Cependant , dans ces occasions , le baromètre descend. Ce n'est pas donc un air plus ou moins pesant qu'il faut regarder comme la cause physique des variations du baromètre.

Le Disciple. Quelle en est donc la cause ?

Le Maître. C'est l'élasticité de l'air. En temps de pluie , l'air a très-peu d'élasticité , et dans un temps sec et serein , il en a beaucoup. Les preuves que je vous en apporterai , formeront une véritable démonstration. Je crois être l'inventeur de cette précieuse découverte. Je l'ai consignée , il y a plus de trente ans , dans mon Dictionnaire de Physique , et dix ans auparavant dans les thèses que je faisois soutenir publiquement , avant la triste révolution qui m'a dépouillé d'un état que je regretterai toute ma vie.

Le Disciple. Comment prouverez-vous qu'en temps de pluie l'air a peu d'élasticité ?

Le Maître. Vous rappelez-vous de ce que je vous ai dit, dans ma troisième leçon, sur l'élasticité des corps en général, et sur celle de l'air en particulier ?

Le Disciple. Je m'en rappelle parfaitement bien. Un corps élastique, *m'avez-vous dit*, est un corps que le choc et la compression font changer de figure, et qui, après le choc et la compression reprend ou du moins tend à reprendre la figure qu'il vient de perdre. Vous m'avez prouvé, par les expériences les plus décisives, que l'air est peut-être le corps le plus élastique que nous connoissions.

Le Maître. Cela suffit. Ecoutez - moi maintenant. Si le corps élastique perd, par le choc et la compression, sa première figure, les parties dont il est composé, sont donc flexibles ; et si, après le choc et la compression, il reprend la figure qu'il a perdue, ces mêmes parties sont donc roides. Sans cette flexibilité, les corps ne se comprimeroient jamais ; et sans cette roideur, ils ne reprendroient jamais leur première figure. Quel est donc le corps que l'on doit regarder comme parfaitement élastique ? C'est celui, sans doute, dont les parties ont autant de flexibilité que de roideur. Tel est peut-être l'air que nous respirons.

Le Disciple. Je vous comprends. En temps de pluie, l'air doit avoir trop de flexibilité ; et lorsque le temps devient sec et serein, il doit reprendre celle qu'il avoit avant la pluie : il doit donc, dans un temps pluvieux, avoir assez peu d'élasticité. Le baromètre ne peut donc descendre au-dessous de sa hauteur moyenne, sans nous annoncer la pluie ; et il ne peut monter au-dessus de cette hauteur , sans nous pronostiquer le beau temps.

Le Maître. Cela est si vrai , que , sous la Zone Torride , non seulement en temps de pluie , mais encore chaque nuit , le baromètre monte au-dessus de sa hauteur moyenne.

Le Disciple. Dans ces pays-là , l'élévation du baromètre au-dessus de sa hauteur moyenne annonce donc la pluie ; et son abaissement pronostique le beau temps. Voilà un fait bien extraordinaire. Je n'en aperçois pas la cause.

Le Maître. J'en suis surpris. Vous ne voyez pas qu'un corps peut perdre de son élasticité ou par le trop de flexibilité , ou par le trop de roideur de ses parties.

Le Disciple. Vous avez raison. Les chaleurs excessives qui règnent sous la Zone Torride , procurent trop de roideur aux molécules aériennes, et la pluie leur communique un degré de flexibilité qui rend l'air beaucoup plus élastique. L'élévation du baromètre qui , dans ces pays-ci , annonce le beau temps , doit, sous la Zone Torride , annoncer la pluie , et son abaissement doit pronostiquer le beau temps. Mais pourquoi dans ces pays-ci où il règne quelquefois des chaleurs excessives , ne voyons-nous pas , en temps de pluie , le baromètre s'élever au-dessus de sa hauteur moyenne ?

Le Maître. Je l'ai vu plus d'une fois à Aix en Provence. Ce furent même ces observations réitérées , qui me déterminèrent à avoir recours au ressort de l'air pour expliquer , d'une manière conforme aux lois de la saine Physique , les différentes variations du baromètre.

Le Disciple. Vous m'avez assuré que le baromètre annonçoit tantôt le temps calme et tantôt le temps orageux. Est-ce par son abaissement ou

par son élévation que se font ces sortes de pro-
nostics ?

Le Maître. Il faut distinguer vent et vent , tempête et tempête. Le vent du midi et les tempêtes qu'il occasionne , sont annoncés par l'abaissement du baromètre ; le vent du nord et les tempêtes qui l'accompagnent presque toujours , sont annoncés par son élévation.

Le Disciple. J'en vois la raison. Le vent du midi est très-pluvieux , et le vent du nord très-sec. Les faiseurs de baromètre font donc une grande faute. Entre le 26ᵉ et le 29ᵉ degré , ils ont coutume de marquer *beau temps , pluie , vent , tempête ,* etc. Il faudroit mettre au-dessus de la hauteur moyenne , *vent sec , tempête sèche ,* et au-dessous de cette hauteur , *vent humide , tempête humide.*

Le Maître. Votre remarque est très-judicieuse. Pour moi, je voudrois qu'on s'abstînt de mettre ces bigarures à côté des trois derniers pouces de l'échelle du baromètre, que je continuerois néanmoins à diviser en ligne , le plus exactement qu'il me seroit possible. Je mettrois deux seules marques. La première seroit *hauteur moyenne en France;* la seconde *hauteur moyenne locale.* Celle-là seroit à côté de vingt-sept pouces et demi; celle-ci varieroit, suivant l'endroit que j'habiterois. Je ne la fixerois , qu'après un très-grand nombre d'observations , faites avec l'exactitude la plus scrupuleuse.

Le Disciple. A quel degré la fixeriez-vous à Nismes et aux environs ?

Le Maître. Au vingt-huitième degré. Je vous le prouverai dans la leçon suivante.

VI. Leçon.

VI. Leçon.

Sur le Baromètre-Phosphore.

LE Maitre. En général , on appelle *Phosphore*, toute matière qui, dans l'obscurité , répand plus ou moins de lumière , ou qui brûle lorsqu'on l'expose à l'air. Tels sont la *pierre de Bologne*, la *poudre ardente* de Homberg , l'*urine fraîche* préparée à la manière de Kunckel , et tant d'autres phosphores qui, dans la suite , seront le sujet d'une ou peut-être de plusieurs leçons.

Le Disciple. Dans quelle classe faut-il ranger les baromètres-phosphores ?

Le Maître. Dans la classe des phosphores qui, dans l'obscurité , répandent plus ou moins de lumière , suivant qu'ils sont construits avec plus ou moins de perfection. Aussi les appelle-t-on *Baromètres lumineux.* Celui que vous avez eu sous les yeux dans la dernière leçon , est de ce genre.

Le Disciple. Faisons en l'expérience.

Le Maître. Fermez les fenêtres ; je vais secouer le baromètre.

Le Disciple. Quelle vive lumière ! elle m'éblouit. Je distingue tout ce qu'il y a dans cette chambre. A qui devons-nous cette découverte ?

Le Maître. Nous la devons , comme tant d'autres , au hazard. En l'année 1675 , le célèbre Picard transporta , pour la première fois , son baromètre, d'un lieu à un autre , dans une grande obscurité. La lumière qu'il répandit , l'éclaira

Tome I. F

assez pour faire ce transport sans aucun fâcheux accident. M. Picard étoit trop bon Physicien, pour n'être pas frappé de ce phénomène. Il le communiqua à l'Académie Royale des Sciences, dont il a été l'un des premiers membres. Quelques années après, le savant Jean Bernoulli, pour lors Professeur de Mathématique à Groningue, qui avoit une espèce de passion pour la Physique expérimentale, examina le fait, et résolut de le suivre, jusqu'à ce qu'il eût construit des baromètres pareils à celui dont parloit M. Picard. D'abord il examina le sien, lequel, agité dans l'obscurité, donna effectivement une foible lueur. Persuadé que la lumière n'étoit si foible dans son baromètre, que parce qu'il n'y avoit pas un vide parfait dans le haut du tube, ou parce que le mercure qu'il contenoit, n'avoit pas été assez purifié, ou peut-être par ces deux causes réunies ensemble, il se détermina à construire un baromètre en la manière suivante.

1°. Il mit dans un vase une certaine quantité de mercure, qu'il eut soin de purifier auparavant par les procédés ordinaires.

Le Disciple. Quels sont ces procédés ? Je veux apprendre à construire des baromètres lumineux. Ils sont préférables à tous les autres.

Le Maître. On purifie le mercure, en le faisant passer une ou deux fois au travers d'un linge fin et blanc de lessive, ou par une peau de chamois passée à l'huile. Cela suffit pour le mercure qui vient immédiatement de chez le Marchand. Pour tout autre, il faut le laver. Vous enfermerez donc le mercure dans une bouteille de verre avec de l'eau bien nette. Vous agiterez la bouteille pendant quelques minutes, et vous en renouvellerez l'eau ;

jusqu'à ce qu'elle ne se charge plus d'aucune saleté. Le mercure ainsi lavé dans deux ou trois
eaux, se sèche en passant plusieurs fois par un
linge blanc ; et pour lui enlever le peu d'humidité qu'il pourroit avoir gardé, vous le chauffe-
rez dans une capsule de verre, de grès ou de
porcelaine sur un bain de sable, en lui donnant
un degré de chaleur au-dessous de celui qui fait
bouillir l'eau. M. l'abbé Nollet n'employoit pas
d'autre méthode, lorsqu'il avoit du mercure à
purifier.

Le Disciple. Qu'entendez-vous par bain de
sable ?

Le Maître. Une matière contenue dans un
vaisseau, qu'on ne présente au feu, qu'après
l'avoir entouré de sable, est une matière qui
s'échauffe au bain de sable. Si on l'entouroit
de limaille de fer ou de cendres, il s'échaufferoit au bain de limaille de fer, ou à celui de
cendres.

Le Disciple. Tout cela se comprend facilement. Que fit ensuite M. Bernoulli, lorsqu'il
eut mis dans un vase une certaine quantité de
mercure, qu'il avoit eu soin de purifier auparavant ?

Le Maître. 2°. Il prit un tube ordinaire de
baromètre, qu'il eut soin de bien nettoyer par
dedans. Ce tube étoit ouvert par les deux bouts.
Il en plongea un dans le mercure contenu dans le
vase, en tenant le tube incliné. Il appliqua sa
bouche à l'autre extrémité du tube. Il commença
à sucer, et il continua d'un seul trait, jusqu'à ce
qu'il eut attiré dans sa bouche quelques goutes
de mercure. Alors il fit signe à un de ses écoliers
de boucher promptement avec le doigt le bout

d'en-bas enfoncé dans le mercure. Il le fit , et M. Bernoulli ferma celui d'en-haut avec du ciment , à travers lequel l'air extérieur ne pouvoit pas pénétrer. Après l'avoir ainsi fermé , il dit à cet écolier d'ôter son doit de dessous le bout qui trempoit toujours dans le mercure. Il érigea ensuite le tube perpendiculairement , et le mercure descendit à son équilibre ordinaire. Il ôta le tube hors de ce vase large , en tenant le bout d'en-bas fermé avec le doigt , et il le mit dans un vase plus étroit et plus profond , à moitié rempli de mercure. Tout étant achevé , M. Bernoulli prit son baromètre ainsi préparé , le tube à la main gauche et le vase à la main droite. Dès qu'il fut dans l'obscurité il aperçut des éclairs fort vifs , causés par le petit balancement que le mouvement de transport avoit imprimé au mercure. Mais quand il commença , quoique fort doucement , à balancer le baromètre , pour donner au mercure une réciprocation un peu plus considérable que celle qu'il avoit par le seul mouvement de transport , il sortit à chaque descente une lumière si brillante , qu'il pouvoit assez bien discerner les lettres d'une médiocre écriture à la distance d'un pied. Le même phénomène reparut les jours suivans , sur trois ou quatre baromètres construits de la même manière et avec les mêmes précautions.

Tous ces faits sont tirés d'une lettre qu'écrivit M. Bernoulli à l'Académie Royale des Sciences de Paris, dont il étoit membre. On la trouve dans les Mémoires de cette savante Compagnie, *année* **1700**, *pag.* 178.

Le Disciple. Comment est-ce que M. Bernoulli explique un phénomène aussi curieux.

Le Maître. Quelque respect que j'aie pour ce grand homme , je ne suis pas content de son explication. J'ai remarqué , *dit-il*, que toutes les fois que j'ai exposé le mercure à l'air libre , sa superficie a été couverte d'une pellicule très-mince. Lorsqu'on remplit les baromètres à la manière ordinaire , cette pellicule , très-légère de sa nature , se place au haut de la colonne mercurielle dont elle devient comme la couverture , et elle empêche l'apparition de la lumière dont il s'agit. Voilà pourquoi M. Bernoulli prit un tube de baromètre ouvert par les deux bouts , et qu'il en plongea un dans le mercure contenu dans le vase. Le mercure qu'il y introduisit en suçant, ne pouvoit avoir contracté aucun pellicule.

Le Disciple. Vous avez donc une meilleure explication à donner de ce phénomène ?

Le Maître. Je le pense ainsi , et je ne crois pas me tromper.

Le Disciple. Faites-m'en part , je vous en prie.

Le Maître. Bien volontiers , mais à une condition.

Le Disciple. Quelle est cette condition ?

Le Maître. Vous ne me demanderez pas quelles sont les causes physiques des phénomènes électriques. Pour le présent, les faits vous suffiront. Avez-vous quelque idée de la machine électrique ?

Le Disciple. J'ai été électrisé plusieurs fois ; j'ai même reçu le *coup fulminant* dans un temps ou l'électricité étoit très-forte. C'est depuis lors que je l'appelle *machine infernale.*

Le Maître. Vous avez donc remarqué que le verre frotté rend très-électriques les métaux avec lesquels il communique.

Le Disciple. J'en ai tiré de très-fortes bluettes ; qui , dans l'obscurité , produisoient une lumière très-vive.

Le Maître. Voilà l'explication la plus naturelle des baromètres-phosphores. Les secousses que l'on donne au baromètre électrisent le verre. Le verre électrisé rend électrique le mercure , lequel , agité plus ou moins fortement et plus ou moins adroitement , doit donner plus ou moins de lumière.

Ce qui me confirme dans ma pensée , c'est ce que dit M. Bernoulli à la fin de sa savante lettre. Il raconte qu'il versa une certaine quantité d'eau sur le mercure contenu dans le vase d'en-bas du baromètre lumineux. Il éleva le tube doucement , jusqu'à ce que son extrémité inférieure , sortant du vif argent contenu dans le vase , parvînt à l'eau. Dès que quelques gouttes furent entrées dans le tube , il le replongea dans le vif argent ; et ces gouttes , montant par leur légéreté respective , couvrirent le sommet de la colonne mercurielle. Ce peu d'eau empêcha si bien l'apparition de la lumière , qu'avec les plus violens· balance-mens , il n'en parut pas la moindre trace.

Le Disciple. Je ne comprends pas , je l'avoue , quelle connexion peut avoir cette expérience avec l'explication que vous m'avez donnée du baromètre-phosphore.

Le Maître. Vous n'êtes pas encore assez au fait de l'électricité pour la comprendre. Ma machine électrique est dressée. Votre main est très-sèche. Frottez le globe , je vais lui imprimer un mouvement de rotation. Tirez une bluette du conducteur.

Le Disciple. Elle est très-forte.

Le Maître. Trempez votre main dans l'eau ; frottez le globe, et essayez de tirer une bluette du même conducteur.

Le Disciple. Je n'en tire aucune.

Le Maître. On n'en tire aucune aussi, lorsque le globe est frotté par une main naturellement humide. Comprenez-vous maintenant comment l'expérience de M. Bernoulli me confirme dans ma manière de penser ?

Le Disciple. Je le comprends au mieux. Par les secousses que vous donnez au baromètre-phosphore, l'eau dont est couvert le sommet de la colonne mercurielle, mouille les parois intérieures du tube, et empêche le verre de s'électriser. Mais quelle idée dois-je me former de MM. Picard et Bernoulli ? Vous êtes convenu que la Physique historique n'étoit pas étrangère à nos leçons.

Le Maître. Si nous savons maintenant que la circonférence du globe terrestre est de neuf mille lieues, de deux mille deux cens quatre-vingt-deux toises chacune, et son diamètre de deux mille huit cens soixante-quatre lieues de la même mesure, nous le devons à M. Picard. Il l'a démontré géométriquement dans son bel ouvrage sur la *mesure de la terre.* Les belles observations qu'il fit à Vranibourg, ancien observatoire de Tycho-Brahé, où il se rendit en 1671, par ordre de l'Académie Royale des Sciences de Paris, nous donnent une idée de ce qu'il savoit en fait d'Astronomie. Enfin, ses expériences sur les eaux coulantes, son Traité des liquides, et ses fragmens de Dioptrique, doivent nous le faire regarder comme un très-grand Physicien. Ce grand homme mourut à Paris en l'année 1682.

Pour Jean Bernoulli , dont vous connoissez déjà la manière d'opérer en Physique, il seroit bien difficile de vous le faire connoître; vous n'avez aucune teinture de Mathématique , et c'est sur-tout dans cette science qu'il s'est distingué. Son nom , celui de son frère et celui de son fils , ne se prononcent qu'avec respect et une espèce d'entousiasme. J'aurai occasion de vous parler de ces grands hommes , lorsque je vous initierai dans le calcul infinitésimal. Toutes les Académies de l'Europe se disputèrent la gloire de se les associer. En 1730 , Jean Bernoulli remporta à Paris le prix sur la figure elliptique des planètes ; et en 1734 , il eut le plaisir de partager, avec Daniel Bernoulli son fils , celui que la même Académie avoit proposé sur l'inclinaison des orbites planetaires. Il mourut à Basle le 1 janvier 1748 , à l'âge de 80 ans. Il étoit né dans cette ville le 7 août 1667.

Le Disciple. Vous m'avez annoncé dans la dernière leçon, que vous m'expliqueriez dans celle-ci , tout ce qui a rapport aux variations du baromètre. Je ne vous demande que le fait ; j'en connois la cause. Je comprends qu'une variation dans le ressort et la pesanteur de la colonne d'air , doit nécessairement occasionner une variation dans la hauteur de la colonne mercurielle.

Le Maître. Le baromètre-phosphore étant sans contredit le plus parfait de tous les baromètres , c'est lui qui doit régler les variations de cet instrument météorologique. Voilà pourquoi j'ai dû discuter cette matière plutôt dans cette leçon, que dans la leçon précédente.

Le Disciple. Qu'entendez-vous par variations du baromètre ?

Le Maître. C'est la différence qu'il y a entre la plus grande et la plus petite hauteur de la colonne mercurielle. En France cette colonne peut descendre jusqu'au vingt-sixième pouce , et monter jusqu'au vingt-neuvième. Les variations du baromètre sont donc en France de trois pouces , et voilà pourquoi la hauteur moyenne dans ce royaume est à vingt-sept pouces et demi.

Le Disciple. Le terme est très-bien fixé. C'est précisément le milieu entre la plus grande et la plus petite hauteur de la colonne mercurielle.

Le Maître. Par la même raison , à Nismes et aux environs , la hauteur moyenne du baromètre doit être fixée au vingt-huitième pouce. Dans ce pays-ci la colonne mercurielle descend quelquefois jusqu'au vingt-septième pouce , et s'élève jusqu'au vingt-neuvième. Je dis *quelquefois* , parce que la chose arrive très-rarement : les variations du baromètre ne sont donc que de deux pouces à Nismes et aux environs , et par conséquent dans ce pays-ci la hauteur moyenne de cet instrument météorologique doit être fixée au vingt-huitième pouce.

Le Disciple. J'aperçois un défaut dans le baromètre *à mercure* ; je voudrois bien y remédier.

Le Maître. Quel est ce défaut ?

Le Disciple. Dans ce baromètre , les variations ne sont pas assez sensibles , pour moi sur-tout qui suis myope. Qu'est-ce , en effet , qu'une variation d'une demi-ligne , d'une ligne même ?

Le Maître. Comment remédieriez-vous à ce défaut ?

Le Disciple. Vous m'avez dit que la colonne d'air qui soutient une colonne de mercure à 29 pouces de hauteur , soutiendroit une colonne d'eau à 32 pieds d'élévation. Je ferois donc un baromètre *à eau.*

Le Maître. Comment vous y prendriez-vous ? Je vois avec plaisir que vous n'oubliez pas ce que je vous ai dit dans mes précédentes leçons. Continuez, vous serez un jour un grand physicien.

Le Disciple. J'en accepte l'augure. Vous avez un talent bien précieux, celui d'inspirer de l'émulation. Les maîtres qui découragent leurs élèves, ne sont pas faits pour enseigner la jeunesse. Voici donc comment je m'y prendrois. Je choisirois un tube de 36 pieds de hauteur et de 2 à 3 pouces de diamètre. L'échelle seroit graduée de pied en pied seulement, depuis le premier jusqu'au vingt-huitième. Les quatre derniers pieds seroient chacun soudivisés en 12 pouces. Ce seroit sans doute là un instrument météorologique, dont les moindres variations seroient très-sensibles.

Le Maître. Vous avez raison. Lorsque le baromètre *à mercure* varieroit d'une ligne, le baromètre à eau devroit varier de 14. Je ne vous conseille pas cependant de construire un pareil *instrument.* En évitant un très-petit inconvénient, vous tomberiez dans un bien plus grand. *Incidit in scillam cupiens vitare caribdim.*

Le Disciple. Je ne vois pas pourquoi vous vous opposeriez à la construction d'un instrument qui me paroît si commode.

Le Maître. Où placeriez-vous un instrument de trente-six pieds de hauteur ? Qu'il vous seroit difficile, à cette distance, à vous sur-tout qui êtes myope, de bien juger des variations de votre baromètre ?

Le Disciple. On pourroit parer à ces deux inconvéniens.

Le Maître. J'en conviens. Mais en voici deux autres auxquels vous ne parerez jamais.

Le Disciple. Quels sont-ils ?

Le Maître. La congélation de l'eau pendant l'hiver, et sa détérioration, après avoir demeuré un certain temps dans le tube du baromètre.

Le Disciple. Vous avez raison. Je m'en tiens au baromètre *à mercure.* Il me tarde infiniment que vous commenciez à exécuter la promesse que vous m'avez faite sur la fin de la *quatrième* leçon.

Le Maître. Quelle est cette promesse ?

Le Disciple. Vous m'avez fait remarquer que lorsque nous passerons de la partie agréable à la partie sublime de la Physique, je devois être arithméticien, algébriste et géomètre ; et comme je vous ai prévenu que je savois très-imparfaitement l'arithmétique, que je n'avois aucune teinture de géométrie, et que j'ignorois ce que c'est que l'algèbre, vous m'avez promis de terminer nos leçons de physique, d'abord par une règle d'arithmétique, ensuite par une règle d'algèbre, enfin, par une proposition de géométrie. Vous avez même ajouté que, par ce moyen, j'acquerrois ces différentes connoissances, sans interrompre nos leçons de physique, et sans, pour ainsi dire, m'en être aperçu.

Le Maître. Tout cela est vrai. Je tiendrai ma parole, lorsque vous le jugerez à propos.

Le Disciple. Aujourd'hui même. Supposez, je vous en prie, que l'arithmétique est pour moi une science tout à fait étrangère. Je ne l'ai apprise que *par routine,* et je veux la savoir *par principes.*

Le Maître. L'arithmétique est la science des nombres. Elle a, comme toutes les langues, une espèce d'alphabet. La différence qu'il y a entre les alphabets ordinaires et celui de l'arithmétique, c'est que les lettres de ceux-là ne signifient rien, et que les caractèr s de ceux-ci signifient quelque chose par eux-mêmes.

Le Disciple. Je vous comprends. Dans l'alphabet de la langue française, les lettres A, B, C, etc., ne présentent aucun sens, ne réveillent aucune idée, lorsqu'elles sont isolées, si ce n'est celle-ci : telle lettre occupe telle place dans tel alphabet. Dans l'alphabet numérique chaque caractère est significatif, il réveille une idée particulière, et voilà pourquoi sans doute c'est le plus court de tous les alphabets ; il ne contient que les dix caractères suivants :

Signifie		Signifie	
1	un	6	six
2	deux	7	sept
3	trois	8	huit
4	quatre	9	neuf
5	cinq	0	zéro

Le dernier de ces caractères ne signifie rien par lui-même, mais il sert à faire signifier les autres. Joignez-le à 1, vous aurez dix ; à 2, vous aurez vingt, etc.

Le Maître. L'alphabet numérique est le plus court de tous les alphabets ; la raison que vous en avez donnée, n'est pas mauvaise ; il y en a cependant une bien meilleure.

Le Disciple. Quelle est cette raison ?

Le Maître. Les chiffres primitifs, rangés sur la même ligne droite, croissent en valeur avec une immense rapidité. Quatorze lettres de notre alphabet, jointes ensemble, ne forment quelquefois qu'un mot, comme *Constantinople* ; quatorze chiffres, rangés sur la même ligne droite, expriment un nombre dont la valeur nous effraye.

Le Disciple. Vous avez raison. Lorsqu'on range plusieurs chiffres sur la même ligne droite, la première, en commençant de droite à gauche, signifie des unités, la seconde des dizaines, la troisième des centaines, la quatrième des mille, la cinquième des dizaines de mille, la sixième des centaines de mille, la septième des millions, la huitième des dizaines de millions, la neuvième des centaines de millions, la dixième des milliards, la onzième des dizaines de milliards, la douzième des centaines de milliards. S'il y avoit plus de douze chiffres, je ne saurois quel nom leur donner. Cela peut-il se trouver dans les opérations qu'on fait en physique ?

Le Maître. La chose arrive rarement, j'en conviens; elle arrive cependant plus d'une fois dans les calculs qu'un physicien est obligé de faire. Rappelez-vous la demande que vous me fîtes à la fin de la quatrième leçon.

Le Disciple. Je m'en rappelle. Je vous priai de me dire avec quelle force l'atmosphère terrestre, grave et élastique de sa nature, presse la surface de la terre.

Le Maître. Hé bien, cette pression ne peut être exprimée que par dix-neuf chiffres, rangés sur la même ligne droite. Nous ferons cette opération, lorsque je vous donnerai les règles de la multiplication. La même chose vous arrivera, si jamais vous voulez construire une table de *logarithmes.*

Le Disciple. Quel nom donnerai-je donc aux chiffres qui valent plus de cent milliards ?

Le Maître. Après avoir compté jusqu'à centaine de milliards, vous direz : billion, dizaine de billions, centaine de billions ; ensuite trillion, dizaine de trillions, centaine de trillions ; enfin, quatrillion, dizaine de quatrillions, centaine de quatrillions. Vous pouvez vous en tenir là ; vous n'aurez jamais occasion de faire d'aussi grands calculs. Un billion vaudra donc dix fois cent milliards ; un trillion, dix fois cent billions ; et un quatrillion, dix fois cent trillions. L'imagination se perd, lorsqu'elle veut se représenter de pareils nombre.

Le Disciple. Que je me félicite d'apprendre l'arithmétique par principes. On l'oublie facilement dès qu'on ne la sait que par routine. Donnez-moi quelque nombre à compter.

Le Maître. Que vaut le nombre 12000 ?

Le Disciple. Je commence par le o à droite, et je dis : nombre, dizaine, centaine, mille, dizaine de mille. Le nombre proposé vaut donc douze mille.

Le Maître. S'il s'agit de *pieds*, ce nombre exprime la longueur d'une lieue moyenne de France. Que vaut le nombre 144,000,000 ? Je ne place des virgules de trois en trois chiffres, en allant de droite à gauche, que pour compter plus facilement.

Le Disciple. Comptons, en commençant toujours par le o à droite : nombre, dizaine, centaine ; mille, dizaine de mille, centaine de mille ; million, dizaine de millions, centaine de millions. Le nombre proposé vaut donc cent quarante-quatre millions.

Le Maître. Ce nombre en *pieds* exprime le nombre de pieds quarrés que contient une lieue quarrée moyenne de France. Que vaut le nombre 4,608,000,000 ?

Le Disciple. Nombre, dizaine, centaine ; mille, dizaine de mille, centaine de mille ; million, dizaine de millions, centaine de millions ; milliard. Ce nombre, représentant des *pieds*, vaut quatre milliards six cens huit millions de *pieds*.

Le Maître. Ce nombre représente celui des pieds cubes d'eau de la colonne dont je vous ai parlé à la fin de ma quatrième leçon. Que vaut le nombre 322,560,000,000 ?

Le Disciple. Vous connoissez ma manière de compter de droite à gauche ; ce nombre vaut trois cens vingt-deux milliards cinq cens soixante millions.

Le Maître. Ce nombre exprimé en livres, poids de marc, représente la pression d'une colonne d'eau de trente-deux pieds de hauteur sur la surface d'une lieue quarrée moyenne de France, et par conséquent la pression de l'atmosphère sur ce même terrain, comme je vous l'ai dit à la fin de ma quatrième leçon : que vaut le nombre 8,709,120,000,000,000,000 ?

Le Disciple. Jusqu'au douzième chiffre inclusivement, je n'ai que *centaine de milliards.* Parvenu au treizième chiffre, en comptant de droite à gauche, je dirai : billion, dizaine de billions, centaine de billions ; trillon, dizaine de trillions, centaine de trillions ; quatrillon. Ce nombre vaut huit quatrillion sept cens neuf trillions cent vingt billions.

Le Maître. S'il s'agit de livres, poids de marc, cet immense nombre représentera la pression totale de l'atmosphère sur la surface de la terre ; et voilà l'opération que je n'ai fait que vous indiquer à la fin de ma quatrième leçon.

Le Disciple. Nous ne parlerons plus sans doute du baromètre ; cet instrument météorologique a été le sujet de deux leçons. J'ai de la peine à sacrifier ce que vous avez appelé *bigarrures* à la fin de la dernière leçon. Je voudrois qu'avant de finir celle-ci, vous me prouvassiez, par quelque raison sans réplique, que je dois faire volontiers ce sacrifice.

Le Maître. Ces bigarrures sont très-fautives. Lorsque le temps commence à être beau ou vilain, alors le mercure commence à monter ou à descendre d'une manière souvent insensible, et plus souvent encore le temps est décidé, avant que le mercure soit parvenu à l'endroit de la planche où sont ces différentes notes. L'on accuse alors le baromètre d'infidélité, tandis qu'il est fort innocent. On ne se trompera presque jamais, si n'ayant aucun égard à toutes ces inscriptions, on conclut qu'on aura bientôt de la pluie, ou qu'il régnera un vent pluvieux, en voyant le mercure descendre d'une quantité notable en peu de temps, fût-il encore vis-à-vis l'endroit où l'on a marqué *beau temps* ; et de même que le temps va devenir beau, ou que le vent du nord régnera, le mercure fût-il encore très-bas, s'il commence à remonter de suite et avec une certaine promptitude. C'est-là la remarque de M. l'Abbé Nollet, dans son ouvrage intitulé, l'*Art des expériences* ou *Avis aux amateurs de la Physique,* tome 2, *page* 314.

VII. Leçon.

VII. LEÇON.

Sur les Météores considérés en général, et sur les Nues considérées en particulier.

LE *Maître.* Les météores sont en si grand nombre, ils sont si opposés les uns aux autres, ils forment tant d'espèces différentes, qu'il est très-difficile d'en donner une définition générale. On doit donner le nom de *météores*, disent les uns, à tous les phénomènes dont la matière et la cause se trouvent dans l'atmosphère terrestre. On doit appeler *météores*, disent les autres, certains phénomènes qui paroissent dans cette même atmosphère.

Le Disciple. Laquelle de ces deux définitions adoptez-vous ?

Le Maître. Ni l'une, ni l'autre.

Le Disciple. Pourquoi ?

Le Maître. Parce que l'une est évidemment fausse, et l'autre évidemment insuffisante.

Le Disciple. Qu'y a-t-il de faux dans la première de ces deux définitions ?

Le Maître. Tout y est faux. Il est bien rare que la matière et la cause des météores se trouvent dans l'atmosphère. Ce sont la terre et les eaux qui fournissent la matière de la plupart des météores, et ce sont les feux souterrains, et l'action du soleil, qui en sont les causes principales. Les corps terrestres et les eaux sont sur la surface de la terre, les feux souterrains dans son sein, et le soleil en est éloigné d'environ trente millions de lieues. Il est donc faux qu'on doive donner le nom de

Tome I. 1

météores à tous les phénomènes dont la matière et la cause se trouvent dans l'atmosphère terrestre.

Le Disciple. Qu'y a-t-il d'insuffisant dans la seconde définition qu'on donne des météores considérés en général ?

Le Maître. Une définition quelconque ne doit convenir qu'à son sujet. La définition dont il s'agit convient aux ballons aérostatiques ; ce sont des phénomènes qui n'ont paru que trop souvent dans l'atmosphère terrestre , quelque belle , quelque sublime que soit cette découverte. Cette définition est donc insuffisante.

Le Difciple. Quelle est donc la définition des météores considérés en général ?

Le Maître. Les météores considérés en général, sont des phénomènes qui se forment nécessairement , et qui paroissent toujours dans l'atmosphère terrestre.

Le Disciple. En combien de classes divise-t-on les météores ?

Le Maître. On les divise en trois classes. La première renferme les météores *aqueux* , les nues, les brouillards, la neige , la pluie , la grêle , la rosée , le serein , etc. Les météores aériens , les vents, les tempêtes , les ouragans , etc. , forment la seconde classe. Enfin l'on fait entrer dans la troisième classe tous les météores ignées , les feux folets , les éclairs , la foudre, le tonnerre , etc.

Le Disciple. Vous ne mettez pas au rang des météores les vapeurs et les exhalaisons ?

Le Maître. Je ne ferois pas un procès à quiconque leur donneroit ce nom. Cependant je les regarde plutôt comme la matière de presque tous les météores , que comme des météores *proprement dits.*

Le Disciple. Apprenez-moi donc d'abord ce que vous entendez par vapeurs et par exhalaisons. Il me tarde de savoir comment elles se forment. Commençons par les vapeurs, pour ne pas confondre les unes avec les autres.

Le Maître. L'action du soleil, jointe à celle des feux souterrains, sépare de l'eau les particules les plus subtiles et les plus déliées. Ces petites masses, devenues plus légères qu'un pareil volume d'air, s'élèvent dans l'atmosphère, à-peu-près comme le liège s'élève du fond d'un bassin au-dessus de la surface de l'eau dont il est rempli; et elles s'élèvent jusqu'à ce qu'elles se trouvent dans une région où elles sont en équilibre avec un air moins pesant que celui que nous respirons aux environs de la terre.

Le soleil et les feux souterrains exercent la même action sur les particules terrestres, dont la plupart sont salines, nitreuses, sulphureuses, bitumineuses, etc. Ils les subtilisent. Ces corpuscules subtilisés deviennent plus légers qu'un pareil volume d'air; et alors ils s'élèvent nécessairement dans l'atmosphère à une plus grande ou à une moindre hauteur, suivant le degré de leur pesanteur relative. Voulez-vous une image sensible de l'action du soleil et de celle des feux souterrains ? Il ne me sera pas difficile de vous la présenter.

Le Disciple. Vous me ferez plaisir. Il est bien difficile de ne pas comprendre les choses qu'on vous met sous les yeux; on ne les oublie presque jamais. Ce que dit Horace dans son Art poétique, a comme passé en proverbe : *Segniùs irritant animos demissa per aurem, quàm quœ sunt oculis subjecta fidelibus.* Commençons par l'action du soleil.

Le Maître. Connoissez-vous cette espèce de tambour dont on se sert pour rôtir du café ?

Le Disciple. Qui en doute. J'en ai rôti cent fois.

Le Maître. Prenez un tambour de cette espèce, mais d'une bien plus grande capacité. Qu'il soit percé de différens trous circulaires, et qu'il contienne dans son sein un feu assez considérable de bois et de charbons. Faites tourner le tambour au-dessus d'une certaine masse d'eau contenue dans un vase ; vous la verrez s'élever en vapeurs. Telle est l'action du soleil sur les eaux de la mer, des fleuves, des rivières, etc.

Pour apercevoir cette même action sur les corps solides, ayez une étoffe sur laquelle il soit tombé quelques gouttes de cire ou de suif ; vous les ferez élever en vapeurs ou plutôt en exhalaisons, si vous leur présentez, à un ou deux pouces de distance, un charbon allumé que vous tiendrez au bout d'une petite pince. Il ne restera, je vous l'assure, aucun vestige de suif ou de cire sur votre étoffe.

Le Disciple. J'ai fait quelquefois cette expérience ; elle m'a toujours réussi. Jusqu'à présent je l'ai faite machinalement ; dorénavant je la ferai en Physicien. Donnez-moi maintenant une image aussi sensible de l'action des feux souterrains.

Le Maître. Vous l'avez tous les jours sous les yeux. Mettez dans un vase de l'eau à chauffer ; plus long-temps elle bouillira, plus elle diminuera ; tout ce qui manquera, se sera évidemment élevé en vapeurs. Si le vase est couvert, vous verrez le couvercle parsemé de gouttes, formées par la réunion des vapeurs qui se sont élevées du sein de l'eau. N'oubliez pas ce fait ; nous en tirerons grand parti dans la suite.

Le Disciple. Je vous comprends. Je vois déjà comment les vapeurs doivent former dans l'atmosphère des gouttes qui retombent en pluie sur la terre.

Le Maître. Ne nous pressons pas, je vous en prie ; allons pas à pas. Formons les nues, avant de penser à la formation de la pluie.

Le Disciple. L'eau est trente-deux fois plus pesante que l'air. Les parties terrestres le sont bien davantage. Pourriez-vous me prouver, par une image sensible, comment, malgré cet excès de pesanteur, les parties aqueuses, salines, nitreuses, etc., doivent, par là même qu'elles sont subtilisées, s'élever dans l'atmosphère à plus ou moins de hauteur ?

Le Maître. Quelques Physiciens, pour répondre à cette difficulté, ont transformé ces parties subtilisées en autant de petits ballons vides qui s'élèvent dans l'atmosphère à-peu-près comme nos ballons aérostatiques.

Le Disciple. L'idée est jolie. Mais je ne vois pas ces ballons, et c'est une image sensible que je demande.

Le Maître. Vous serez bientôt satisfait. Vous rappelez-vous quel est le diamètre des tubes dont on se sert pour faire les baromètres.

Le Disciple. Il est d'environ deux lignes.

Le Maître. Il est des tubes dont le diamètre n'est pas plus grand que celui d'un de nos cheveux. On les appelle *tubes capillaires.* Nous en ferons dans la suite le sujet d'une de nos leçons. Voilà deux tubes ; ils sont ouverts en haut et en bas. L'un a deux lignes de diamètre et l'autre est capillaire.

Enfoncez-les, l'un et l'autre, de quelques pouces dans l'eau, en les tenant perpendiculairement, qu'apercevez-vous?

Le Disciple. Le phénomène le plus surprenant. L'eau contenue dans le tube qui a deux lignes de diamètre, et l'eau contenue dans le vase, sont parfaitement de niveau. Cela ne m'étonne pas. Vous m'avez appris dans la cinquième leçon que dans les tubes communicants, un fluide homogène ne doit pas s'élever plus haut dans l'un que dans l'autre. Mais ce qui me surprend, c'est de voir que l'eau s'élève beaucoup plus haut dans le tube capillaire, que dans le vase.

Le Maître. Le même phénomène a lieu dans une corde dont un des bouts trempe dans l'eau. Les filamens dont elle est composée, sont autant de tubes capillaires pour ce liquide. Prenez entre les doigts un morceau de sucre ; trempez-en quelques lignes dans l'eau, vous le verrez bientôt entièrement imprégné de ce liquide. Les opérations les plus délicates de la nature ne se font que par le moyen des tubes capillaires, dont je vous expliquerai en son lieu le secret mécanisme. Il est peu de points de Physique aussi difficiles à expliquer que celui-ci. L'effet vous suffit pour le présent ; ne m'en demandez pas la cause.

Le Disciple. J'aperçois comment et pourquoi les particules aqueuses et terrestres, par là même qu'elles sont subtilisées, s'élèvent si facilement dans l'atmosphère. Elles trouvent dans les particules aériennes des millions et des milliards de tubes capillaires infiniment plus petits que ceux que nous construisons.

Le Maître. Je n'aurai maintenant aucune peine à vous apprendre comment se forment les nues que vous voyez suspendues sur nos têtes. Les vapeurs et les exhalaisons en sont la matière.

Le Disciple. En partant de vos principes, je ne craindrai pas de me perdre dans les nues. Si vous le voulez même, je vous en expliquerai la formation.

Le Maître. Que vous me faites plaisir, et qu'un Maître est heureux d'avoir un Disciple qui fasse des progrès aussi rapides ! je m'attendois au reste à votre demande. Vous avez déjà expliqué des choses bien plus difficiles. Dites-moi donc comment se forment les nues.

Le Disciple. Les vapeurs et les exhalaisons s'élèvent par une infinité de tubes capillaires jusqu'à une région où elles sont en équilibre avec un air beaucoup plus léger que celui que nous respirons. Là elles forment sur nos têtes comme une espèce de parasol qui nous garantit des ardeurs du soleil. Voilà ce que j'entends par *nues.*

Le Maître. Je ne l'aurois pas mieux expliqué, peut-être même l'aurois-je expliqué d'une manière moins agréable que vous.

Le Disciple. Si je ne savois pas que vous voulez m'encourager, je serois tenté de croire que vous vous moquez de moi. Mais dites-moi, les nues sont-elles bien élevées au-dessus de nos têtes ?

Le Maître. Elles ne sont pas toutes à une même élévation. Les nues qui ne contiennent presque que des parties aqueuses, sont les plus élevées ; celles qui ne contiennent presque que des exhalaisons, le sont le moins ; celles enfin qui contiennent autant de parties aqueuses que

G 4

de parties terrestres , se trouvent à une élévation moyenne.

Le Disciple. J'en vois la raison ; les particules aqueuses sont moins pesantes que les particules terrestres.

Le Maître. Les nues , de quelque espèce qu'elles soient , ne sont pas en tout temps à la même élévation. En été, elles sont plus élevées qu'au printemps et en automne ; et dans ces deux saisons , elles sont plus élevées qu'en hiver.

Le Disciple. J'en vois encore la raison. L'action du soleil n'est jamais plus forte qu'en été , et jamais moins forte qu'en hiver. Au printemps et en automne son action est comme moyenne entre ces deux extrêmes. J'ai maintenant une grâce à vous demander ; ne me la refusez pas , je vous en prie.

Le Maître. Quelle est cette grâce ? Si la chose est possible , je suis prêt à vous l'accorder.

Le Disciple. Déterminez la hauteur des nues les plus élevées , à-peu-près comme vous avez fixé la hauteur de l'atmosphère terrestre.

Le Maître. Précisément la chose n'est pas possible. Elle le seroit , si les Aréonautes , au lieu de folâtrer dans les airs ; et de s'exposer à des dangers trop souvent suivis de la mort , avoient profité des avis que je leur donnai en 1787. Je vous en ferai part dans une de mes leçons sur les *Aérostats*. Je ne sais que des *à-peu-près* sur lesquels je ne fais pas grand fonds.

Le Disciple. Faites m'en part, je vous en prie ; je les donnerai comme tels , lorsqu'on m'interrogera sur cette matière.

Le Maître. Je pense que les nues qui ne contiennent presque que des parties aqueuses, peuvent s'élever à deux lieues au-dessus de la surface de la terre.

Le Disciple. A quelle hauteur peuvent s'élever les nues qui ne contiennent presque que des exhalaisons ?

Le Maître. A une lieue ; et à une lieue et demie celles qui contiennent autant de parties aqueuses que de parties terrestres.

Le Disciple. D'où viennent les couleurs des nues ?

Le Maître. Vous comprenez sans peine que je vous ferai différentes leçons sur les couleurs. Je répondrai alors avec plaisir à votre question. Tout ce que je puis vous dire maintenant, c'est que la lumière est composée de sept rayons de différentes couleurs, et que les nues n'ont telles et telles couleurs, que parce qu'elles réfléchissent ou qu'elles transmettent tel rayon plutôt que tel autre. Ne m'en demandez pas davantage, et corrigez-vous du défaut que vous avez de vouloir, pour ainsi dire, tout savoir en un jour.

Le Disciple. J'ai encore deux questions à vous faire. Vous ne direz pas bien sûrement que je m'écarte du sujet de cette leçon.

Le Maître. Quelles sont ces questions ?

Le Disciple. Quelle différence y a-t-il entre les nues et les nuages ?

Le Maître. Il n'y a entre ces deux météores aucune différence essentielle. Les nuages sont moins étendus, moins élevés et moins permanens que les nues. Vous comprenez facilement que ce sont là des différences purement accidentelles.

Le Disciple. Quelle différence y a-t-il entre un nuage et un brouillard ?

Le Maître. Le brouillard est le moins élevé de tous les nuages. Sa mauvaise odeur, et les dommages qu'il cause aux fruits et aux grains, nous prouvent évidemment que tout brouillard, à l'exception de ceux de la Saone et des autres rivières de cette espèce, est composé d'exhalaisons que je regarde comme pestilentielles. Mais c'est-là un point de Physique de la plus grande importance. Il sera le sujet de la leçon suivante. Reprenons notre arithmétique. Nous en sommes à l'addition.

Le Disciple. J'allois vous en prier.

Le Maître. Pour comprendre l'addition de manière à ne l'oublier jamais, il faut bien pénétrer le sens de ce principe : *le tout est égal à toutes ses parties prises ensemble.*

Le Disciple. La chose n'est pas bien difficile à comprendre. L'on me donne un *pied.* Je le partage en 12 pouces. Il est évident que les 12 pouces pris ensemble, forment une grandeur égale à celle du pied.

Le Maître. Il faut ensuite se former une idée nette des nombres simples, et des nombres *complexes* ou *composés.*

Le Disciple. Quelle différence y a-t-il entre les nombres *simples* et les nombres *complexes* ?

Le Maître. Les nombres *simples* représentent des choses d'une même espèce ; les nombres *complexes*, au contraire, représentent des choses de différentes espèces.

Si vous n'additionnez que des livres, ou des sous, ou des deniers, votre addition se fera sur des nombres *simples.* Mais, si vous additionnés des livres et des sous, ou bien des livres des sous et des deniers, votre addition se fera sur des nombres *complexes.*

Le Disciple. Tout cela est évident. Il en sera de même pour les jours, les heures, les minutes et les secondes.

Le Maître. Lorsque l'addition se fait sur des nombres *complexes*, celui qui opère doit savoir combien de fois une espèce inférieure est contenue dans une espèce supérieure ; il doit savoir, par exemple, qu'une livre vaut 20 sous, un sous, 12 deniers, un jour 24 heures, une heure 60 minutes, et une minute 60 secondes.

Le Disciple. J'en vois la raison. On est souvent obligé de transformer une espèce inférieure en une espèce supérieure. Le cas arrive dans l'addition des livres, sous et deniers, lorsque j'ai trouvé plus de 12 deniers ou plus de 20 sous.

Le Maître. Puisque l'arithmétique ne vous est pas inconnue, et que vous ne m'avez engagé à entrer dans les détails les plus minutieux, que pour l'apprendre *par principes*, ce sera vous qui ferez tous les frais de la conversation dans ces premiers commencemens. Il s'agit de l'addition de plusieurs nombres simples. Qu'est-ce que l'addition considérée en général ?

Le Disciple. C'est la première des différentes règles qui forment l'arithmétique. Additionner, c'est réduire plusieurs nombres, soit simples, soit complexes, à une somme totale qui les vaille tous. Vous m'avez déjà fait remarquer que cette règle est fondée sur ce principe incontestable. *Le tout est toujours égal à toutes ses parties prises ensemble.* Les différents nombres à additionner représentent les parties ; la somme trouvée par l'addition représente le tout. L'on me fait quatre différens payemens ; le premier de 1506; le second de 969 ; le troisième de 78 ; et le quatrième de 7 livres. Je connois par l'addition quelle est la somme totale que j'ai reçue. Dans ce cas, comme dans tous les autres, les différents payemens représentent les parties; la somme trouvée par l'addition représente le tout.

Le Maître. Comment faut-il arranger les différens nombres, pour avoir un tout égal aux différentes parties dont il doit être composé ?

Le Disciple. Il faut ranger ces différents nombres les uns sous les autres, de manière que les unités se trouvent sous les unités, les dizaines sous les dizaines, les centaines sous les centaines, les milles sous les milles, etc.

Le Maître. Cet arrangement une fois fait, comment opérez-vous ?

Le Disciple. Je commence à faire l'addition de toutes les unités. Si leur somme me donne une, deux ou trois dizaines précisément, je marque 0, et je transporte 1, 2 ou 3 aux dizaines. Si elle me donne une, deux ou trois dizaines et quelques unités pardessus, je marque les unités, et je transporte 1, 2 ou 3 aux dizaines.

Je suis la même méthode, lorsque je passe des dizaines aux centaines, des centaines aux milles, etc. Vous m'avez fait remarquer, dans la dernière leçon, que la valeur des chiffres va croissant de dix en dix.

Le Maître. Additionnez les quatre nombres qui composent les quatre payemens qu'on vous a fait, et formez-en une somme totale.

Le Disciple. La chose est très-facile ; ce ne sont que des nombres simples.

Exemple.

```
Premier  payement. .. . . . . . .  1506 liv.
Second  payement. . . . . . . .  969
Troisième payement. . . . . . . .  78
Quatrième payement. . . . . . . .  7
                                  ─────────
Somme totale. . . . . . . .  2560 liv.
```

Le Maître. Examinons cette opération. En allant de droite à gauche, vous avez commencé par additionner la colonne qui ne contient que des unités ; ce sont les nombres 6, 9, 8, 7 dont le total vaut 30. Vous avez mis o dans la *somme totale*, et vous avez transporté 3 aux dizaines.

Vous en êtes venu aux dizaines 3, 6, 7 dont le total vaut 16 ; vous avez mis 6 dans la *somme totale*, et vous avez transporté 1 aux centaines.

Vous en êtes venu aux centaines 1, 5, 9 dont le total vaut 15 ; vous avez mis 5 dans la *somme totale*, et vous avez transporté 1 aux milles.

Vous en êtes venu aux milles dont le total est 2 que vous avez transporté dans la *somme totale*, et vous avez assuré que les quatre payemens qu'on vous a faits, forment la somme de 2560 livres.

Votre opération est exacte. Le nombre qui forme la somme totale représente précisément la collection des quatre nombres qui ont servi à la former. Vous êtes donc parti du principe sur lequel toute addition doit être fondée : *le tout est égal à toutes ses parties prises ensemble.*

Le Disciple. Jusqu'à présent je n'avois agi que machinalement ; dans la suite j'opérerai *scientifiquement.* Mais si l'on me demandoit la *preuve* de cette règle, que pourrois-je répondre ?

Le Maître. Vous répondriez que *l'addition* ne demandant que de l'attention de la part de celui qui opère, cette règle n'a point de *preuve directe.* En opérant, *diriez-vous*, j'ai compté de haut en bas. Recommencez l'addition , en prenant les colonnes de bas en haut. Vous trouverez la même somme, et vous conclurez que mon opération est exacte.

Supposons maintenant qu'on vous fasse quatre payemens en livres, sous et deniers. Le premier sera de 2050 livres 15 sous 9 deniers ; le second de 905 livres 16 sous 8 deniers ; le troisième de 87 livres 17 sous 7 deniers ; le quatrième de 9 livres 18 sous 6 deniers. Comment opérerez-vous pour trouver la somme totale ?

Le Disciple. Je disposerai les chiffres de manière que les deniers soient sous les deniers , les sous sous les sous et les livres sous les livres.

J'assemblerai ensuite les deniers pour en faire des sous, et les sous pour en faire des livres.

Arrivé aux livres, j'opérerai, comme j'ai fait dans l'exemple précédent.

Le Maître. Arrangez vos chiffres et opérez.

Le Disciple. La chose sera bientôt faite.

Exemple.

1. *payement.* . . .	2050 liv.	15 s. 9 d.
2. *payement.* . . .	905	16 8
3. *payement.* . . .	87	17 7
4. *payement.* . . .	9	18 6
Somme totale. .	3054 liv.	8 s. 6 d.

Le Maître. La première colonne, en allant de droite à gauche, contient 30 deniers qui valent 2 sous 6 deniers ; vous avez mis 6 dans la *somme totale*, & vous avez transporté 2 aux sous.

Vous en êtes venu à la colonne des sous qui ne contient que des unités qui forment le nombre 28. Vous avez mis 8 sous les unités, et vous avez transporté 2 aux dizaines de sous, que vous avez trouvé être au nombre de 6 ; et comme 6 dizaines de sous valent trois livres, vous avez transporté 3 aux livres sur lesquelles vous avez opéré, comme dans l'addition des nombres simples ; et vous avez assuré dans la *somme totale* que les quatre payemens qu'on vous a faits, forment la somme de 3054 liv. 8 s. 6 d. Votre opération est exacte ; vous le prouverez, en additionnant les colonnes de bas en haut, comme je vous l'ai déjà dit ; vous trouverez bien sûrement la même *somme totale*. »

Le Disciple. Proposez-moi une règle un peu plus difficile. Je ne suis pas aussi au fait de la valeur des poids, que je le suis de la valeur des livres sous et deniers.

Le Maître. Le quintal est de 100 livres, la *livre* de 16 onces, *l'once* de 8 gros ou dragmes, le *gros* de 3 deniers, et le *denier* de 24 grains.

Le Disciple. Cela me suffit. Permettez-moi de me retirer. Demain matin je vous apporterai une règle de l'addition des poids.

Le Maître. Avez-vous tenu votre promesse ? M'apportez-vous la règle dont vous me parlâtes hier ?

Le Disciple. La voilà ; ayez la bonté de l'examiner.

Exemple de l'addition des poids.

Quint.	liv.	onc.	gros.	den.	grains.
8	25	12	6	2	15
9	85	10	4	2	18
7	55	13	5	1	16
25	67	5	1	1	1

Le Maître. Votre addition est exacte. Mais pourquoi, sachant si bien l'addition, m'avez-vous comme forcé d'entrer dans des détails aussi minutieux ?

Le Disciple. Bien des raisons m'y ont engagé. Je veux avoir de vous un traité complet d'arithmétique que je conserverai précieusement. Pouvois-je me passer de l'addition ? Je veux apprendre cette science, non *par routine*, mais *par principes*, à une personne qui m'est infiniment chère, et pour laquelle je vous demanderai dans quelque temps la permission d'assister à nos leçons.

Le Maître. Vous lui apprenez donc la Physique.

Le Disciple. Je lui répète exactement tout ce que vous me dites, et je vous assure qu'elle en sait autant que moi.

Le Maître. Je ne suis pas étonné que vous avez présent à l'esprit ce que je vous ai dit dans nos précédentes leçons. C'est-là l'unique moyen de les graver dans votre mémoire, de manière à ne jamais les oublier.

VIII. Leçon.

VIII. LEÇON,

Sur les Brouillards.

*L*E *Maître.* Je vous en ai prévenu sur la fin de ma dernière leçon ; il est peu de matières aussi intéressantes en Physique, sur-tout si l'on pouvoit venir à bout de remédier, en tout ou en partie, à tant de maux que nous causent les brouillards ordinaires dans un certain temps de l'année. Formons-nous donc d'abord une idée nette de ce météore destructeur.

On donne le nom de brouillard à tout nuage que le soleil n'a pas eu la force d'élever assez haut. Pour l'ordinaire, la première couche de ce météore touche la surface de la terre, et la dernière ne s'élève que de quelques toises au-dessus des clochers d'une ville. En marchant, nous divisons les brouillards, à-peu-près comme nous divisons l'air que nous respirons.

Le Disciple. Je comprends que les brouillards ne doivent pas s'élever bien haut. Ils ne sont jamais plus fréquents que pendant l'hiver ; et pendant ce temps-là l'action du soleil est très-foible. Il ne paroît que peu de temps sur l'horizon.

Le Maître. Il est une cause bien plus puissante qui affoiblit prodigieusement l'action du soleil, c'est la manière dont nous recevons ses rayons pendant l'hiver ; ils tombent pour lors très-obliquement sur la terre ; quelle force peuvent-ils avoir ? La grande cause des chaleurs que nous éprouvons pendant l'été, c'est que les rayons du soleil ont très-peu d'obliquité, et les habitans

Tome I.   H

de la Zone Torride n'éprouvent presque toute
l'année des chaleurs excessives , que parce que,
presque toute l'année , ils reçoivent des rayons du
soleil perpendiculairement ou presque perpendi-
lairement.

Le Disciple. Pourquoi donc avons-nous des
brouillards en été ? Pour lors le soleil n'a-t-il
pas la force de les élever dans l'atmosphère à une
hauteur prodigieuse ? Il paroît sur l'horizon 16 à
17 heures ; et , comme vous venez de le dire , les
rayons qu'il nous darde , ont très-peu d'obliquité;
ils sont presque perpendiculaires.

Le Maître. Votre remarque est très-juste ; il est
nécessaire d'éclaircir ce point de Physique. Les
brouillards d'été sont bien différents des brouillards d'hiver. Ceux-ci ont pour cause l'action directe du soleil ; ceux-là , si je puis ainsi parler ,
ont pour cause son action indirecte. Je m'explique. En été , après le coucher du soleil , il ne règne
que trop souvent une chaleur très-sensible , quelquefois même étouffée. Cette chaleur fait élever
des vapeurs et des exhalaisons , à-peu-près à la
hauteur des brouillards d'hiver. D'abord après ,
l'air se refroidit , se condense et les empêche de
retomber sur la terre. Le lendemain, quelque temps
après le lever du soleil , l'air est raréfié. Incapable
de soutenir un poids si considérable , il laisse
retomber les parties les plus grossières des vapeurs et des exhalaisons élevées la veille , et leurs
parties les plus déliées sont emportées par
l'action du soleil jusques dans la région des nuages ordinaires.

Le Disciple. Je comprends déjà pourquoi les
brouillards s'élèvent le matin en hiver , et le
soir en été ; mais je ne comprends pas pourquoi,

lorsque pendant l'hiver le temps est calme, les brouillards sont si permanens. J'ai habité Lyon assez long-temps ; j'ai passé certains mois d'hiver sans voir le soleil. Par bonheur dans ce pays-là les brouillards sont salutaires , tandis que ceux que nous humons dans ce pays-ci ont une odeur insupportable. Je vous en demanderai bientôt la raison.

Le Maître. Ne me faites pas , je vous en prie , deux questions à la fois ; c'est le moyen d'embrouiller les matières.

Le Disciple. Je m'en tiens donc à ma première question. Pourquoi , dans un temps calme, les brouillards en hiver sont-ils si permanens?

Le Maître. Vous voilà maintenant en règle ; vous méritez que je vous réponde. La matière des brouillards est beaucoup plus pesante que celle des nuages ordinaires. Le soleil en hiver ne peut pas donc l'élever bien haut. Quelque temps avant qu'il se couche, et à plus forte raison, lorsqu'il est couché , l'air est condensé par le froid , et cet air condensé a assez de force pour soutenir les brouillards et pour les empêcher de retomber sur la terre. Il n'est qu'un vent violent qui puisse les dissiper ; et si le temps est calme pendant l'hiver, l'on doit s'attendre à avoir des brouillards qui deviendront tous les jours plus épais.

Le Disciple. Que lorsque le temps est calme en hiver, nous ayons des brouillards, je le comprends facilement. Mais que ces brouillards deviennent tous les jours plus épais, voilà ce que j'ai de la peine à comprendre.

Le Maître. Vous m'étonnez ; ce n'est ici qu'une simple règle d'addition. Supposons que pendant l'hiver le temps soit calme depuis le lundi

jusqu'au samedi. Le lundi, il s'élèvera un brouillard que je vous ai prouvé ne pouvoir pas retomber sur la terre. Le mardi, nouveau brouillard
qui se joindra au premier, par les mêmes causes.
Les autres jours, la même chose arrivera : donc
ces brouillards doivent devenir, de jour en jour,
plus épais, et l'atmosphère s'obscurcira toujours
plus, jusqu'à ce qu'un vent violent dissipe
les vapeurs et les exhalaisons qui se sont élevées
tout le temps que le calme a duré.

Le Disciple. Nous avons donc grand tort de
crier contre le vent du nord qui règne assez souvent
dans ce pays-ci.

Le Maître. Lorsqu'on n'est pas Physicien, on
ne sait, en cent mille occasions, ni ce que l'on
fait, ni ce que l'on dit. Sans le vent du nord, ce
pays, du moins les endroits marécageux, seroit
inhabitable. L'on y respireroit, les hivers entiers,
un air très-méphitique.

Le Disciple. Je n'entend pas ce terme.

Le Maître. Mauvais, dangereux, j'ai presque
dit pestilentiel, et méphitique, sont des termes qui
signifient à-peu-près la même chose.

Le Disciple. Les Parisiens et les Lyonnois sont
donc bien à plaindre. Ils vivent presque tout
l'hiver au milieu des brouillards.

Le Maître. Point du tout ; les brouillards, dans
ce pays-là, ne sont pas à craindre. J'avoue qu'ils
portent furieusement à la mélancolie.

Le Disciple. Je le sais ; mais je voudrois savoir
pourquoi dans les endroits marécageux, les
brouillards sont si mauvais, et qu'ils sont si salutaires à Lyon, à Paris, etc.

Le Maître. Dans les endroits marécageux, les
exhalaisons et les vapeurs tirées des eaux cour-

pissantes sont la matière des brouillards qu'on y respire. La mauvaise odeur qu'ils répandent quelquefois assez au loin, en est une preuve incontestable. Pourroient-ils n'être pas nuisibles à la santé ?

Dans les pays au contraire entrecoupés de rivières, et sur-tout de rivières considérables, comme la Seine, la Saone, etc, les brouillards qu'on y éprouve, presque tous composés de parties aqueuses, sont très-salutaires à la santé ; aussi conseille-t-on aux personnes attaquées de la poitrine, d'aller humer l'air qu'on respire dans ces contrées fortunées. Il n'est point de remède plus efficace, lorsqu'on l'emploie dans les commencemens de la maladie.

Le Disciple. Les cultivateurs ne craignent rien tant que les brouillards en certains temps de l'année ; lorsque, par exemple, les épis sont prêts à être moissonnés ; lorsque la vigne, les oliviers sont en fleur, etc., un seul brouillard fait souvent évanouir dans une matinée les espérances les mieux fondées.

Le Maître. Le célèbre Galilée est celui peut-être qui a le mieux expliqué ce point de Physique. Les petites gouttes, dit-il, dont les brouillards sont composés, tombent le matin sur les végétaux dans un temps calme : ces petites gouttes, transformées en autant de lentilles caustiques, rassemblent à leur foyer les rayons solaires ; et alors ceux-ci brûlent infailliblement tout ce qui se trouve à leur point de réunion. Ne me demandez pas au reste de vous donner une idée de Galilée. Les découvertes qu'il a faites sont en trop grand nombre ; elles sont trop précieuses, pour ne pas en faire le sujet de différentes leçons. Ce sera alors que je vous ferai connoître ce génie du premier ordre.

Le Disciple. C'est là précisément la demande que j'allois vous faire. Vous me direz au moins ce que vous entendez par *lentilles caustiques.*

Le Maître. Cela est juste. Lentille caustique et verre brûlant signifient la même chose. Vous en avez une sous les yeux ; vous vous en êtes servi cent fois pour allumer de l'amadou. Lorsque nous en serons à la *Dioptrique*, les propriétés des lentilles caustiques seront le sujet d'une ou de plusieurs leçons.

Le Disciple. La Physique ne nous fournit-elle aucun moyen contre les brouillards, ces fléaux destructeurs de l'agriculture ?

Le Maître. Elle n'a fourni jusqu'à présent que des moyens souvent impuissans, et dont l'exécution est toujours très-difficile. Les uns conseillent de secouer les brouillards, en faisant tirer par deux hommes, le long des sillons, une corde au travers des blés. Mais comment mettre ce moyen en pratique dans un terrain immense, couvert d'épis prêts à être moissonnés ? D'ailleurs ce moyen est inutile à la vigne, aux arbres en fleur, etc.

Les autres veulent que le matin, lorsque le temps est suspect, on brûle de la paille, des excrémens de vache ou d'autres matières animales, des retailles de peau, de corne, d'ongle, etc. ; ils prétendent que le moindre vent transportera sur les plantes la fumée de ces matières brûlées, et que cette fumée les garantira des mauvais effets des brouillards.

Le Disciple. Quelles raisons en apportent-ils ?
Le Maître. Aucune.

Le Disciple. Il ne faut pas les en croire. Par ce moyen on ne garantiroit que les épis placés sur les bords ; et dans ce cas les frais inévitables dans ces sortes d'opérations , excéderoient le profit qu'on pourroit en retirer. Les brouillards sont donc un mal sans remède.

Le Maître. Je le pense ainsi. On ne peut guère plus se garantir des effets des brouillards , que de ceux de la gêlée , de la grêle , des inondations , etc. Qu'on s'occupe à dessécher les marais , l'on aura moins de brouillards , ils seront moins mauvais, et l'on acquerra un terrain propre à porter l'abondance dans le pays. Voilà tout ce qu'on peut dire sur les brouillards ordinaires d'été et d'hiver.

Le Disciple. Il y a donc des brouillards extraordinaires. Faites-m'en la description , je vous en prie.

Le Maître. Vous devez vous rappeler du phénomène qui arriva aux mois de juin et de juillet de l'année 1783 ; vous aviez pour lors une douzaine d'ans.

Le Disciple. Je m'en rappelle à merveilles. Mon père que la mort m'enleva deux ans après , se plaisoit à me faire raconter ce que pensoit le peuple de ce phénomène extraordinaire. Il rioit de bon cœur, lorsque je lui disois que l'épouvante étoit générale , et qu'on regardoit ce phénomène comme l'annonce des plus grands malheurs , et le pronostic de la fin prochaine du monde entier. Tu riras comme moi , *me disoit-il* , lorsque je t'aurai donné quelques leçons de Physique. Ce qu'auroit fait pour moi mon tendre père , vous avez maintenant la bonté de le faire.

H 4.

Ma reconnoissance à votre égard ne finira qu'avec ma vie.

Le Maître. Mettez fin à vos larmes, mon fils; vous m'attendrissez; il me seroit bien difficile de poursuivre; allez faire un tour de promenade, nous continuerons à votre retour.

Le Disciple. Je vous obéis. J'ai besoin, en effet, de ce petit délassement.

Le Maître. Votre promenade n'a pas été longue; il n'y a pas demi-heure que vous êtes sorti.

Le Disciple. Il me tarde que vous me racontiez et que vous m'expliquiez le phénomène de l'année 1783.

Le Maître. Depuis le 18 jusqu'au 24 du mois de juin, nous eûmes des brouillards humides, bas, épais, en un mot, des brouillards assez ordinaires; ils n'inspirèrent aucune crainte. Mais le 24, tout changea de face. Les brouillards devinrent secs; ils s'élèverent à une hauteur extraordinaire; ils ne retombèrent presque plus sur la terre, et l'on marchoit à travers une espèce de fumée qui faisoit paroître le soleil et la lune d'un rouge de feu. En certains pays, ils avoient, à ce que l'on assure, une odeur sulfureuse; presque par-tout ils furent suivis d'orages affreux, de tonnerres épouvantables; et jamais la grêle n'est tombée plus souvent et plus abondamment, que lorsque ces brouillards eurent disparu. Voilà le fait avec ses principales circonstances. Jamais les Physiciens n'ont été plus consultés que dans ce temps-là; je le fus comme les autres.

Le Disciple. Quelles causes apporta-t-on d'un phénomène aussi extraordinaire?

Le Maître. Les uns ont cherché la cause de ce phénomène dans quelque comète qui aura passé aux environs de la terre , et dont les brouillards dont il s'agit nous auront empêche d'observer le cours.

Le Disciple. Je n'aime pas cette réponse. A travers ces brouillards , cette comète auroit paru rouge , comme la lune et le soleil ; mais elle auroit été très-visible , puisqu'on suppose qu'elle passa aux environs de la terre. Dans ce temps-là , je vous le demande , les Astronomes n'observoient-ils pas les Astres ?

Le Maître. Plus exactement que jamais.

Le Disciple. Pourquoi n'auroient-ils pas observé une comète si peu éloignée de la terre ?

Le Maître. Votre raisonnement est juste. Il est cependant , contre la manière de penser de ces Physiciens , un argument bien plus victorieux.

Le Disciple. Quel est cet argument ?

Le Maître. La lune n'est éloignée de la terre que de quatre-vingt-dix mille lieues. Opaque de sa nature , elle emprunte du soleil la lumière qu'elle nous réfléchit. Ce sont là des propositions que je vous démontrerai dans la suite. Que diriez-vous d'un Physicien qui prétendroit que la lune peut élever des vapeurs et des exhalaisons ?

Le Disciple. Je serois tenté de me moquer de lui. Les rayons de lumière , réfléchis par la lune , lors même qu'elle est pleine , ne peuvent causer aucune chaleur.

Le Maître. Hé bien , succombez à la tentation , lorsqu'on attribuera ce pouvoir aux comètes ; elles n'ont pas plus de lumière propre que la lune , et elles sont toujours éloignées de la terre , lorsqu'elles sont visibles , de plusieurs millions de lieues. Vous en serez convaincu dans la suite.

Le Disciple. Que pensoient les autres Physiciens sur le phénomène en question ?

Le Maître. Il s'en trouva qui en attribuèrent la cause aux tremblemens de terre, qui, quelques mois auparavant, renversèrent Messine et tant de villes et de villages dans la Calabre ultérieure.

Le Disciple. Mais ces brouillards ne furent-ils pas généraux ?

Le Maître. Ils furent les mêmes non seulement dans toute l'europe, mais encore dans le nouveau monde. Le fait m'a été assuré par des personnes qui se trouvoient pour lors dans les Isles.

Le Disciple. Je ne suis pas encore Physicien, mais j'aurois de la peine à rapporter un phénomène aussi général à une cause purement locale.

Le Maître. Vous avez raison. Cette cause a dû naturellement couvrir l'Italie de brouillards sulfureux. Voilà jusqu'où a pu s'étendre sa sphère d'activité. La chose arriva en Portugal, en 1755, lors du renversement de Lisbonne. Nous n'eumes pour lors en europe aucun phénomène semblable aux brouillards de 1783.

Le Disciple. Que répondites-vous à ceux qui vous demandèrent la cause de ces brouillards ? Il me tarde de le savoir.

Le Maître. Je leur fis remarquer que non seulement l'automne de 1782, mais encore l'hiver et sur-tout le printemps de 1783 avoient été presque par-tout très-pluvieux. Les pluies durèrent jusques vers le milieu du mois de juin. Dans ce temps-là, le soleil est dans sa plus grande force ; il demeure 16 à 17 heures sur l'horizon. La terre prodigieusement humectée, lui fournit des vapeurs et des exhalaisons sans nombre qu'il divisa en des parties insensibles et qu'il éleva par là même à une hauteur extraordinaire.

Le Disciple. On dût être content de votre explication. Il n'y a pas encore deux mois que j'apprends la Physique, et je comprends que ces fameux brouillards ont dû être généraux et permanens. Je ne vois rien que de naturel dans cette espèce de fumée dont l'atmosphère parut remplie depuis la fin du mois de juin, jusqu'à la fin du mois de juillet de l'année 1783. Mais pourquoi le soleil, vu à travers ces brouillards, nous paroissoit-il de couleur rouge ?

Le Maître. Par la même raison qu'il vous paroît tel, lorsque vous le regardez à travers un verre rouge. Contentez-vous de cette réponse pour le présent. Je vous en donnerai peut-être une meilleure, lorsqu'en vous expliquant les couleurs, presque tous les jours, le soleil nous paroît rouge à son lever et à son coucher

Le Disciple. Mais pourquoi ces brouillards ne furent-ils pas dissipés comme les brouillards ordinaires. En hiver, ils sont dissipés par les vents, et en été par l'action du soleil, et par la raréfaction de l'air. C'est là ce que vous m'avez appris au commencement de cette leçon.

Le Maître. Aucune de ces causes n'a dû dissiper ces fameux brouillards. Et d'abord les vents n'ont eu aucune action sur les couches supérieures dont ils étoient composés. Les vapeurs et les exhalaisons étoient si subtilisées, que ces couches étoient au-dessus de la région des météores aériens. Mais quand même je me trom-

perois dans ma conjecture , les vents ne pouvoient les dissiper.

Le Disciple. Je n'en vois pas la raison.

Le Maître. Vous en conviendrez bientôt. L'atmosphère , dans ce temps-là , étoit si remplie
de vapeurs , que les vents n'auroient pu les
chasser d'un pays , sans lui en apporter de
semblables.

Le Disciple. L'action du soleil , quelque temps
après son lever , et la raréfaction de l'air ,
m'avez-vous dit , font en été disparoître les
brouillards ordinaires ; pourquoi ces deux actions réunies n'ont-elles pas eu le même pouvoir
sur ceux-ci ?

Le Maître. Vous avez donc oublié ce que je
vous ai dit au commencement de cette leçon.
Les brouillards d'été , élevés la veille par la chaleur qui règne dans l'atmosphère après le coucher
du soleil , sont composés de parties grossières et
de parties déliées.

Le Disciple. J'y suis. Les parties grossières ,
incapables d'être soutenues par un air raréfié par
le soleil , quelque temps après son lever , retombent sur la terre , et les parties déliées s'élèvent
dans l'atmosphère. Les brouillards dont il s'agit,
n'étant composés que de parties subtilisées , ont
dû s'élever facilement dans les airs.

Le Maître. N'oubliez jamais que les brouillards ordinaires d'été n'ont pour cause que l'action indirecte du soleil , et que ceux-ci eurent
pour cause son action directe , qui , pendant
près d'un mois , éleva chaque jour de nouvelles
vapeurs et de nouvelles exhalaisons.

Le Disciple. D'où venoit la grande sécheresse
de ces brouillards ?

Le Maître. Elle venoit de deux causes. La première étoit l'extrême division des parties dont ils étoient composés ; c'étoit plutôt une fumée qu'un brouillard ; et la fumée, lors même qu'elle s'élève de l'eau bouillante, n'est pas humide ; la main qui la traverse n'en est pas mouillée.

La seconde cause de la grande sécheresse des brouillards dont nous parlons, c'est qu'ils étoient imprégnés de matière électrique, très-propre de sa nature à dissiper l'humidité, et encore plus propre à former les orages et les tonnerres dont nous fûmes épouvantés, lorsque ces brouillards eurent disparu. Je vous apprendrai dans la suite combien grande est l'analogie qu'il y a entre les tonnerres et l'électricité.

Le Disciple. Que devint la partie aqueuse de ces fameux brouillards ?

Le Maître. Je vous prouverai, dans la leçon suivante, qu'elle devint la matière de la neige abondante dont toute l'Europe fut couverte pendant l'hiver de l'année 1784.

Le Disciple. Ce n'est pas, sans doute, la première fois qu'un pareil phénomène a eu lieu. Trouve-t-on, dans l'histoire de la Physique, la description de quelque brouillard semblable à celui de 1783 ?

Le Maître. Le 1er. de juin de l'année 1721, on observa pendant quelques jours des brouillards fort déliés et dispersés dans une assez grande étendue de l'atmosphère. A travers ces brouillards, on pouvoit envisager le soleil à œil nu, sans que la vue en fût incommodée. On fit sur-tout ces observations à Paris, dans toute l'Auvergne et à Milan. Muschembroek a consigné ce phénomène dans ses ouvrages, *tome 2*, *pag.* 726, *art.* 1513. Mais ces brouillards ne furent ni aussi généraux, ni aussi constans que ceux de 1783.

Le Disciple. Quelle explication donne-t-il de ce phénomène ?

Le Maître. Il paroît que les Physiciens de ce temps-là n'en furent pas affectés. *Muschembroek* raconte le fait, sans entrer dans les causes.

Le Disciple. Je m'en console aisément ; votre explication me suffit. Reprenons notre Arithmétique, nous en sommes à la soustraction.

Le Maître. Vous allez bien vîte. Avant de passer à cette règle, vous avez encore bien des additions à faire sur les nombres complexes. Vous savez que l'année est de 365 jours, le jour de 24 heures, l'heure de 60 minutes et la minute de 60 secondes.

Le Disciple. Je le sais. Quels nombres voulez-vous que j'additionne ?

Le Maître. Trois personnes sont d'un âge différent. La première a 72 ans, 38 jours, 15 heures, 50 minutes, 42 secondes.

La seconde a 68 ans, 42 jours, 18 heures, 12 minutes, 15 secondes.

La troisième a 66 ans, 25 jours, 12 heures, 16 minutes, 17 secondes. Quelle est la somme de leur âge ?

Le Disciple. J'arrange les nombres donnés en la manière suivante.

Exemple de l'addition des temps.

Années.	Jours.	Heures.	Minutes.	Secondes.
72	38	15	50	42
68	42	18	12	15
66	25	12	16	17
206	106	22	19	14

Le Maître. Examinons cette opération. Vous avez commencé par les colonnes des secondes qui sont au nombre 74. Vous avez marqué 14 sous les secondes, et vous avez transporté 1 aux minutes dont l'addition vous a donné 79. Vous avez marqué 19 sous les minutes et vous avez transporté 1 aux heures dont l'addition vous a a donné 46, c'est-à-dire, 1 jour et 22 heures. Vous avez marqué 22 sous les heures, et vous avez transporté 1 aux jours dont l'addition vous a donné 106, que vous avez marqué sous les jours, parce que leur somme ne forme que quelques mois. Vous avez fait l'addition des années qui vous a donné 206, que vous avez marqué sous les années.

Votre opération est exacte. Les âges des trois personnes en question, forment la somme de 206 ans, 106 jours, 22 heures, 19 minutes, 14 secondes.

Le Disciple. Pourquoi, dans l'addition précédente, avez-vous passé des *années* aux *jours* ? N'eût-il pas été mieux de passer des *années* aux *mois*, et de former un certain nombre de *mois* des 106 *jours* que vous avez mis dans la somme totale?

Le Maître. Si tous les *mois* de l'année étoient de 30 ou de 31 *jours*, je me serois ainsi comporté. Ce sera à vous à former des *mois* des 106 *jours* trouvés. Vous les ferez alternativement de 31 et de 30 *jours*. Les 106 *jours* en question vous donneront 3 *mois* et 14 *jours*. Faisons maintenant une règle d'addition qui ait pour objet les différentes mesures. Vous savez sans doute qu'une *toise* vaut 6 *pieds* ; un *pied*, 12 *pouces* ; un *pouce*, 12 *lignes* ; une *ligne*, 12 *points*. Nous aurons souvent besoin en Physique de ces sortes d'additions.

Le Disciple. En partant des principes que vous venez de me donner, je vais additionner différentes *mesures*.

Exemple de l'addition des mesures.

Toises.	Pieds.	Pouces.	Lignes.	Points.
26	10	9	8	7
89		8	5	9
56		4	6	3
24		2	7	8
197	0	1	4	3

Les différentes *mesures* que je viens d'additionner, forment la somme de 197 *toises* 1 pouce 4 *lignes* et 3 *points*. Je suis assuré que mon opération est bonne ; j'ai additionné les colonnes, d'abord de haut en bas, et ensuite de bas en haut.

Le Maître. Vous avez raison. Nous passerons bientôt à la soustraction.

IX. Leçon.

IX. LEÇON.

Sur la Neige.

LE Maître. C'est pour l'ordinaire dans le traité des *Météores* de Descartes, que les Physiciens vont puiser l'explication des *Météores aqueux,* celle de la *neige* en particulier. Ce Philosophe, forcé par ses amis, en l'année 1637, de donner quelque chose au public, regarda ce traité comme assez bien travaillé pour soutenir la haute idée que l'on avoit de lui dans le monde savant; aussi le fit-il entrer dans le premier recueil qu'il fit imprimer cette année là même.

Le Disciple. Vous ferez sans doute comme le commun des Physiciens; vous adopterez les idées de Descartes sur la formation de la neige; vous m'avez déjà parlé de lui avec une espèce d'enthousiasme.

Le Maître. Je vous parlerai toujours de lui sur le même ton. Dans cette circonstance cependant je me garderai bien de le prendre pour guide.

Le Disciple. Pourquoi donc? vous m'étonnez furieusement.

Le Maître. Je n'ai jamais aimé les romans; mais en Physique je les déteste.

Le Disciple. Comment est ce donc que Descartes explique la formation de la neige?

Le Maître. Le traité des *Météores* de Descartes est divisé en dix discours. Le sixième est sur les Météores aqueux, et par conséquent sur la neige. Il prétend que les nuées les plus élevées sont des vapeurs converties par le froid en une espèce de

Tome I. L

neige permanente , et suspendues sur nos têtes jusqu'à ce que des causes physiques qu'il n'assigne pas , les obligent à tomber sur la terre.

Le Disciple. Je ne vois rien de romanesque dans cette explication. Forcez-moi à convenir que je me trompe ; j'en ferai volontiers l'aveu.

Le Maître. Qu'est-ce que faire un roman en Physique ? C'est faire un système général ou particulier dans lequel l'imagination a toujours plus de part que la raison. De la possibilité on passe souvent à l'existence, et l'on ne reconnoît la fausseté de cette conséquence, que lorsqu'on apporte les expériences les plus concluantes et les plus décisives contre le système qu'on a imaginé. Tel est l'ingénieux Descartes dans presque tous ses ouvrages de Physique. Je conviens avec lui que les nues les plus élevées pourroient absolument être des vapeurs converties par le froid en une espèce de neige permanente. Mais ces nues existent-elles ? Voilà ce qu'il a avancé sans preuve, et voilà ce que l'expérience dément.

Le Disciple. Quelles sont les expériences qu'on peut opposer aux Physiciens qui pensent comme Descartes sur la formation de la neige ?

Le Maître. Depuis l'invention des *Aérostats*, l'on a fait des milliers de voyages aériens, et très-souvent l'on est parvenu à une région atmosphérique plus élevée que celle où se forment les météores aqueux. Nos *Aéronautes*, interrogés sur la nature de l'atmosphère terrestre, ont tous répondu qu'ils n'avoient percé aucune nue formée, comme l'enseigne Descartes dans son traité des *Météores.*

Le Disciple. Je ne ferois pas grand fond sur ces sortes de réponses. Nos voyageurs Aériens

n'étoient pas assez à leur aise sur ces frêles vaisseaux, pour faire des expériences que l'on puisse
regarder comme décisives. Si l'on intentoit un
procès à Descartes, l'on trouveroit contre de
pareils témoins mille chefs de récusation.

Le Maître. J'y consens ; mais en trouverez-vous
contre le témoignage des Physiciens naturalistes
qui ont grimpé jusques sur le sommet des *cordillières* dont je vous ai parlé si souvent ? Aucun
Aérostat ne s'est jamais élevé si haut d'ans l'atmosphère terrestre.

Le Disciple. Que disent ces Physiciens naturalistes ?

Le Maître. La même chose que les Aéronautes ;
ils ont cependant traversé, pour arriver au sommet de ces montagnes, les nues les plus élevées.

Le Disciple. J'abandonne Descartes, et je vous
prie de me dire ce que c'est que la neige.

Le Maître. C'est un météore aqueux d'une rareté et d'une blancheur excessive, qui se forme
dans les nues qui ne sont pas beaucoup élevées au-
dessus de la terre.

Le Disciple. Voilà déjà une grande différence
entre votre manière de penser et celle de Descartes. Celui-ci prétend que la neige se forme dans
les nues les plus élevées, et vous la faites former
dans les nues les plus basses. Comment se fait cette
formation ?

Le Maître. Les parties dont les nues sont composées, se réunissent par différentes causes dont
je vous ferai le détail dans la leçon suivante. Cette
réunion les fait transformer en gouttes d'eau, qui,
plus pésantes que le volume d'air auquel elles
correspondent, tombent nécessairement sur la
terre. La congélation saisit-elle ces vapeurs

I 2

avant que la réunion dont je viens de vous parler, soit achevée ? Elle les transforme en flocons de neige. La neige n'est pas donc une pluie congelée, comme l'ont écrit quelques mauvais Météorologistes ; la pluie congelée n'a jamais donné et ne donnera jamais que de la grêle ; je vous l'expliquerai bientôt. Ce qui constitue la neige, ce sont des vapeurs assez épaisses, prêtes à se changer en pluie, et saisies par le froid dans le moment (et ce moment est peut-être unique) où ce changement est sur le point de s'opérer. Aussi la neige ne tombe-t-elle jamais ni pendant l'été, ni pendant l'hiver, lorsque le froid est rigoureux. Pendant l'été, la congélation ne sauroit avoir lieu ; pendant les grands froids d'hiver, la congélation se fait trop subitement, pour ne pas transformer les vapeurs en goutte de pluie. Pour opérer le changement des vapeurs en flocons de neige, il faut, si je puis ainsi parler, une congélation *graduelle*, une congélation opérée par un froid très-modéré.

Le Disciple. J'ai saisi parfaitement bien vos idées, je les adopte purement et simplement. Mais j'ai à vous faire sur ce météore des milliers de questions.

Le Maître. Je suis prêt à vous répondre, pourvu que, suivant votre louable coutume, vous ne m'en fassiez aucune qui soit étrangère au sujet que nous traitons.

Le Disciple. Ne craignez rien. Vous m'avez tant de fois reproché ce défaut, que je m'en suis presque entièrement corrigé ; je veux, comme l'on dit, *reculer pour mieux sauter*.

Le Maître. Vous faites bien ; commencez vos questions.

Le Disciple. Vous m'avez dit que la neige est un météore aqueux d'une rareté excessive. De combien l'eau est-elle plus dense que la neige ?

Le Maître. Il y a de la neige plus rare l'une que l'autre. L'eau est neuf fois plus dense que la neige ordinaire. Il est certaine neige qui n'est que six fois plus, et certaine autre qui est douze fois plus rare que l'eau.

Le Disciple. Vous avez pris le terme moyen, pour assigner la différence qu'il y a entre la densité de l'eau et celle de la neige. Il y a en effet autant de différence entre 6 et 9, qu'il y en a entre 9 et 12. Vous m'avez assez parlé de *densité* et de *rareté* dans les leçons précédentes, pour ne pas revenir sur cette matière. Je comprends qu'un vase exposé à la neige qui tombe, et rempli de ce météore, pèsera pour l'ordinaire neuf fois moins que le même vase rempli d'eau.

Le Maître. Toute règle cependant est sujette à des exceptions auxquelles il ne faut jamais avoir égard, lorsqu'on traite les choses en général, et comme elles ont coutume d'arriver dans le cours ordinaire de la vie. Le célèbre *Muschembroek* nous assure, dans son paragraphe sur les Météores, qu'il tomba une fois à Utrecht de la neige qui se trouva vingt-quatre fois plus rare que l'eau. Mais c'est là un phénomène qui peut-être n'étoit jamais arrivé, et qui peut-être n'arrivera jamais.

Le Disciple. Voilà déjà deux fois que vous me parlez de *Muschembroek*; vous devriez bien me donner une idée de ce Physicien.

Le Maître. Je le ferai à la fin de cette leçon ; continuez vos questions.

Le Disciple. Dans la description que vous avez faite de la neige, vous avez dit qu'elle étoit d'une blancheur excessive. Vous avez raison. J'ai lu dans *Xenophon* que plusieurs soldats de l'armée de *Cyrus* devinrent aveugles , pour avoir marché pendant quelques jours à travers des montagnes couvertes de neige.

Le Maître. Le fait n'est pas incroyable. Dans les pays du Nord , à la faveur de la lumière de la lune , réfléchie par la neige , lors même que cet astre n'est pas dans son plein , l'on voyage sans peine pendant la nuit , et l'on peut même se mettre en garde contre les ours et les animaux féroces que l'on découvre de fort loin.

Le Disciple. D'où vient la blancheur de la neige. Elle est telle , qu'on ne désigne bien la parfaite blancheur d'un corps , qu'en disant : *il est blanc comme la neige.*

Le Maître. La neige est peut-être le corps qui absorbe le moins la lumière. Elle la réfléchit avec beaucoup de force ; elle doit donc avoir une blancheur excessive. Vous ne comprendrez la bonté de cette conséquence, que lorsque je vous aurai exposé le système de Newton sur les *couleurs.*

Le Disciple. J'entrevois assez la bonté de cette conséquence, pour être content de votre réponse. Mais ce qui me surprend, et ce que je ne puis pas comprendre , c'est qu'un corps aussi rare et aussi spongieux que la neige , réfléchisse la lumière avec autant de force ; elle devroit au contraire l'absorber, à peu près comme une éponge absorbe l'eau dans laquelle on la plonge.

Le Maître. N'ai-je pas eu raison de vous dire que vous êtes né pour faire de grands progrès en Physique ? Votre difficulté est réelle ; elle mérite une réponse satisfaisante. La neige est un corps très-spongieux, j'en conviens; elle est comme criblée de pores et de pores très-visibles; mais ces pores sont remplis d'un air très-condensé par le froid, d'un air très-propre à réfléchir la lumière avec beaucoup de force et sans la décomposer : elle doit donc être non-seulement d'une blancheur, mais encore d'une rareté excessive.

Le Disciple. Vous me faites souvent des complimens; je veux vous en faire à mon tour. Il y a plaisir de vous proposer de grandes difficultés; vous n'êtes jamais moins embarrassé, que lorsqu'elles paroissent insolubles. On parle tant des bons et des mauvais effets de la neige. Ayez la bonté de m'en faire l'énumération.

Le Maître. Très-volontiers. Commençons par les bons effets de la neige; ils sont en bien plus grand nombre que les mauvais. La neige engraisse la terre; c'est là une espèce de proverbe parmi les cultivateurs. En effet, la plupart des plantes, ensevelies dans la neige pendant l'hiver, poussent au printemps avec plus de rapidité.

Le Disciple. D'où la neige peut-elle tirer cette précieuse propriété ?

Le Maître. Les Physiciens se sont mis l'esprit à la torture pour expliquer ce point de Physique. Ils prétendent que la neige est impregnée de nitre et de différens autres sels; et que ces sels sont très-propres à bonifier les terres. *Muschembroek* paroît très-attaché à ce sentiment; c'est là même un des défauts de sa Physique, d'ailleurs très-estimable.

Le Disciple. J'aimerois assez cette manière de penser. Qu'a-t-elle de répréhensible ?

Le Maître. Je ne fais pas grand fond sur ces sels aériens que les anciens avoient toujours à leurs gages dans la formation des météores aqueux.

Se trouvent-ils ou ne se trouvent-ils pas dans la neige ? Je n'en sais rien ; je n'en ai pas fait l'analyse chimique. En général je préférerai toujours les causes sensibles aux causes invisibles. Je n'adopterai même celles-ci qu'en tremblant et en *désespoir de cause*. Elles ne sont pour l'ordinaire que le fruit d'une belle imagination.

Le Disciple. Pourquoi donc la plupart des plantes, ensevelies dans la neige pendant l'hiver, poussent-elles au printemps avec plus de rapidité ?

Le Maître. La chose me paroît bien simple. Il règne dans le sein de la terre une chaleur intérieure très-sensible ; je vous en parlerai beaucoup dans ma leçon sur les *feux souterrains*. Cette chaleur intérieure que je regarde comme la vie des plantes, s'évapore beaucoup moins, lorsque la neige fait un long séjour sur la terre. Est-il étonnant que les plantes ensevelies dans la neige pendant l'hiver, poussent au printemps avec plus de rapidité. Aussi rien n'est plus triste que les pays montagneux pendant l'hiver, et rien n'est plus agréable que ces mêmes contrées au printemps. Le plus ou le moins de neige qui tombe dans la saison ordinaire, est pour elles, si je puis ainsi parler, comme le termomètre de la fertilité de l'année.

Le Disciple. Est-il vrai que la neige soit souvent un remède des plus efficaces ?

Le Maître. Rien n'est plus sûr. Et d'abord c'est un remède souverain contre les engelures. Vous qui y êtes sujet, ne manquez pas de vous laver plusieurs fois les mains avec de la neige, la première fois qu'il en tombera. Dans le nord, on couvre de neige les membres gelés ; sans ce remède un Roi d'Angleterre , pour lors en Danemarck , eut perdu le nez et les oreilles dans l'excès du froid.

Le Disciple. Il faut convenir que la neige est un météore bien précieux. On la ramasse par pelotons , celle sur-tout dont les prairies sont couvertes ; on la bat et on la presse le plus qu'il est possible ; et dans cet état elle se conserve dans les glacières , pour le moins aussi bien que la glace ordinaire. Par là elle devient toujours un objet d'agrément et souvent de nécessité pendant les chaleurs de l'été. Comment , après tout ce que vous venez de me dire , pourrai-je m'imaginer que la neige ait quelques mauvais effets ? Faites-m'en l'énumération ; je les lui pardonne volontiers , en faveur des biens qu'elle nous procure.

Le Maître. L'énumération des mauvais effets de la neige sera bientôt faite ; ils sont en petit nombre. Sa fonte trop subite cause souvent des inondations ; c'est là la cause ordinaire qui fait sortir de leur lit les fleuves et les rivières sur la fin du printemps ou au commencement de l'été , lorsque des chaleurs graduelles , ne succèdent pas au froid qu'on a éprouvé pendant l'hiver.

Le Disciple. Qu'entendez-vous par *chaleurs graduelles.*

Le Maître. Ce sont des chaleurs qui augmentent peu-à-peu , et qui par conséquent ne font pas fondre la neige trop subitement.

Le Disciple. La neige fondue donne de l'eau. Cette eau est-elle potable ? J'ai entendu dire que les habitans des Alpes ne sont sujets aux goîtres , que parce qu'ils usent de cette boisson pendant l'hiver.

Le Maître. Je ne le pense pas ainsi. Les habitans de la Norwége boivent pendant l'hiver de l'eau de neige fondue, et ils ne sont pas sujets à cette monstrueuse incommodité. Il est vrai que dans ces occasions ils prennent les précautions les plus sages, pour que cette boisson ne donne aucune atteinte à leur santé.

Le Disciple. Quelles sont ces précautions ?

Le Maître. Ils ne font fondre que la neige la plus blanche, la plus propre, celle qui a le moins séjourné sur la terre. Si les habitans des Alpes ne prennent pas les mêmes précautions, je ne suis pas étonné que cette boisson occasionne la plupart des maladies auxquelles ils sont sujets.

Le Disciple. De ce que vous venez de me dire, je conclus qu'on ne doit boire de l'eau de neige fondue qu'en désespoir de cause, et lorsqu'il est impossible de faire autrement. La neige a-t-elle encore quelque mauvais effet ?

Le Maître. Lorsqu'elle séjourne sur la terre, et qu'elle se fond en partie pendant le jour pour se geler de nouveau la nuit suivante, elle cause un dommage infini aux plantes et aux arbres. La perte qu'on fit de la plupart des oliviers dans le Bas-Languedoc et en Provence n'eut pas d'autre cause en 1709, 1755 et 1766.

Le Disciple. Lorsque la terre est couverte de neige, il faut donc souhaiter que le froid soit rigoureux pendant le jour.

Le Maître. Du moins faut-il être charmé, lorsqu'il n'y a pas du dégel. S'il eût eu lieu en 1784, nous aurions éprouvé le malheur que nous éprouvâmes l'année dernière. L'hiver de 1789 auroit fait périr le peu d'oliviers qui auroient résisté à celui de 1784.

Le Disciple. Mais pourquoi neige-t-il constamment pendant l'hiver sur les montagnes élevées et beaucoup plus rarement dans la plaine ?

Le Maître. Ne vous ai-je pas dit, au commencement de cette leçon, que Descartes avoit eu tort d'assurer que la neige se formoit dans les nues les plus élevées ; et n'ai-je pas ajouté ensuite qu'elle se forme dans les nues qui ne sont pas beaucoup élevées au-dessus du sol où elle tombe ?

Le Disciple. J'y suis ; je vais expliquer ce phénomène. Les pays montagneux sont très-près des nuages, convertis en neige par les causes physiques que vous m'avez apportées ; ils n'ont pas donc le temps de se changer en pluie, avant que d'arriver sur la terre. Ce changement n'est guère possible que dans la plaine où la neige se liquéfie, en passant par une région plus chaude que celle où sa formation s'est opérée.

Le Maître. On ne peut pas expliquer ce point de physique avec plus de précision et plus de netteté que vous venez de le faire. Il est temps d'en venir à un phénomène qui étonna tout l'univers. L'année 1784 fera époque en Physique. Les annales de cette science que j'ai parcourues avec soin, je dirois presque avec scrupule, ne font mention d'aucune année où la neige ait été aussi abondante, aussi constante et aussi générale. Il n'est peut-être aucun coin de l'europe qui n'ait été, pendant le long hiver de cette année, couvert de neige pendant un temps considérable. La hauteur a varié dans différens endroits ; mais il en est peu, il n'en est peut-être aucun où elle n'ait été au moins quadruple de celle où elle a coutume de s'élever les années ordinaires. Des pays où il neige assez rarement , on m'écrivoit qu'on se croyoit transplanté dans le nord où l'on n'entend parler que de voyageurs, de maisons , de hameaux ensevelis sous la neige.

Le Disciple. Quel phénomène en effet! Vous n'en fûtes pas étonné ?

Le Maître. Je m'y attendois. Je suis même en état de prouver légalement que je l'avois prédit , lors des fameux brouillards de l'année 1783.

Le Disciple. J'ai présent à l'esprit tout ce que vous m'avez dit sur cette matière dans la dernière leçon. Je vous avoue cependant que je ne vois pas quelle connexion il peut y avoir entre ces brouillards et la neige de l'année suivante.

Le Maître. La connexion est nécessaire; je vous en ferai bientôt convenir. Ces brouillards disparurent sur la fin du mois de juillet 1783. Qu'arriva-t-il au mois d'août et pendant l'automne de la même année ?

Le Disciple. Nous eûmes des orages affreux , des tonnerres épouvantables ; et jamais la grêle ne tomba plus souvent et plus abondamment que lorsque ces brouillards eurent disparu. Vous m'avez fait remarquer que les exhalaisons , pour la plupart électriques ou électrisées , dont ces brouillards étoient composés , en ont été la cause.

Le Maître. Ne vous ai-je pas encore fait remarquer que des vapeurs extrêmement subtilisées , avoient formé ces brouillards , et que les exhalaisons dont vous me parlez, n'y jouoient pas un grand rôle ?

Le Disciple. Vous avez même appuyé sur cette remarque; je m'en rappelle. Quelle a été votre intention ?

Le Maître. La voici. Dès que ces brouillards eurent disparu, ces exhalaisons entrèrent dans la composition des météores ignées, et causèrent nécessairement des orages affreux, des tonnerres épouvantables. Il ne resta donc que la partie aqueuse qui fut toujours dans ces brouillards la partie prédominante. Que devint cette partie aqueuse ?

Le Disciple. Vous m'avez dit qu'elle devint la matière de la neige abondante dont toute l'europe fut couverte, pendant l'hiver de l'année 1784. Je commence à vous comprendre. Encore une explication, et j'aperçois la connexion qu'il y a entre cette neige et ces brouillards.

Le Maître. Les vapeurs subtilisées dont ces brouillards étoient composés, flottèrent, pendant toute l'automne de l'année 1783, dans un air fort rare ; condensées par le froid au commencement de l'hiver, elles se rapprochèrent ; ce furent des vapeurs ordinaires. Plus pesantes que le fluide dans lequel elles nageoient, elles tombèrent peu-à-peu jusqu'à la région où se trouvent les nuages pendant l'hiver. Prêtes à se changer en gouttes de pluie, le froid les saisit, et elles retombèrent pendant près d'un mois sur la terre en forme de neige. Sans ce froid elles seroient retombées en pluie, et elles auroient causé des inondations, telles qu'on n'en a pas encore vu, et qu'on n'en verra peut-être jamais.

Le Disciple. Vous êtes heureux de pouvoir prouver légalement que cette explication vous appartient. Dans la suite des temps, quelque Physicien auroit pu se l'approprier. J'ai entendu dire que M. Sigaud de la Fond avoit donné au public un Dictionnaire de Physique où il n'a eu presque d'autre peine , que celle de copier le vôtre.

Le Maître. Au commencement de l'année 1784, je la consignai dans les registres des Académies auxquelles j'ai l'honneur d'appartenir. On n'a écrit que long-temps après sur cette neige à jamais mémorable. Pour ce qui regarde M. Sigaud de la Fond , Physicien très-estimable , le fait est un peu exagéré. Ce qu'il y a de vrai , c'est qu'en 1781 , il fit paroître un Dictionnaire de Physique en 4 volumes *in-octavo* , dont la grande moitié m'appartient évidemment. Je l'ai démontré dans la Préface de la neuvième édition de mon Dictionnaire en 5 volumes *in-octavo* , actuellement en vente chez MM. Gaude. Ces espèces de larcins littéraires , au reste , me font beaucoup de plaisir. Ils prouvent que mes foibles productions sont du goût d'un Physicien qui mérite , à tant de titres , la haute réputation dont il jouit.

Le Disciple. Vous m'avez promis de me faire connoître *Muschembroek* , à la fin de cette leçon. Quelle idée dois-je me former de ce Physicien ?

Le Maître. L'idée la plus avantageuse. Jean Muschembroek, natif de Leyde , et Professeur de Philosophie et de Mathématique à Utrecht , tiendra toujours un rang très-distingué parmi les plus célèbres Physiciens de ce siècle. Ce fut par modestie qu'il donna le titre d'*Essai* à son cours de Physique , imprimé en 2 volumes *in-quarto*. Presque toutes les questions y sont traitées avec beaucoup d'ordre , beaucoup de clarté , beaucoup d'étendue , beaucoup de profondeur et beaucoup de solidité. Il s'y déclare partisan zélé de Newton. Il y démontre la nécessité des Mathématiques , et l'impossibilité de devenir Physicien, lorsqu'on n'a aucune teinture de cette science. La plupart de ses assertions sont fondées sur les expériences les plus curieuses et les mieux constatées ; j'en ornerai dans la suite plusieurs de mes leçons.

Ce que je vous ferai remarquer avec plaisir, et ce qui fait le plus grand éloge de Muschembroek, c'est qu'il n'a composé son bel ouvrage, que pour faire connoître à tous les hommes l'existence d'un Dieu et les grandes perfections de cet Etre tout puissant ; perfections, *dit-il*, qui paroissent d'une manière sensible, lorsqu'on contemple l'univers en général et les admirables propriétés des corps dont ce monde visible est composé. Belle leçon pour ces Physiciens manqués qui, marchant sur les traces de l'impie Auteur du *Système de la Nature*, voudroient soumettre ce monde au hazard, sous le nom d'une prétendue matière active, qui ne doit son inintelligible énergie qu'aux écarts les plus déréglés de l'imagination la plus folle et la plus extravagante.

Le Disciple. Vous m'avez promis, dans la dernière leçon, que nous passerions aujour-d'hui à la seconde règle de l'Arithmétique, la soustraction.

Le Maître Cela est vrai ; nous ne le ferons pas cependant. Le point de Physique que nous venons de discuter, a été trop abondant, pour vous parler d'une règle dont je ne pourrois vous dire que deux mots.

Le Disciple. Vous le ferez donc dans la leçon suivante.

Le Maître. Je vous en donne ma parole d'honneur. Je choisirai pour sujet de cette leçon, un point de Physique très-intéressant ; mais comme il ne sera pas aussi abondant que celui de la *neige*, je commencerai et je finirai la soustraction. Faisons encore une règle d'addition ; elle sera sur des nombres complexes sur lesquels vous opérerez souvent en Astronomie.

Le Disciple. Quels sont ces nombres ?

Le Maître. Ce sont les degrés, les minutes et les secondes géométriques.

Le Disciple. Qu'est-ce qu'un degré géométrique.

Le Maître. C'est la 360°. partie de la circonférence d'un cercle.

Le Disciple. Combien de minutes contient un degré géométrique ?

Le Maître. Il en contient 60. La minute géométrique contient aussi 60 secondes géométriques.

Le Disciple. Cela me suffit ; proposez la règle que vous voudrez.

Le Maître. Opérez sur les nombres suivans.

Exemple de l'addition des degrés, minutes et secondes géométriques.

Degrés.	Minutes.	Secondes.
15	25	18
17	21	22
14	28	27
47	15	7

Le Disciple. Mon opération est-elle exacte ?

Le Maître. Qui en doute ? Elle étoit trop facile pour vous.

X Lɛçon.

X. LEÇON.

Sur la Pluie.

LE Maître. Vous rappelez-vous d'une expérience que je vous rapportai dans ma septième leçon, et dont je vous promis de tirer grand parti dans la suite?

Le Disciple. Comment ne m'en rappellerois-je pas? vous m'avertîtes de ne pas oublier ce fait. Vous me fîtes remarquer que, lorsqu'on met de l'eau à chauffer, le couvercle du vase qui la contient, est toujours parsemé de gouttes, formées par la réunion des vapeurs qui se sont élevées du sein de l'eau.

Le Maître. Ainsi se forme la pluie dans l'atmosphère terrestre. Pour vous faire, pour ainsi dire, toucher au doigt comment les vapeurs se changent nécessairement en pluie, répondez-moi, je vous en prie. Pourquoi les vapeurs élevées du sein de l'eau bouillante, vont-elles former sous le couvercle des gouttes très-nombreuses et très-sensibles?

Le Disciple. Elles sont arrêtées par le couvercle. Sans cet obstacle, les vapeurs que fournit l'eau bouillante, s'éleveroient dans les airs.

Le Maître. Ainsi font les vapeurs élevées par l'action du soleil et par celle des feux souterrains. Elles montent dans l'atmosphère, jusqu'à ce qu'elles se trouvent dans une région où elles sont en équilibre avec un pareil volume d'air correspondant. Cette région leur sert de couver-

Tome I. K.

cle. L'état d'équilibre est un obstacle insurmontable à leur ascension.

Le Disciple. Je suis au fait de la formation de
la pluie.

Le Maître. Il s'en faut bien. Si la chaleur du
couvercle étoit aussi forte que celle de l'eau
bouillante, aucune goutte ne se formeroit. Elles
ne se forment, que parce que la chaleur du couvercle est moindre que celle de l'eau bouillante.
Ainsi en arrive-t-il aux vapeurs ; elles ne forment des gouttes, que parce que la région où
elles s'arrêtent, est moins chaude que celle d'où
elles viennent. Assez souvent même cette formation a, pour cause physique, l'action des vents
contraires qui rapprochent, les unes des autres, les parties insensibles dont elles sont composées.

Le Disciple. J'aperçois maintenant pourquoi,
plutôt ou plus tard, les vapeurs retombent en
pluie sur la terre. Cela arrive nécessairement,
lorsque les gouttes sont plus pesantes que le volume d'air auquel elles correspondent. Mais pourquoi les gouttes de pluie sont-elles plus grosses
pendant l'été que pendant l'hiver ?

Le Maître. Je m'étohne que vous me demandiez l'explication d'un phénomène aussi simple.
Les nuages qui causent la pluie pendant l'été, ne
sont-ils pas beaucoup plus élevés que ceux qui la
causent pendant l'hiver ?

Le Disciple. Qui en doute ? L'action du soleil
est très-forte pendant l'été et très-foible pendant
l'hiver.

Le Maître. Cela supposé, ne voyez-vous pas
que la pluie venant de plus haut pendant l'été que
pendant l'hiver, les particules dont elle est com

posée, ont le temps de se réunir, et de former des gouttes plus considérables ?

Le Disciple. La partie aqueuse est donc toujours la partie dominante dans les nuages qui se fondent en pluie ?

Le Maître. Cela est vrai, à parler en général, puisque l'eau de pluie est une eau très-légère et très-homogène. Cependant nous lisons dans l'histoire de la Physique des phénomènes qui paroissent démontrer que certains nuages n'ont pas autant de particules aqueuses, qu'on pourroit bien se l'imaginer.

Le Disciple. Quels sont ces phénomènes ?

Le Maître. En 1695, il tomba en Irlande une pluie grasse et visqueuse, qui demeura 14 ou 15 jours dans les endroits où elle s'étoit amassée et qui devint noire en se séchant.

En 1649, il tomba à Copenhague une pluie de soufre ; le même phénomène arriva à Brunswick au mois d'octobre de l'année 1721.

On voit des pluies de cendre dans les pays où se trouvent les volcans ; et on voit des espèces de pluies de sable, non seulement dans les pays maritimes, mais encore dans des pays assez éloignés de la mer.

Le Disciple. Vous ne parlez pas des pluies de sang. Tous les anciens Historiens, Plutarque, Dion, Tite-Live, Pline en parlent, de celle surtout qui tomba à Rome, l'an 619 depuis sa fondation, au commencement du consulat de Scipion et de Caius-Fulvius. Il me paroît que ce phénomène est bien difficile à expliquer.

Le Maître. Pas tant que vous vous l'imaginez. Il n'a jamais existé, et il n'existera jamais de pluie de sang. Les Historiens dont vous me parlez n'étoient pas Physiciens.

Le Disciple. Comment prouverez-vous une assertion si extraordinaire ?

Le Maître. Le plus facilement du monde. Immédiatement après ces prétendues pluies de sang, l'air s'est trouvé toujours rempli d'une multitude innombrable d'insectes d'une même espèce. De cette observation, je conclus évidemment que les taches rouges dont les murailles étoient teintes, venoient, non pas des gouttes d'une pluie de sang, mais des gouttes d'une espèce de sérosité rouge que chacun de ces insectes avoit déposées en sortant de sa chrysalide. La pluie ordinaire n'avoit fait que hâter leur sortie.

Le Disciple. Q'entendez-vous pas *chrysalide* ?

Le Maître. Vous n'avez jamais vu de cocon ?

Le Disciple. J'en vois tous les jours ; j'ai souvent élevé de vers à soie.

Le Maître. Ce vermisseau dans son cocon est un insecte en chrysalide ; il en sort en papillon. Tout vrai insecte, comme je vous le dirai en son lieu, passe sa vie en trois états différens ; le premier est celui de vermisseau ; le second celui de chrysalide ; le troisième celui de papillon.

Le Disciple. Quelle quantité de pluie tombe-t-il ordinairement chaque année ?

Le Maître. La pluie n'est pas uniforme dans les différens endroits de la terre. Sous la Zone-Torride, il pleut constamment toutes les nuits ; sous les Zones graciales, il pleut assez rarement ; sous les Zones tempérées, il pleut plus ou moins, suivant que les pays sont plus ou moins coupés de fleuves et de rivières, et suivant qu'ils sont plus ou moins exposés aux vents pluvieux. Dans les années moyennes, il tombe à Paris environ 19 pouces d'eau ; à Londres, environ 35 ; à Rome 20 ; à Zurich en Suisse 32 ; à Utrecht 23 pouces, etc.

Le Disciple. Comment se font ces sortes d'observations ?

Le Maître. On prend un vase quarré ou cylindrique, qu'on gradue par dedans de ligne en ligne suivant sa hauteur. On l'expose dans un lieu qui soit découvert et à l'abri du vent, autant qu'il est possible. Ce vase ne doit recevoir que la pluie qui tombe directement de l'atmosphère. Chaque fois qu'il pleut, on marque sur un journal de combien de lignes l'eau s'est élevée dans le vaisseau. A la fin de l'année, on additionne ces quantités différentes, et leur somme vous donne ce que vous cherchez.

Le Disciple. Tout cela est fort aisé à comprendre. J'aperçois cependant dans certe manière d'opérer un inconvénient qui pourroit tirer à conséquence.

Le Maître. Quel est cet inconvénient ? Je n'en aperçois aucun.

Le Disciple. Le vaisseau gradué dont vous me parlez, n'est pas immense. Ne pourroit-il pas arriver que la pluie fût si forte, que le vaisseau fût rempli et qu'il versât ? Comment sauriez-vous alors combien il est tombé de lignes, de pouces d'eau ?

Le Maître. Il est facile à un observateur attentif de parer à cet inconvénient. Il a une mesure qui contient précisément la quantité d'une ligne d'eau dans le vaisseau gradué. La pluie est-elle forte et constante, il tire du vaisseau tant de mesures, par exemple, 4, 6, 8, etc.; et il marque dans son registre 4 , 6 , 8 lignes d'eau.

Le Disciple. S'il pleut pendant la nuit , et que l'observateur ait le sommeil dur , comment parerez-vous à l'inconvénient dont je vous parle ?

Le Maître. D'abord après la pluie , un Observateur exact vide son vaisseau gradué. Ce vaisseau a au moins un pied de hauteur. Il est physiquement impossible que pendant une nuit , quelque forte que soit la pluie , ce vaisseau puisse se remplir. Dieu nous préserve de ce malheur ! Le pays seroit changé en une vaste mer. Dans les villes et villages la pluie n'a la forme d'un torrent impétueux , que parce qu'il tombe dans les rues celle qui a été ramassée par les toits des maisons.

Le Disciple. Quels sont les effets de la pluie ?

Le Maître. La pluie , comme la neige , a de bons et de mauvais effets; les premiers sont en bien plus grand nombre que les seconds.

Purifier l'atmosphère , rafraichir , fertiliser la terre , et sur-tout subvenir aux besoins de première nécessité des hommes et des animaux , tels sont les principaux avantages que procure une pluie modérée.

Une pluie trop abondante est un vrai fléau du ciel. Le plus grand dommage qu'elle nous cause , c'est de pourrir les racines des plantes et sur-tout celles des grains.

Le Disciple. Ce seroit bien ici le lieu de me parler de la pluie épouvantable qui causa le déluge universel.

Le Maître. Il est nécessaire que je le fasse. Nos Physiciens manqués , connus sous le nom d'incrédules, s'avisent de faire des plaisanteries indécentes

sur ce dogme effrayant de la Religion que nous
avons le bonheur de professer. Vous avez été élevé
trop chrétiennement, pour n'être pas en état de me
faire la narration de ce terrible châtiment.

Le Disciple. Je vous la ferai d'après la sainte
Ecriture.

Le Maître. Je ne vous écouterois pas, si vous
puisiez votre narration dans toute autre source.
Indépendamment de la révélation qui rend infaillible l'Historien sacré, il n'est aucune histoire que
l'on puisse raisonnablement mettre en parallèle
avec celle-ci. Je vous avoue, *s'écrie un grand
homme*, que la majesté des Ecritures m'étonne ;
la sainteté de l'Evangile parle à mon cœur.
Voyez les livres des Philosophes avec toute leur
pompe ; qu'ils sont petits près de cela ! Se peut-
il qu'un livre si sublime et si simple soit l'ouvrage des hommes !

Le Disciple. Il n'est en effet qu'un très-grand
homme qui puisse parler avec cette énergie. C'est
sans doute le plus éloquent des Pères de l'Eglise
qui s'exprime de la sorte.

Le Maître. Non. C'est *Jean-Jacques Rousseau*,
le chef des Philosophes modernes, à qui la
force de la vérité a arraché cet aveu. *Emile*,
tom. 3, pag. 165. Commencez votre narration.

Le Disciple. Le dix-septième jour du second
mois de l'année 1656 depuis la création du
monde, Dieu fit entendre sa voix à Noé. Parmi
tous ces hommes corrompus que je vais détruire,
lui dit-il, je vous ai reconnu juste et fidelle.
Vous donc et votre femme, vos trois enfans et
leurs trois femmes, entrez dans l'arche que vous
avez construite par mon ordre, et faites y entrer

avec vous tous les animaux dont je veux conserver l'espèce sur la terre.

Tout fut exécuté en sept jours. Sur la fin du
septième jour, Dieu ferma en dehors la porte de
l'arche, de façon à empêcher l'eau d'y pénétrer.
Cela fait, il abandonna le monde coupable aux
effets de son indignation.

Tout à coup, et dans le même instant, à la parole du Seigneur, l'abyme ouvrit son sein, et
toutes les eaux qui y étoient renfermées, en
sortirent avec impétuosité pour inonder la terre.
Les cataractes ou fontaines du ciel furent ouvertes, et la pluie la plus affreuse tomba continuellement sur la terre durant l'espace de quarante
jours et de quarante nuits. L'inondation fut si
grande après ce déluge, que, dans tous les pays
du monde, les plus hautes montagnes furent
surmontées par les eaux de la hauteur de quinze
coudées. Tout ce qui respiroit sur la terre et dans
les airs fut enseveli dans les eaux, sans qu'un seul
hors de l'arche pût trouver une ressource pour
échapper à la mort. Tous cependant ne mouru-
rent pas dans l'opiniâtreté, et plusieurs, un
grand nombre même, trouvèrent leur salut éter-
nel dans les eaux qui mirent fin à leur vie cri-
minelle.

Voilà le fait avec ses principales circonstances.
C'est à vous à me l'expliquer d'une manière conforme aux lois de la saine Physique.

Le Maître. Ecoutez la réponse de M. de Buffon.
Elle fera plus d'impression sur l'esprit de nos
incrédules, que tout ce que je pourrois vous
dire de plus raisonnable. (Des Auteurs, comme
Burnet, Wisthon et *Woodward*, ont fait une
faute qui nous paroît mériter d'être relevée ; c'est

d'avoir regardé le déluge comme possible par l'action des causes naturelles, au lieu que la Sainte Ecriture nous le présente comme produit par la volonté immédiate de Dieu. Il n'y a aucune cause naturelle qui puisse produire sur la surface entière de la terre, la quantité d'eau qu'il a fallu pour couvrir les plus hautes montagnes ; et quand même on pourroit imaginer une cause proportionnée à cet effet, il seroit encore impossible de trouver quelqu'autre cause capable de faire disparoître les eaux.... Nos Auteurs ont fait de vains efforts pour rendre raison du déluge ; leurs erreurs de Physique au sujet des causes secondes qu'ils emploient, prouvent la vérité du fait, tel qu'il est rapporté dans la Sainte Ecriture, et démontrent qu'il n'a pu être opéré que par la cause première, par la volonté de Dieu.... On doit regarder le déluge universel comme un moyen surnaturel dont le Tout-Puissant s'est servi pour le châtiment des hommes, et non comme un effet naturel dans lequel tout se seroit passé selon les lois de la Physique. Le déluge universel est donc un miracle dans sa cause et dans ses effets.... Il faut nous borner à en savoir ce que la Sainte Ecriture nous en apprend ; avouer en même temps qu'il ne nous est pas permis d'en savoir davantage, et sur-tout ne pas mêler une mauvaise Physique, avec la pureté du livre saint.) *Buffon, Histoire Naturelle,* tom. I, *pag.* 198 *et suivantes, édition in-quarto.*

Le Disciple. Je ne vous ferai plus de question sur la pluie ; il me tarde de reprendre l'arithmétique dont nous n'avons presque pas parlé dans les deux dernières leçons. Nous en sommes à la soustraction. Je sais que cette opération consiste

à retrancher un nombre moindre d'un plus grand.
L'on me doit 256 liv.; l'on m'en paye 125 : c'est
par la soustraction que je détermine la somme
que mon créancier doit encore me payer, pour
se libérer entièrement avec moi. Vous voyez
que cette règle est de la plus grande importance
dans l'usage ordinaire de la vie : développez-m'en,
je vous en prie, les principes.

Le Maître. La soustraction, comme l'addition,
est fondée sur ce principe incontestable : *toutes
les parties prises ensemble sont égales au tout.* La
somme due représente le *tout* ; l'*à-compte* qu'on
paye, et ce qui reste dû après l'*à-compte*, en représentent évidemment les *parties.* Aussi la soustraction n'est-elle bien faite, que lorsque l'*à-compte*
et ce qui reste dû après l'*à-compte*, additionnés ensemble, donnent une somme précisément égale à
celle qui est due.

Le Disciple. Je vous comprends tellement, qu'il
sera bien difficile que je l'oublie jamais. Apprenez-moi comment se fait l'arrangement des
chiffres ?

Le Maître. 1°. Ecrivez au-dessus le nombre
dont vous devez faire la soustraction, c'est-à-
dire, la *somme due*, et mettez pardessous le
nombre qui doit être soustrait, c'est-à-dire,
l'*à-compte*, de manière que les unités soient sous
les unités, les dizaines sous les dizaines, les centaines sous les centaines, etc. Tirez enfin une
ligne qui séparera l'*à-compte* d'avec ce qui vous
restera dû, pour compléter le payement de la
dette en entier.

2°. Cela fait, vous commencerez la soustraction en la manière suivante ; vous comparerez
le chiffre supérieur avec le chiffre inférieur. Si le

chiffre supérieur est plus grand que le chiffre inférieur, vous en écrirez la différence dans le *restant*.

Si le chiffre supérieur est égal à l'inférieur ; vous écrirez o dans le *restant*.

Si enfin le chiffre supérieur est moindre que le chiffre inférieur, vous emprunterez une unité de chiffre précédent. Dans les nombres de la même espèce, cette unité vaut 10. Si vous l'empruntiez d'un nombre de différente espèce, par exemple, des sous pour la transporter aux deniers, elle vaudroit 12 ; des livres pour la transporter aux sous, elle vaudroit 20 ; des toises pour la transporter aux pieds, elle vaudroit 6, etc.

3°. L'on n'emprunte jamais rien d'un zero ; l'on fait cet emprunt sur le premier chiffre positif qui le précède, et ensuite ce zero vaut 9.

Le Disciple. Je sais que c'est ainsi qu'on se comporte. Je vous avoue cependant que je ne comprends pas bien pourquoi, depuis l'emprunt fait sur le chiffre positif qui précède le zero, ce zero vaut 9.

Le Maître. Je vous le ferai comprendre très-facilement, lorsque vous aurez fait une règle de soustraction.

Le Disciple. Proposez-m'en une qui ne contienne que des nombres simples.

Le Maître. L'on vous doit 5033 livres; l'on vous paye à compte 1369 livres ; que reste-t-il, pour que votre dette soit entièrement payée ?

Le Disciple. J'arrange mes chiffres en la manière suivante.

Exemple de la soustraction des nombres simples.

> *Somme due.* . . . . . . 5033 liv.
> *Payé à compte.* . . . . 1369 liv.
>
> *Restant.* . . . . . . 3664 liv.

Il me reste dû 3664 livres. Vous pouvez examiner cette opération ; je la crois exacte.

Le Maître. Je le crois aussi ; examinons-la cependant. Pour soustraire 1369 de 5033 , vous avez dit 1°. qui de 3 paye 9 , ne peut ; vous avez emprunté une unité du chiffre 3 , laquelle vaut 10. Cette unité ajoutée au chiffre 3 fait 13 ; vous avez ôté 9 de 13 , et vous avez mis 4 dans le *restant.* 2°. A cause de l'emprunt fait, vous avez dit, qui de 2 paye 6 , ne peut ; vous avez emprunté une unité, non du zero qui vaudra ensuite 9 , mais du 5 qui le précède ; cette unité ajoutée au chiffre 2 fait 12 ; vous avez ôté 6 de 12 , et vous avez mis 6 dans le *restant.* 3°. Vous avez ôté 3 de 9 , et vous avez mis 6 dans le *restant.* 4°. Vous avez ôté 1 de 4 ; vous avez mis 3 dans le *restant*, et vous avez conclu qu'on vous devoit encore 3664 liv. Votre opération est exacte. Si l'on vous en demandoit la preuve , comment la feriez-vous ?

Le Disciple. Le plus facilement du monde. Puisque toutes les parties prises ensemble , sont nécessairement égales au tout , j'additionnerois les nombres 1369 et 3664 ; et comme j'aurois pour somme le nombre 5033 , je conclurois que mon opération est exacte. Il s'agit maintenant de m'expliquer pourquoi , dans l'exemple précédent , depuis l'emprunt fait sur le 5 , le 0 qui le suit vaut 9.

Le Maître. Vous le comprendrez bientôt. Dites-moi, que vaut réellement l'unité que vous avez empruntée de 5.

Le Disciple. Elle vaut réellement 1000.

Le Maître. Où avez-vous transporté cette unité?

Le Disciple. Je l'ai transportée aux dizaines, et j'ai eu par là dix dizaines de plus.

Le Maître. Que valent 10 dizaines?

Le Disciple. Elles valent 100.

Le Maître. Vous avez emprunté 1000, et vous n'avez employé que 100; il faut donc placer quelque part les 900 qui n'ont pas été employés; sans cela, votre opération ne seroit pas exacte.

Le Disciple. Je vous comprends. Le 0 qui suit 5 dans l'exemple précédent, valant 9 depuis l'emprunt, et se trouvant dans la colonne des centaines, vaudra par là même 900; et par ce moyen rien n'est perdu dans l'emprunt fait sur 5. L'on a bien raison de dire que l'arithmétique est une véritable science. Malheur à ceux qui ne l'apprennent que par routine. Faisons encore quelques règles de soustraction, et opérons sur des nombres complexes. Commençons par des nombres qui contiennent des livres, des sous et des deniers.

Le Maître. Proposez-vous quelque règle à vous-même; j'en ferai l'examen, dès que vous aurez opéré.

Le Disciple. Je vous obéis.

Premier Exemple de la soustraction des nombres complexes.

Somme due.	302 l.	6 s.	5 d.
Payé à compte.	189.	9.	9.
Restant.	112.	16.	8.
Preuve.	302.	6.	5.

Le Maître. Il n'est pas nécessaire d'examiner votre opération; vous en avez fait la preuve. Parlez vous-même, si vous le voulez.

Le Disciple. Ne pouvant pas soustraire 9 de 5, j'ai emprunté aux sous une unité qui vaut 12. J'ai ôté 9 de 17, et j'ai mis 8 dans le *restant.*

Par la même raison, j'ai emprunté aux livres une unité qui vaut 20. J'ai ôté 9 de 25, et j'ai mis 16 dans le *restant.*

Quant aux livres, j'ai opéré comme dans l'exemple précédent.

Enfin, j'ai additionné l'*à-compte* et le *restant*; et comme mon addition m'a donné la *somme due*, j'ai conclu que mon opération est exacte.

Le Maître. Comme nous ne devons plus parler de soustraction dans les leçons suivantes, je vous conseille d'opérer sur presque tous les nombres complexes que vous avez additionnés.

Le Disciple Je le ferai volontiers. Je vais opérer sur les toises, pieds, pouces, lignes et points. Je sais combien de fois les espèces inférieures sont contenues dans les espèces supérieures. Je nomme A le plus grand des nombres, B le nombre qui est ôté du plus grand, R le restant.

Second exemple de la soustraction des nombres complexes.

Toises.	Pieds.	Pouces.	Lignes.	Points.
A 15	4	9	8	3
B 12	5	9	9	4
R 2	4	11	10	11
Preuve. 15	4	9	8	3

Voulez-vous que je vous explique ma manière d'opérer ?

Le Maître. Cela n'est pas nécessaire. Je vois bien que tous les emprunts que vous avez faits depuis les *points* jusqu'aux *pieds* inclusivement , ont valu 12, et que l'emprunt que vous avez fait sur les *toises* n'a valu que 6.

Le Disciple. Cela est évident. Une toise ne vaut que 6 pieds ; mais un pied vaut 12 pouces , un pouce 12 lignes , une ligne 12 points.

Le Maître. Nous passerons au plutôt à la multiplication. Les trois points de Physique que je dois traiter dans la leçon suivante , très-agréables en eux-mêmes , seront bientôt discutés.

Le Disciple. Je voudrois faire une règle de soustraction sur les degrés , les minutes et les secondes géométriques. Vous m'avez averti , à la fin de la dernière leçon , qu'en astronomie j'opérerois souvent sur ces différentes valeurs.

Le Maître. J'y consens très-volontiers. Proposez-vous une règle et faites-là ; je l'examinerai.

Le Disciple. Je me propose la règle suivante.

Exemple de la soustraction des degrés , minutes
et secondes géométriques.

Degrés.	Minutes.	Secondes.
46	8	6
29	9	8
Restant. 16	58	58
Preuve. 46	8	6

Je crois mon opération exacte; examinez-la
cependant.

Le Maître. Cela n'est pas nécessaire; je le ferai,
puisque vous le voulez. Voici comment vous
avez raisonné, en commençant par la colonne des
secondes.

Qui de 6 paye 8 , ne peut ; vous avez emprunté des *minutes* une unité, cette unité a valu
60; vous avez ôté 8 de 66 , il vous a resté 58,
que vous avez mis dans la colonne des *secondes*.

Vous en êtes venu aux *minutes*, qui depuis
l'emprunt sont au nombre de 7. Vous avez dit :
qui de 7 paye 9, ne peut ; vous avez emprunté
des *degrés* une unité qui a valu 60; vous avez
ôté 9 de 67, il vous a resté 58, que vous avez
mis dans la colonne des *minutes*.

Enfin, vous en êtes venu aux *degrés* sur lesquels
vous aviez fait un emprunt. Vous avez dit : qui
de 5 paye 9, ne peut ; vous avez emprunté sur
les dizaines une unité qui a valu 10; vous avez
ôté 9 de 15, vous avez mis 6 dans le *restant*.
Vous avez enfin ôté 2 de 3 ; vous avez mis 1 dans
le *restant*, qui a été composé de 16 *degrés* 58
minutes 58 secondes. Nous passerons à la multiplication dans la leçon suivante.

XI. Leçon.

XI. LEÇON.

Sur la Grêle, la Rosée et le Serein.

LE *Maître.* Lorsque je vous aurai appris comment se forment la *grêle*, la *rosée* et le *serein*, vous n'aurez plus rien à désirer sur les météores aqueux. Cette leçon et les quatre qui la précèdent, peuvent être regardées comme un traité complet sur cette espèce de météores, surtout si vous y joignez les deux leçons sur le baromètre.

Le Disciple. Comment pourrois-je les en séparer? Le baromètre est un instrument météorologique. Il me tarde de savoir comment se forme la grêle.

Le Maître. Vous le saurez bientôt; il n'y a pas deux sentimens sur cette matière parmi les Physiciens météorologistes; ils pensent tous que la grêle est une pluie dont les gouttes, réunies ensemble en plus grande ou en moindre quantité, ont été gelées, avant que d'arriver sur la surface de la terre.

Le Disciple. Comment et par quel mécanisme se fait cette congélation? La chose me paroît bien difficile à expliquer.

Le Maître. Pas tant que vous vous l'imaginez. N'avez-vous jamais remarqué que, dans un temps calme, aux environs de la terre, les nuages sont portés tantôt du midi au nord, tantôt du nord au midi, etc. Que concluez-vous de cette observation?

Tome I. L

Le Disciple. J'en conclus qu'à une certaine distance de la terre, il règne quelque vent dont l'action ne s'étend pas jusqu'à nous.

Le Maître. N'avez-vous pas encore remarqué quelquefois que, dans un temps de bize, les nuages sont portés du midi au nord. Que concluez-vous de cette observation ?

Le Disciple. J'en conclus que tandis que le vent du nord règne aux environs de la terre, il règne un vent du midi dans une certaine région de l'atmosphère.

Le Maître. N'avez-vous enfin jamais remarqué que quelquefois les nuages inférieurs sont portés du nord au midi, et les nuages supérieurs du midi au nord. Que concluez-vous de cette observation ?

Le Disciple. J'en conclus que le vent du midi règne dans la partie supérieure de l'atmosphère, et le vent du nord dans la partie inférieure.

Le Maître. Puisque le vent du midi est chaud, et le vent du nord froid, il peut donc y avoir différentes températures dans les différentes régions de l'atmosphère.

Le Disciple. Je vous entends ; je vais expliquer le changement de la pluie en grêle. Je suppose qu'un nuage, éloigné de la terre d'une lieue, se fonde en pluie, et qu'il passe par une région de l'atmosphère où il règne un vent du nord, les gouttes de pluie saisies par un froid violent, se geleront, et il tombera sur la terre une grêle épouvantable. Vous avez eu raison d'assurer que la grêle est une pluie, dont les gouttes réunies ensemble, en plus grande ou en moindre quantité, ont été gelées, avant que d'arriver sur la surface de la terre. Mais pourquoi la grêle ne tombe-t-elle , pour l'ordinaire , que pendant l'été ?

Le Maître. Vous ne le voyez pas ; j'en suis étonné. Je vous laisse à vos réflexions ; je reviens dans un quart d'heure ; bien sûrement vous aurez trouvé la réponse à votre demande.

Le Disciple. Le temps est bien court ; il faut cependant que je la trouve : rappellons-nous ce qui m'a été dit sur la pluie dans la leçon précédente ; ces deux météores sont trop liés l'un avec l'autre , pour qu'il soit permis de les séparer...... J'y suis ; mon Maître peut revenir quand il voudra , je suis prêt à lui répondre.

Le Maître. Eh bien ! savez-vous pourquoi la grêle ne tombe pour l'ordinaire que pendant l'été ?

Le Disciple. Vous êtiez à peine sur le seuil de la porte, que j'ai trouvé l'explication de ce phénomène. Les nuages qui donnent la pluie pendant l'été, sont très-élevés ; il est donc très-facile que les gouttes dont cette pluie est formée, passent, avant que d'arriver sur la terre , par quelque région de l'atmosphère où il règne quelque vent du nord ; les voilà dès-lors nécessairement transformées en grêle. La chose n'est guère possible en hiver ; les nuages qui donnent la pluie , dans cette saison , ne sont jamais éloignés de la terre de demi lieue ; comment la pluie pourroit-elle passer par des régions dont la température fût différente ?

Le Maître. Par la même raison , ce seroit un phénomène si la grêle tomboit pendant la nuit ; les différentes régions de l'atmosphère ont, depuis le coucher jusqu'au lever du soleil , à-peu-près la même température.

Le Disciple. Vous m'expliquerez, sans doute, maintenant pourquoi la grêle est tantôt plus et tantôt moins grosse.

Le Maître. Vous l'expliquerez vous-même très-facilement, j'en suis assuré; je n'ai qu'à vous remettre sous les yeux ma réponse à une question que vous me fîtes dans la leçon précédente. Vous qui n'oubliez presque rien, je m'étonne que vous ne l'ayez pas présente à l'esprit. Que vous répondis-je, lorsque vous me demandâtes pourquoi les gouttes de pluie sont plus grosses pendant l'été, que pendant l'hiver?

Le Disciple. La pluie venant de plus haut, *me répondites-vous*, pendant l'été, que pendant l'hiver, les particules dont elle est composée, ont le temps de se réunir, et de former de plus grosses gouttes.

Le Maître. Appliquez cette réponse à la demande que vous venez de me faire.

Le Disciple. Vous avez raison. Plus la grêle est grosse, plus la région de l'atmosphère où elle a commencé à se former, doit être éloignée de la surface de la terre.

Le Maître. Ne vous ai-je pas dit que ce seroit vous qui expliqueriez ce phénomène, et que vous l'expliqueriez très-facilement?

Le Disciple. J'ai encore une demande à vous faire sur la grêle; ce sera la dernière. Je vais faire une supposition. Je ne sais si elle est idéale, ou si elle peut se vérifier. Dans le premier cas, je l'abandonne volontiers; dans le second, je serai charmé de savoir quel sera l'effet qui s'ensuivra.

Le Maître. Quelle est cette supposition?

Le Disciple. Je suppose que la grêle, après s'être formée dans une région très-froide, passe par une région très-chaude, avant que de tomber sur la terre, qu'arrivera-t-il ?

Le Maître. Votre supposition n'est pas idéale ; la chose arrive très-souvent. Si la région dont vous me parlez, est assez chaude pour fondre entièrement toute la grêle, vous aurez une pluie très-froide. Si elle n'est fondue qu'en partie ; vous aurez une pluie mêlée de grêle qui causera très-peu de dommage.

Le Disciple. Ne doit-on pas regarder le *verglas* comme une grêle presque entièrement fondue.

Le Maître. Point du tout. On n'a jamais de la grêle en hiver, et ce n'est que dans un temps froid qu'on a du verglas. C'est une petite pluie qui se gèle à mesure qu'elle tombe sur la terre. La bruine en hiver se change pour l'ordinaire en *verglas.*

Le Disciple. Je sais que la rosée est une vapeur très-subtile qui, sur-tout au mois de mai, avant le lever du soleil, va se rassembler en forme de goutte sur les herbes et sur les plantes. Comment se forme ce météore aqueux ?

Le Maître. La chaleur bénigne, qui, sur-tout au printemps , règne dans l'atmosphère quelque temps avant le lever du soleil , est l'unique cause de la rosée abondante que nous avons dans cette saison. Cette chaleur a très-peu de force ; elle ne peut pas élever bien haut la vapeur subtile dont vous venez de me parler : cette vapeur doit donc s'arrêter sur les herbes et sur les plantes , et s'y rassembler en forme de goutte.

Le Disciple. L'on a donc tort de dire que la

rosée tombe ; il faudroit dire qu'elle monte ;
et l'on ne m'entendroit pas, si je parlois de la
sorte.

Le Maître. Il ne faut dire ni l'un ni l'autre.
Il y a eu de la rosée ce matin ; voilà comment il faut parler dans l'usage ordinaire de la
vie.

Le Disciple. Mais est-il bien sûr que la rosée
monte, au lieu de tomber ?

Le Maître. L'expérience a mis fin à toute con-
testation sur cette matière. Exposez à la rosée
un plat d'argent, vous en trouverez la partie
concave sèche et la partie convexe mouillée ;
donc la rosée monte, au lieu de tomber. Si
Descartes eût connu cette expérience, il n'auroit
pas dit, dans son traité des météores, que la
rosée a pour cause la chûte d'un brouillard composé de gouttes d'eau.

Le Disciple. A qui devons-nous cette belle
expérience ?

Le Maître. Nous la devons, comme tant d'autres, au hasard. Elle a été trop souvent répétée,
pour ne pas former une démonstration physique
en faveur de l'explication que je viens de vous
donner.

Le Disciple. L'on prend tant de précautions
contre le serein ; il me tarde d'être aussi au fait
de ce météore, que je le suis de la grêle et de la
rosée.

Le Maître. L'on appelle *serein* des particules
terrestres, nitreuses, salines, etc., d'une figure
toujours très-irrégulière, qui, après avoir été
élevées par l'action du soleil, sont condensées
par le froid, quelque temps après le coucher
de cet astre. Devenues plus pesantes que le

volume d'air auquel elles correspondent , elles retombent nécessairement sur la terre.

Le Disciple. Je comprend d'abord que, pendant l'été, le *serein* ne doit tomber que fort tard , et que plus grande a été la chaleur pendant le jour , plus tard le *serein* doit tomber. Le soleil a dans ce temps-là assez de force , pour élever fort haut les particules terrestres, nitreuses, salines qu'il a séparées de la terre , en les divisant et en les subtilisant. Je comprends encore que le *serein* doit naturellement causer bien des maladies à ceux qui ont l'imprudence de s'y exposer. On m'a assuré que la maladie affreuse, connue sous le nom de *goutte sereine* , n'avoit pas d'autre cause.

Le Maître. Que le *serein* puisse causer des maux de dents , des fluxions, des douleurs , quelque ophtalmie ou mal aux yeux , je n'en suis pas étonné. Mais qu'il puisse causer la *goutte sereine* ; voilà ce qui me paroît bien difficile , pour ne pas dire impossible. Cette cruelle maladie n'a aucun rapport ni avec la *goutte* , ni avec le *serein*. Aussi n'ai-je jamais compris pourquoi on la nomme *goutte sereine*.

Le Disciple. Donnez-moi une idée de cette maladie, afin que dans l'occasion je puisse prouver que le *serein* n'en sauroit être la cause.

Le Maître. La goutte sereine se divise en parfaite et imparfaite. La première produit un aveuglement total ; la seconde laisse un crépuscule de vue. L'une et l'autre proviennent de la paralysie des nerfs visuels connus sous le nom de *nerfs optiques*. Toutes les fibres nerveuses dont ils sont composés , en sont-elles attaquées ? La goutte sereine est parfaite, l'aveuglement est total. N'y a-t-il qu'une certaine quantité de ces fibres dans l'état de paralysie ? Le malade voit les objets plus ou moins parfaitement, suivant le nombre de fibres obstruées ; car , *dit M. de St. Yves* , la goutte sereine a pour cause une apoplexie très-légère , dont l'humeur, au lieu de se jeter sur les nerfs des autres parties du corps , se porte seulement sur les nerfs visuels qu'elle obstrue et rend par là même paralytiques.

Le Disciple. Je vous ai suivi très-facilement dans la description que vous m'avez faite de la goutte sereine. Il n'est qu'un terme dont je ne comprends pas toute la signification.

Le Maître. Quel est ce terme ?

Le Disciple. C'est le terme *obstruer.*

Le Maître. Obstruer et boucher signifient la même chose. Au milieu de chaque nerf se trouve un canal très-étroit. Un humeur quelconque s'introduit-elle dans ce canal ? Elle le bouche , elle l'obstrue.

Le Disciple. Vous avez raison ; la goutte sereine n'a aucun rapport ni avec la goutte, ni avec le serein. N'y a-t-il aucun remède capable de guérir cette maladie ?

Le Maître. Vous serez donc toujours le même. Dans chaque leçon vous me ferez des questions qui n'auront aucun rapport avec le sujet que nous traitons.

Le Disciple. Je le sens. Cependant la demande est faite ; ayez la complaisance d'y répondre , ne fût-ce qu'en deux mots.

Le Maître. Je le ferai , parce que ma réponse doit servir au triomphe de la Physique sur la médecine. L'Auteur du Dictionnaire de santé, à l'article *Yeux* , déclare que la goutte sereine est un mal incurable. Non seulement il ne prescrit aucun remède pour cette maladie; il assure même qu'il est dangereux d'en faire, dans la crainte d'irriter le mal et d'attirer des accidens plus grands sur la partie affligée.

Les Physiciens ont appelé de cet arrêt, et par le moyen de l'électricité, ils se sont rendus maîtres de cette maladie. Les cures qu'ils ont faites entreront nécessairement dans mes leçons sur *l'électricité médicale.*

Le Disciple. Le serein est-il par-tout aussi dangereux qu'il l'est dans ce pays-ci?

Le Maître. Dans tous les pays du monde, le moins mauvais ne vaut pas grand chose. Il faut avouer cependant que dans les pays où les brouillards sont salutaires, tels que sont les brouillards de la Saône, le serein ne peut pas être bien dangereux; il n'est presque composé que de parties aqueuses.

Le Disciple. Nous passerons donc maintenant à la multiplication. Je vous préviens que je ne suis pas aussi au fait de cette règle, que des deux précédentes : j'aurois de la peine à multiplier un nombre simple par un nombre simple.

Le Maître. Avant de vous parler de multiplication, je veux vous faire faire demain une observation qui vous préparera à ce que j'ai à vous dire dans mes différentes leçons sur les *vents.* Rendez-vous chez moi demain matin avant six heures.

Le Disciple. Pourquoi demain et pourquoi si matin?

Le Maître. C'est demain le 21 du mois de mars, jour de l'équinoxe du printemps, jour par conséquent où le soleil se lève à 6 heures du matin, pour se coucher à 6 heures du soir.

Le Disciple. Bien sûrement je me rendrai chez

vous un peu après 5 heures. Je serois bien fâché que le temps fût à la pluie.

Le Maître. Ne craignez rien ; c'est le vent du nord qui règne et qui vraisemblablement régnera encore pendant quelques jours. En tout cas le mal ne seroit pas sans remède. On peut faire cette observation quelques jours après, comme quelques jours avant le 21 du mois de mars. Retirez-vous chez vous maintenant. Je vous rendrai demain avec usure le temps que je ne puis pas vous donner aujourd'hui.

Le Disciple. Le temps est très-beau ; nous ferons bien sûrement notre observation. Vous n'avez fait aucun préparatif. Je croyois que vous auriez braqué votre télescope, ou quelqu'une de vos lunettes.

Le Maître. Cela n'est pas nécessaire. Tournez-vous du côté du levant ; le soleil va paroître. Examinez à quel point de l'horizon il se lève.

Le Disciple. Le soleil paroît ; je sais à quel point de l'horizon il s'est levé.

Le Maître. Vous examinerez ce soir à quel point de l'horizon il se couchera ; et ces deux points resteront gravés dans votre mémoire. Le premier se nomme le *vrai orient*, et le second le *vrai occident*. Reprenons l'arithmétique.

Le Disciple. Qu'est-ce que la multiplication ?

Le Maître. La multiplication est une opération par laquelle un nombre est ajouté à lui-même, autant de fois qu'il y a d'unités dans un autre. Multiplier, par exemple, 12 par 4, c'est dans le fond additionner 4 fois 12. En effet, multipliez 12 par 4, vous aurez 48. Placez le nombre 12 quatre fois l'un sous l'autre, et faites-en l'addition, vous aurez 48 pour somme totale ;

donc la multiplication est une opération par laquelle un nombre est ajouté à lui-même, autant de fois qu'il y a d'unités dans un autre ; elle n'est dans le fond qu'une addition abrégée. Le nombre ajouté à lui-même se nomme *multiplicande* ; le nombre qui détermine combien de fois le *multiplicande* doit être ajouté à lui-même, se nomme *multiplicateur* ; et le nombre qui vient de cette opération, se nomme *produit.*

Le Disciple. Je vous comprends. Dans l'exemple que vous m'avez apporté, 12 est le *multiplicande*, 4 le *multiplicateur*, et 48 le *produit.* Quelles sont les règles de la multiplication ?

Le Maître. Je suppose que vous savez par cœur ce qu'on appelle en arithmétique le *livret*, c'est-à-dire, le produit des neuf premiers chiffres.

Le Disciple. Qui en doute ; je vais le réciter. Je commence par 5 ; les autres sont trop aisés, pour être ignorés, même des premiers commençans.

5 fois 5 produit 25.	6 fois 6 produit 36.
5 fois 6 30.	6 fois 7 42.
5 fois 7 35.	6 fois 8 48.
5 fois 8 40.	6 fois 9 54.
5 fois 9 45.	

7 fois 7 produit 49.
7 fois 8   56.
7 fois 9   63.

8 fois 8 produit 64.
8 fois 9   72.

9 fois 9 produit 81.

Venons-en maintenant aux règles qu'il faut observer, pour ne pas faire de fausses multiplications. Je sais qu'il faut écrire le *multiplicateur* sous le *multiplicande*, de manière que les unités répondent aux unités, les dizaines aux dizaines, les centaines aux centaines, etc.

Le Maître. 1°. Commencez votre opération du côté droit, et que le premier nombre du *multiplicateur* de ce côté là multiplie successivement tous les nombres du *multiplicande*.

2°. Lorsqu'un produit particulier surpassera 10, retenez, comme dans l'addition, les dizaines, pour les ajouter au *produit* du chiffre voisin à gauche.

3°. Dès que cette première opération est faite, venez au second nombre du *multiplicateur* qui doit encore multiplier tous les chiffres du *multiplicande*, en allant toujours suivant la coutume de droite à gauche, et ainsi du troisième, quatrième, cinquième nombre, etc., si le multiplicateur a beaucoup de chiffres.

4°. Dans chaque opération de la multiplication, le premier produit s'écrit sous le nombre qui multiplie actuellement ; les autres produits s'écrivent sur la même ligne, en allant toujours de droite à gauche.

5°. Zero multiplicateur ou multiplicande, ne produit jamais que des zero.

6°. Additionnez tous les nombres produits par les différentes multiplications, et le total est la somme que vous cherchez. Telles sont les règles de la multiplication. Voulez-vous faire quelque opération en ce genre ?

Le Disciple. Je ne suis pas encore en état, quoique je vous aie parfaitement bien compris. Je

vous verrai opérer une fois ; je vous suivrai attentivement, et je tenterai ensuite d'opérer moi-
même. Je vous ai déjà prévenu que je n'étois
pas au fait de cette règle.

Le Maître. Je le veux bien, je vais multiplier
609 par 42.

**Premier exemple de la multiplication des nombres
simples.**

Multiplicande A	609
Multiplicateur B	42
	1218
	2436
Produit P	25578

Pour multiplier le nombre A par le nombre
B, voici comment j'ai opéré. J'ai d'abord dit :
2 multipliant 9 donne 18 ; j'ai mis 8 sous 2, premier chiffre du multiplicateur, et j'ai transporté
1 aux dizaines. J'ai dit ensuite : 2 multipliant o
ne donne que o ; j'ai mis donc l'unité retenue en
droite ligne à la gauche de 8. J'ai dit enfin : 2 multipliant 6 donne 12 ; j'ai mis ce 12 toujours sur
la même ligne, en l'avançant d'un pas, et voilà
la première opération faite.

J'ai passé au second chiffre 4 du multiplicateur
B, en disant : 4 multipliant 9 donne 36 ; j'ai mis
6 sous la colonne des dizaines, et j'ai retenu 3
pour les centaines. J'ai dit ensuite : 4 multipliant
o, donne o ; j'ai donc mis à la gauche de 6 le chiffre 3 que j'avois retenu. J'ai dit enfin : 4 multi-

pliant 6 donne 24, que j'ai avancé sur la même ligne.

Cette seconde opération faite, j'ai additionné les deux produits partiels, et leur somme m'a donné le produit total P que je cherchois.

Le Disciple. Comment pourriez-vous prouver que 42 multipliant 609, donne pour produit 25578.

Le Maître. Ce n'est que par la *division* qu'on peut prouver la bonté de la *multiplication*. Lorsque vous saurez cette quatrième règle, vous diviserez le *produit* 25578 par le *multiplicateur* 42, et comme l'opération est exacte, vous aurez pour *quotient* le *multiplicande* 609.

Vous pourrez encore diviser le *produit* 25578 par le *multiplicande* 609, et vous aurez pour *quotient* le *multiplicateur* 42.

Le Disciple. Il me paroît que si vous me proposiez deux nombres simples à multiplier, je pourrois en venir à bout.

Le Maître. Essayez, je commencerai par la plus facile de toutes les multiplications, celle où le *multiplicateur* n'a qu'un chiffre. Multipliez 709 par 9.

Le Disciple. Je crois pouvoir m'en tirer.

Second exemple de la multiplication des nombres simples.

Multiplicande A	709
Multiplicateur B	9
Produit P	6381

Pour multiplier le nombre A par le nombre B,

voici comment j'ai raisonné : 9 multipliant 9 donne 81 ; j'ai mis 1 dans la colonne des unités, et j'ai transporté 8 aux dizaines.

J'ai dit ensuite : 9 multipliant 0 ne donne que 0, j'ai donc mis 8 que j'avois retenu, en droite ligne dans la colonne des dizaines.

J'ai dit enfin : 9 multipliant 7 donne 63 que j'ai mis sur la même ligne, en l'avançant d'un pas, et j'ai eu pour produit 6381. Je suis assuré que mon opération est exacte. Maman acheta, la semaine dernière, 709 canne d'étoffe à 9 livres la canne ; elles lui coûtèrent 6381 livres. Vous pouvez me proposer une règle de multiplication un peu plus difficile.

Le Maître. Multipliez 909 par 99.
Le Disciple. J'espère en venir à bout.

Troisième exemple de la multiplication des nombres simples.

Multiplicande A	909
Multiplicateur B	99
	8181
	8181
Produit P	89991

Pour multiplier le nombre A par le nombre B, j'ai raisonné comme dans l'exemple précédent. J'ai donc dit : 9 multipliant 9 donne 81 ; j'ai mis 1 dans la colonne des unités, et j'ai transporté 8 aux dizaines, parce que 9 multipliant le 0 qui se trouve dans les dizaines, ne m'a donné que o. J'ai dit ensuite : 9 multipliant 9 donne 81 , que j'ai mis sur la même ligne en l'avançant d'un pas , et ma première opération a été faite.

La seconde opération n'a pas été plus difficile à faire que la première ; c'est encore 9 qui multiplie 909. Mais comme ce chiffre est au rang des dizaines , je n'ai pas mis le premier produit 81 sous les unités et les dizaines , mais sous les dizaines et les centaines. Par la même raison le second produit m'a donné *mille* et *dizaines de mille*. Je ne sais si je m'explique de manière à me faire comprendre.

Le Maître. On ne peut pas expliquer les choses plus clairement ; continuez.

Le Disciple. J'ai additionné les deux produits partiels ainsi arrangés , et j'ai eu pour produit total 89991.

Le Maître. Votre opération est exacte. Nous ferons la preuve des différentes multiplications que vous aurez faites , lorsque vous saurez la *division.* Je vous ferai diviser le *produit total*, tantôt par le *multiplicateur* et tantôt par le *multiplicande.* Dans le premier cas vous aurez pour *quotient* le *multiplicande*, et dans le second cas vous aurez le *multiplicateur.*

XII Leçon.

XII. LEÇON.

Sur les notions préliminaires à la théorie des vents.

LE Maître. Un vent quelconque n'est autre chose qu'une agitation dans l'air, plus ou moins violente, suivant que le vent est plus ou moins fort. Ce n'est que depuis Descartes qu'on parle des *météores aériens* d'une manière raisonnable. Le quatrième discours de son traité des *Météores* est une dissertation dans les formes sur les causes physiques de vents. L'on eut raison de la regarder comme excellente, lorsqu'elle parut. L'on n'avoit rien encore donné d'aussi bon; la Physique étoit, pour ainsi dire, au berceau.

Le Disciple. Faites-moi l'abrégé de cette dissertation. J'entends toujours parler de Descartes avec un nouveau plaisir; il me plaît jusques dans ses écarts.

Le Maître. Je le ferai volontiers; ce sera là comme l'exorde de ce que j'ai à vous dire dans mes différentes leçons sur les *météores aériens.*

Le Disciple. Vous allez donc bien plus loin que Descartes.

Le Maître. Qui en doute? Nous le regarderons toujours cependant comme notre maître en cette matière, comme en tant d'autres. Ce génie créateur nous a ouvert le chemin qui conduit à la saine Physique. *Facile est inventis addere.*

Le Disciple. Que j'aime à vous entendre parler ainsi! Venons-en à l'abrégé que je vous ai prié de me faire.

Tome I.

M

Le Maître. Descartes, après avoir averti que le vent n'est qu'une agitation sensible de l'air, et après avoir fait remarquer que nous appellons *air* tout corps invisible et impalpable, assigne pour la cause générale des vents le mouvement des vapeurs qui, en se dilatant, passent d'un lieu plus étroit dans un lieu plus large où elles ont la commodité de s'étendre. Voyez, *dit-il*, un éolipyle qu'on place sur le feu, lorsqu'il est à demi rempli d'eau; l'eau échauffée et dilatée est forcée de sortir en vapeur par le petit tuyau qui forme la queue de cette espèce de poire creuse; et cette vapeur en sortant excite un vent très-sensible. Il en arrive à peu près de même sur la mer et sur la terre. L'action du soleil dilate plus en certains endroits qu'en certains autres, les vapeurs que contient l'atmosphère terrestre, et ces vapeurs dilatées présentent en grand ce que l'eau raréfiée donne en petit.

Descartes entre ensuite dans le détail le plus intéressant. Si nous avons, *dit-il*, le matin un vent d'orient, et le soir un vent d'occident, c'est que le soleil se trouve le matin dans la partie orientale et le soir dans la partie occidentale de la sphère, et qu'il dilate dans l'une et dans l'autre partie une certaine quantité d'air et de vapeurs.

Si le vent du nord est froid dans ce pays-ci, c'est qu'il emmène avec lui bien des vapeurs glacées qui se trouvent du côté du pole boréal. Par une raison contraire le vent du midi doit être chaud; il ne vient à nous, qu'après avoir traversé la Zone Torride.

Si certains vents sont humides et d'autres secs, c'est que ceux-ci rasent des plaines considérables, et ceux-là des mers immenses.

Si le long des côtes de la mer, les vents chan‑
gent avec le flux et le reflux, c'est que l'air qui
touche la surface des eaux, suit, en quelque façon,
leur cours.

Enfin, s'il est presqu'impossible de rendre raison
de tel et tel vent particulier qui règne en tel et tel
pays, c'est que les vapeurs et les exhalaisons s'é‑
lèvent fort inégalement des diverses contrées de
la terre. En effet, les montagnes ne sont pas
échauffées par le soleil comme les plaines ; les
forêts le sont différemment des prairies ; les champs
cultivés différemment des terres incultes, etc.

Tout cela, je le répète, est bien raisonnable ;
mais tout cela ne donne qu'une idée bien vague
des vents. J'espère qu'il n'en sera pas ainsi des
différentes leçons que j'ai à vous faire sur cette
matière. Je veux qu'après les avoir méditées,
vous soyez aussi au fait des *météores aériens ,*
que vous l'êtes maintenant des *météores aqueux.*

Il y a cependant, dans le discours de Descar‑
tes sur les causes des vents, une chose que je
ne saurois me dispenser de reprendre. Ce Philo‑
sophe prétend que la lumière de la lune concourt
en partie à la dilatation des vapeurs. Les savants
ne sont pas infaillibles ; et c'est bien à cette occa‑
sion que je pourrois dire de Descartes ce que l'on
disoit autrefois du plus grand poëte de l'anti‑
quité qui, de temps en temps, versifioit avec un
peu trop de négligence, *quandòque bonus dor‑
mitat Homerus.* L'expérience nous apprend que
la lumière de la lune, rassemblée au foyer du
meilleur miroir concave qui ait jamais paru, ne
donne pas le moindre degré de chaleur, puis‑
qu'elle ne fait monter d'aucune quantité sensi‑
ble le mercure renfermé dans le thermomètre.

Le Disciple. Je comprends qu'après avoir lu le discours de Descartes sur les vents, l'on ne doit avoir qu'une idée bien vague et bien générale de ce météore ; je l'éprouve moi-même. Aussi serois-je tenté de vous faire bien des questions.

Le Maître. Je vous entends. Vous allez apparemment me demander ce que c'est qu'un miroir concave, ce que c'est qu'un thermomètre ; vous allez me faire cinquante questions étrangères au sujet que nous traitons.

Le Disciple. Vous avez deviné. Je voudrois bien cependant que vous me donnassiez une idée telle quelle du miroir concave et du thermomètre.

Le Maître. Pour le présent, il vous suffit de savoir que le miroir concave rassemble encore mieux les rayons de lumière à son foyer, que le meilleur de tous les verres caustiques. Vous comprenez que dans mes leçons sur la *catoptrique*, je vous parlerai fort au long de cet instrument de Physique.

Pour le thermomètre, vous l'avez sous les yeux ; vous voyez qu'il nous indique aussi infailliblement le changement qui se fait dans la chaleur et dans le froid, que le baromètre nous annonce le beau et le mauvais temps. Vous comprenez bien que dans la suite cet instrument météorologique sera le sujet d'une de nos leçons.

Le Disciple. Vous me direz du moins ce que c'est que l'éolipile ? Je ne crois pas vous faire une demande étrangère au sujet que nous traitons.

Le Maître. Cela est juste ; il faut vous en tenir

à cette question. L'éolipile est une machine de cuivre faite en forme de boule, ou, pour mieux dire, en forme de poire creuse, terminée par un tuyau fort étroit qui lui tient lieu de queue.

Le Disciple. Pour faire l'expérience dont parle Descartes, il faut que cette machine soit à demi remplie d'eau. Si le tuyau est aussi étroit que vous le dites, comment peut-on y faire entrer de l'eau ?

Le Maître. On place l'éolipile sur des charbons ardens, et on l'en retire avant qu'il soit rouge. L'on met ensuite l'extrémité de sa queue dans la liqueur que l'on veut y faire entrer, tandis que quelqu'autre jette de l'eau froide sur le corps de l'éolipile. Par ce moyen on en remplit sans peine au moins les deux tiers de sa capacité.

Le Disciple. J'entrevois le mécanisme de cette opération. Si cependant quelqu'un me demandoit pourquoi, par ce moyen, on remplit sans peine au moins les deux tiers de la capacité de l'éolipile, je vous avoue que je ne ferois que balbutier. J'ai grand besoin de votre secours, pour expliquer ce fait d'une manière bien claire et bien intelligible.

Le Maître. Les corpuscules de feu qui se sont insinués dans le corps de l'éolipile, tout le temps qu'il a resté sur les charbons ardents, ont dilaté l'air intérieur dont le corps de cette poire de métal est rempli ; ils l'ont même chassé en grande partie par le petit tuyau de la queue. Le peu d'air qui y est resté a été condensé et renfermé dans un très-petit espace par l'eau froide que l'on a jettée sur lui.

Le Disciple. J'y suis ; j'entre sans peine dans le mécanisme de cette opération.

M 3

Le Maître. Hé bien ! continuez-en l'explication.

Le Disciple. Très-volontiers. L'intérieur de l'éolipile se trouvant vide ou comme vide d'air, l'eau pressée par l'air extérieur, rencontrant peu d'obstacles dans la capacité de cette machine, a dû entrer presque sans peine par l'extrémité du petit tuyau. C'est ici le même mécanisme que celui du baromètre et celui de la seringue que vous m'avez mis si souvent sous les yeux. Dans l'un, le mercure ne s'élance dans le tube fermé hermétiquement, que parce qu'il est exactement purgé d'air ; dans l'autre, l'eau ne monte dans le corps de la seringue, que parce qu'on a fait le vide en tirant le piston. J'aurois bien une remarque à vous faire ; je n'ose pas vous la communiquer ; je suis trop jeune Physicien pour la mettre au jour.

Le Maître. Que craignez-vous avec moi ? Si votre remarque est bonne, je vous encouragerai ; si elle est mauvaise, je vous redresserai. Parlez.

Le Disciple. Je n'oserois.

Le Maître. Parlez, vous dis-je ; je vous le commande.

Le Disciple. Vous prenez le ton impératif ; il faut bien que j'obéisse. Il me paroît que vous faites bien des cérémonies pour introduire l'eau dans le corps de l'éolipile. J'en ferois un bien plus commode.

Le Maître. Comment vous y prendriez-vous ? J'aime à apercevoir le germe du génie dans les commençans ; il se manifeste même dans les écarts.

Le Disciple. Je composerois de deux pièces

le corps de mon éolipile. Ces deux pièces s'ou-
vriroient et se fermeroient *à vis.* Par ce moyen
j'introduirois dans ma machine toute l'eau qui me
seroit nécessaire.

Le Maître. Venez, mon fils, que je vous em-
brasse. Votre éolipile vaut beaucoup mieux
que celui dont on s'est servi jusqu'à présent.
Dès demain vous irez chez l'ouvrier dont j'ai
coutume de me servir, et vous lui ferez faire
sous vos yeux l'éolipile de votre invention.
Remettons sur le brasier l'éolipile ordinaire, à
demi rempli d'eau. Qu'arrivera-t-il ?

Le Disciple. Dès que l'éolipile sera échauffé,
l'eau qu'il contient se dilatera. Dilatée et changée
en vapeurs, elle sera forcée de sortir avec impétuosité par le petit tuyau, en excitant un vent
très-sensible. Descartes a eu raison d'assigner pour
la cause générale des vents le mouvement des
vapeurs qui, en se dilatant, passent d'un lieu plus
étroit dans un lieu plus large, où elles ont la
commodité de s'étendre.

Le Maître. Si, au lieu de mettre de l'eau dans
votre éolipile, vous y mettez de l'esprit de vin,
vous jouirez d'un spectacle bien plus agréable :
vous présenterez, quelques pouces au-dessus de
la naissance du jet, une bougie allumée ; alors
la liqueur s'enflammera et formera un jet de feu
qui s'élevera quelquefois jusqu'à 25 pieds de
hauteur.

Le Disciple. Voilà donc ce que pense Descartes
sur la cause physique des vents. Vous m'avez assuré, au commencement de cette leçon, que vous
iriez bien plus loin que lui. Qu'ont fait les Physiciens modernes pour perfectionner cette théorie ?

Le Maître Ce sera là le sujet des leçons suivantes sur les *météores aériens*. Il faut, dans celle-ci, acquérir bien des connoissances préliminaires à cette fameuse théorie.

Le Disciple. Quelles sont ces connoissances ?

Le Maître. Il faut d'abord fixer sur l'horizon, ce qu'on appelle en géographie les *quatre points cardinaux*. Vous en connoissez déjà deux par l'expérience que je vous fis faire le 21 du mois de mars dernier. Le point de l'horizon où le soleil se leva ce jour-là, se nomme l'*orient* ou l'*est*, et le point où il se coucha le même jour, s'appelle l'*occident* ou l'*ouest*.

Le Disciple. Je sais que les deux autres points cardinaux sont le *nord* et le *midi*. Comment les fixerai-je sur l'horizon ? Commençons par le *nord*.

Le Maître. Le plus facilement du monde. Placez-vous entre le vrai orient et le vrai occident, de manière que vous ayez le premier à votre droite, et le second à votre gauche ; vous aurez le visage tourné vers le nord.

Le Disciple. Mais à quel point de l'horizon fixerai-je le nord ?

Le Maître. Prenez à l'extrémité de l'horizon un point aussi éloigné du vrai orient que du vrai occident, vous aurez le *nord* ou le *septentrion*, Fixez maintenant vous-même le *midi*.

Le Disciple. Je me place entre le vrai occident et le vrai orient, de manière que le premier soit à ma droite et le second à ma gauche, j'aurai le visage tourné vers le midi. Je prendrai à l'extrémité de l'horizon un point aussi éloigné du vrai occident que du vrai orient, et j'aurai le *midi* ou le *sud* fixé sur l'horizon. Le midi est donc directement opposé au nord, et l'orient directement opposé à l'occident. Ce sont là, sans doute, les quatre points *cardinaux* du monde.

Le Maître. C'est aussi de ces quatre points que tirent leur nom les quatre vents principaux, le vent du nord ou la bise, le vent du midi ou du sud, le vent d'orient ou d'est, le vent d'occident ou d'ouest. Le premier vient du côté du pole boréal, le second du côté du pole méridional, le troisième du côté du vrai orient, et le quatrième du côté du vrai occident.

Le Disciple. Je vois maintenant que ce n'est pas sans raison que vous me fîtes observer, avec tant de soin, le lever et le coucher du soleil, le 21 du mois de mars dernier. Sans cette observation, j'aurois eu beaucoup de peine à me former une idée nette des quatre points cardinaux. Quand pourrai-je la répéter, pour la mieux graver dans ma mémoire ?

Le Maître. Vous pouvez la répéter le 21 du mois de septembre prochain. Ce jour-là le soleil se lève et se couche à la même heure que le 21 du mois de mars. Ce sont les deux jours des équinoxes. Ces termes ne vous sont pas étrangers ; je sais qu'on vous a appris la sphère dans votre jeunesse.

Le Disciple. Je ne la sais que machinalement, et comme un perroquet. Je ne saurois tracer dans le ciel aucun des cercles qu'on m'a montré dans la sphère armillaire. Je n'aurois jamais fixé sur l'horizon les quatre points cardinaux dont je prévois que j'aurai grand besoin dans les leçons suivantes. Je crois qu'on a tort d'apprendre la sphère aux enfans.

Le Maître. Je pense comme vous. Vous en serez encore mieux convaincu, lorsque je vous apprendrai la sphère scientifiquement et par principes. Reprenons nos quatre points cardinaux ; j'en ai encore besoin pour déterminer la position des quatre vents collatéraux. Placez-vous encore entre le vrai orient et le vrai occident, de manière que vous ayez celui-là à votre droite, et celui-ci à votre gauche.

Le Disciple. Me voilà à mon poste. Je vois les trois points cardinaux que j'ai fixé à l'extrémité de l'horison, l'orient, le nord et le couchant.

Le Maître. Prenez à l'extrémité de l'horizon un point qui soit aussi éloigné du nord que de l'orient.

Le Disciple. Je l'ai fait.

Le Maître. Ce point se nomme le *nord-est*, et le vent qui souffle de ce côté là, s'appelle *vent nord-est*. Faites la même opération à l'extrémité de l'horizon sur un point aussi éloigné du nord que du couchant ; vous aurez le *nord-ouest*, et le vent qui soufflera de ce côté là s'appellera *vent nord-ouest*.

Le Disciple. Tout cela est fait. Ces noms conviennent t ès-bien à ces deux vents, parce que *orient* et *est*, *occident* et *ouest* sont des termes synonymes.

Le Maître. Il y a encore deux vents collatéraux dont il faut déterminer la position ; vous le ferez vous-même.

Le Disciple. La chose n'est pas difficile. Je fais un tour sur moi-même, et je regarde le point de l'horizon où j'ai fixé le *midi* ou le *sud*. Je prends à ma gauche, toujours à l'extrémité de l'horizon, un point aussi éloigné du *sud* que de l'*est*; j'ai le *sud-est*, et je nommerai *vent sud-est* celui qui soufflera de ce côté là. Je fais la même opération, à ma droite, entre le *sud* et l'*ouest* ; j'ai le *sud-ouest*, et je nomme *vent sud-ouest* celui qui souffle de ce côté là. Les quatre vents collatéraux sont donc le *nord-est*, le *nord-ouest*, le *sud-est* et le *sud-ouest*. Pourquoi les appelle-t-on collatéraux ?

Le Maître. Parce qu'ils se trouvent précisément entre deux vents *cardinaux*. Il faut nécessairement se servir, pour se faire entendre, des termes consacrés par l'usage ; car, dans le fond, cette expression n'a aucun rapport avec leur position ; ce sont plutôt des vents *moyens* que des vents collatéraux.

Puisque cette leçon ne contient que des connoissances préliminaires à la théorie des vents, il est une chose que je veux vous faire remarquer. L'*anénométrie* est l'art de déterminer la position des vents et d'en mesurer la force ; et l'instrument dont on se sert pour cela s'appelle *anénomètre*. Je vous en ferai la description à la suite de la théorie des vents. Lorsqu'on est obligé d'écrire sur les vents et de désigner ceux qui ont régné en tel et tel temps, on ne met que les lettres initiales de leurs noms. Les lettres N, E, S, O, sont affectées aux quatre vents cardinaux, et les lettres N-E, N-O, S-E, S-O aux quatre vents collatéraux.

Le Disciple. N'y a-t-il que ces huit espèces de vents ?

Le Maître. Les marins en distinguent trente-deux, parce qu'il est pour eux de la dernière importance de débarquer à tel point du continent, plutôt qu'à tel ou tel autre. Mais sur terre, nous ne parlons guère que des huits espèces de vents dont je vous ai déterminé la position. Aussi ne ferai-je mention que de ceux-là dans la suite.

Le Disciple. Avez-vous encore à me donner quelques autres notions préliminaires à la théorie des vents?

Le Maître. Non : mais je vous recommande de relire avec toute l'attention dont vous pouvez être capable, ma troisième leçon; elle est sur *l'air considéré en général.*

Le Disciple. Vous serez content de moi, je vous l'assure. Reprenons l'arithmétique ; j'ai fait, depuis que je n'ai pas eu l'avantage de vous voir, plus de trente multiplications. Proposez-moi, sur les nombres simples, une règle un peu difficile ; vous verrez avec quelle facilité j'opérerai.

Le Maître. Multipliez 64000 par 2000, et nommez, suivant la coutume, A le *multiplicande,* B le *multiplicateur,* P le *produit.*

Le Disciple. Je vais opérer ; je n'ai pas encore multiplié de pareils nombres.

Premier Exemple de la multiplication des nombres simples.

```
A.   64000
B.    2000
     ───────────
        00000
        00000
        00000
       128000
     ───────────
P.   128000000
     ───────────
```

Examinez cette opération ; je la crois exacte.

Le Maître. Vous avez raison. Dites-moi cependant comment vous avez opéré ; je vous dirai ensuite des choses auxquelles bien sûrement vous ne vous attendez pas.

Le Disciple. 1°. Puisque o ne produit jamais que o, soit qu'il soit multiplicateur, soit qu'il soit multiplicande, et puisque le multiplicateur B est terminé par trois o dont le premier est au rang des unités, le second au rang des dizaines, et le troisième au rang des centaines, mes trois premières opérations ne m'ont donné que des o rangés comme dans l'exemple supérieur.

2°. Ma quatrième opération m'a donné trois o dont le premier a été placé au rang des milles, le second au rang des dizaines de mille, et le troisième au rang des centaines de mille. La même opération m'a donné 128. J'ai placé ces trois chiffres en avant, 8 au rang des millions, 2 au rang des dizaines de millions, et 1 au rang des centaines de millions.

3°. J'ai additionné ces produits partiels, et j'ai eu pour produit total 128,000,000 millions. Quelles sont les choses que vous avez à me dire, auxquelles vous prétendez que je n'ai pas lieu de m'attendre ?

Le Maître. Si l'on me donnoit à multiplier 64000 par 2000, je ne ferois qu'une seule opération, et je trouverois le même produit que vous.

Le Disciple. Comment vous y prendriez-vous ? Je ne vous comprends pas.

Le Maître. Je multiplierois 64 par 2, j'aurois 128. Je n'aurois pas égard aux différens o qui terminent le multiplicateur et le multiplicande. Mais après la multiplication des chiffres positifs, je mettrois après 128, sur la même ligne, en allant de la gauche à la droite , tous les o que j'ai omis. Dans cette occasion je mettrois six o après 128, et j'aurois, comme vous avez eu par vos quatres opérations, 128,000,000 millions.

Le Disciple. L'avis que vous me donnez est bien bon ; bien sûrement je le mettrai en pratique, soit que j'aie des multiplicandes , soit que j'aie des multiplicateurs , soit enfin que j'ai des multiplicandes et des multiplicateurs terminés par des o.

Le Maître. C'est ainsi qu'en arithmétique on abrège les opérations de la multiplication. A parler en général , lorsque les nombres qu'on multiplie sont terminés par des o, l'on fait l'opération , sans avoir égard aux o, et l'on ajoute au produit sur la même ligne les o sur lesquels on n'a pas opéré. Cette méthode vous épargnera en Physique un travail infini.

Le Disciple. Faites-moi faire quelques multiplications de cette espèce ; cette méthode est admirable.

Le Maître. Hé bien ! multipliez 30,000,000 par 30,000,000. J'ai des raisons pour vous faire opérer sur ces nombres.

Le Disciple. Avec plaisir.

Second exemple de la multiplication des nombres simples.

Multiplicande	30,000,000.
Multiplicateur	30,000,000.
Produit	900,000,000,000,000.

J'ai multiplié 3 par 3 ; j'ai ajouté sur la même ligne quatorze o au produit 9, et mon opération a été faite.

Le Maître. Multipliez maintenant par 30,000,000 le *produit* que vous venez de trouver ; j'ai encore des raisons pour vous faire opérer sur ces nombres immenses.

Le Disciple. Ce sera l'affaire d'un instant.

Troisième exemple de la multiplication des nombres simples.

A	900,000,000,000,000.
B	30,000,000.

27,000,000,000,000,000,000,000.

J'ai multiplié 9 par 3 ; j'ai ajouté sur la même ligne vingt-un o au produit 27, et mon opération a été faite.

Le Maître. Ce sera autant de fait, lorsque nous en serons aux fameuses lois de *Képler*.

Le Disciple. Quelqu'envie que j'en aie, ne craignez pas que je vous demande quelles sont les deux fameuses lois de Képler ! Je prévois votre réponse.

Le Maître. Vous avez raison. Je vous dirai cependant que dans l'exposition et la démonstration de ces deux lois, il sera nécessaire de vous parler du cube de la distance de la terre au soleil. J'ai eu quelquefois occasion de vous faire remarquer que la distance de la terre au soleil est de trente millions de lieues. Vous venez de multiplier trente millions par trente millions de lieues ; vous avez eu pour produit 900,000,000,000,000 ;

ce produit vous a donné le carré de la distance de la terre au soleil.

Vous avez ensuite multiplié le carré de la distance de la terre au soleil par trente millions de lieues; vous avez eu pour produit 27,000,000,000,000,000,000,000 ; ce dernier produit vous a donné le cube de la distance de la terre au soleil. J'ai donc eu raison de vous dire que ce seroit un calcul tout fait, lorsque nous en serions arrivés aux deux fameuses lois de Képler. Tout est lié en Physique, et je prends mes avances de loin.

Le Disciple. Apparemment que dans la suite vous m'apprendrez ce que c'est qu'un *carré*, ce que c'est qu'un *cube arithmétique*.

Le Maître. Je vous apprendrai même à extraire la racine carrée et la racine cubique d'un carré et d'un cube proposé. Je prétends faire de vous un *Physicien*. Sans ces connoissances, vous n'apprendriez jamais ce qu'il y a de sublime et de relevé dans la science de la nature. Mais de grâce allons pas à pas.

Cependant, pour vous donner une idée du carré et du cube arithmétique, prenez un nombre quelconque, par exemple, 4. Multipliez 4 par 4; vous aurez 16 *carré* de 4. Multipliez ensuite 16 par 4; vous aurez 64, *cube* de 4.

Le Disciple. Par la même raison 343 est le cube de 7. En effet, 7 fois 7 produit 49, et 7 fois 49 produit 343.

XIII. Leçon.

XIII. Leçon.

Sur les causes physiques des vents.

Le Maître. Avez-vous relu dans ma troisième leçon ce qui regarde l'air considéré en général ?

Le Disciple. Vous n'en doutez pas; ai-je encore trangressé, m'est-il encore venu en pensée de trangresser vos ordres ? Je vous aime comme mon père; vous me chérissez comme votre fils.

Le Maître. Avouez qu'il étoit bien nécessaire de vous faire relire cette leçon. Qu'y avez-vous remarqué qui puisse avoir rapport à la théorie des vents ?

Le Disciple. J'ai d'abord remarqué que l'air est un corps fluide. Les différentes colonnes dont il est composé, tendent donc nécessairement à se mettre en équilibre les unes avec les autres; vous me l'avez prouvé dans la cinquième leçon. Cet équilibre est-il rompu par une cause quelconque? L'air sera agité plus ou moins, jusqu'à ce que l'équilibre soit parfaitement rétabli, et cette agitation causera nécessairement quelque vent.

Le Maître. Vous avez raison. Voulez-vous une image sensible de ce qui se passe dans l'atmosphère ? Jetez les yeux sur un bassin rempli d'une eau dormante; les différentes colonnes dont elle est composée, sont dans le plus parfait équilibre; sa surface présente le plus exact de tous les niveaux. Jetez une petite pierre dans ce bassin; l'équilibre sera tant soit peu rompu, et l'eau sera

Tome I.   N

tant soit peu agitée, jusqu'à ce qu'il soit rétabli. Que si vous y jetez une grosse pierre, l'eau sera violemment ag'tée, et cette agitation durera jusqu'au parfait rétablissement de l'équilibre. Qu'avez-vous encore remarqué, en relisant la troisième leçon ?

Le Disciple. J'ai remarqué que l'air est élastique, et que c'est peut-être le plus élastique de tous les corps. Comprimé par une cause quelconque, il doit faire les plus grands efforts pour se remettre dans son premier état. J'entrevois qu'il ne peut s'y remettre, sans causer une agitation dans l'atmosphère.

Le Maître. Vous avez raison ; le ressort de l'air est une des principales causes des vents. Qu'avez-vous enfin remarqué dans ma troisième leçon ?

Le Disciple. J'ai sur-tout remarqué que l'air est non seulement capable de compression ou de condensation, mais encore de dilatation ou de raréfaction. Il se dilate même plus facilement qu'il ne se condense. Boile l'a dilaté treize mille six cens soixante et dix-neuf fois plus, tandis que Hales ne l'a condensé que dix-huit cens trente-huit fois plus., qu'il ne l'est aux environs de la terre.

Le Maître. Muni de ces connoissances, vous entrerez facilement dans la théorie des vents. Je vais vous en assigner les causes physiques.

Le Disciple. C'est-là ce que j'attends avec impatience.

Le Maître. La première, la grande cause des vents qui règnent dans l'atmosphère terrestre, c'est la raréfaction de l'air. Cette raréfaction est occasionnée par l'action du soleil ; elle est par conséquent d'autant plus ou d'autant moins grande, que cet astre demeure plus ou moins de temps sur l'horizon et qu'il envoye ses rayons plus ou moins perpendiculairement sur la terre. Le propre de la chaleur est de dilater les corps. L'air que nous respirons aux environs de la terre, celui qui se trouve dans les différentes régions de l'atmosphère où se forment les météores aqueux, est peut-être le plus dilatable de tous les corps. Il sera donc prodigieusement raréfié en tout temps dans la Zone Torride, et en certains temps de l'année dans les Zones tempérées. Cet air dilaté occupera nécessairement un plus grand espace, chassera l'air voisin avec plus ou moins de violence, et occasionnera, en le chassant, une agitation à laquelle nous avons donné le nom de vent. Ce vent ne cessera que lorsque l'air, en vertu de sa fluidité, aura repris l'équilibre qu'il vient de perdre. Rappellez-vous le bassin rempli d'une eau dormante, dont je vous ai parlé au commencement de cette leçon.

Le Disciple. Je comprens quels effets doit avoir une cause aussi puissante. Il me paroît que je serois déjà en état d'expliquer différentes espèces de vents.

Le Maître. Il n'en est pas encore temps. Ne m'interropez pas, je vous en prie, dans l'exposition de ma théorie. Saisissez-la en entier et dans son ensemble, avant que de penser à l'explication des phénomènes.

Le Disciple. Pourquoi cela ?

Le Maître. Parce que tel vent à la vérité peut dépendre d'une seule cause, mais tel autre aussi peut dépendre de plusieuss causes combinées ensemble.

Le Disciple. Vous avez raison ; ne craignez pas d'être interrompu dans la suite. Vous en êtes à la seconde cause physique des vents.

Le Maître. C'est le ressort de l'air. L'air dont vous connoissez le degré d'élasticité, ne peut pas être dilaté dans une partie de l'atmosphère, par exemple, dans la partie boréale, sans qu'il soit comprimé dans la partie méridionale. Comprimé dans la partie méridionale, il tâchera de se remettre dans son premier état ; et c'est en s'y remettant, qu'il deviendra la cause physique de quelque vent.

Le Disciple Vous m'avez défendu de vous interrompre dans l'exposition de votre théorie. Seroit-ce manquer à vos ordres, que de vous proposer une objection contre ce que vous venez de me dire ?

Le Maître. Non, mon fils. Proposez votre objection ; j'y répondrai avec plaisir.

Le Disciple. Ce que vous venez de me dire, suppose qu'il n'y a point de vide dans l'atmosphère terrestre. Si cette supposition est fausse, le ressort de l'air ne pourra occasionner aucune espèce de vent. L'air dilaté dans la partie boréale de l'atmosphère, sera porté dans la partie méridionale où, sans comprimer l'air qui s'y trouve, il occupera les différens vides qu'il rencontrera sur son chemin.

Le Maître. Tous les Phyciens, sans en excepter même les grands partisans de Newton, ou n'admettent aucun vide, ou n'admettent que des vides infiniment petits dans l'atmosphère terrestre, dans les régions sur-tout où les *météores* ont coutume de se former. J'ai eu donc droit d'assurer que l'air ne peut pas être dilaté dans la partie boréale de l'atmosphère , sans comprimer celui qui se trouve dans la partie méridionale. Vous comprenez sans peine que dans la suite les grandes questions du *plein* et du *vide* seront le sujet de deux différentes *leçons.*

Le Disciple. En attendant, je m'en tiens à votre reponse. Continuez, je vous en prie; vous en êtes à la troisième cause physique des vents.

Le Maître. Ce sont les feux souterrains. Il existe dans le sein de la terre des feux dont les uns sont toujours enflammés et les autres toujours prêts à s'enflammer. Dans la suite je vous en prouverai l'existence , j'en examinerai la formation , j'en détaillerai les effets.

Le Disciple. Vous n'aurez pas grand peine à me prouver l'existence des feux souterrains. Le Mont-Etna , le Mont-Vésuve , tant de monts ignivomes, tant de volcans éteints dans les différens pays du monde, la constatent de la manière la plus évidente.

Le Maître. Il est une bien meilleure preuve qui constate l'existence des feux souterrains dans tous les pays du monde.

Le Disciple. Quelle est cette preuve?

Le Maître. C'est la chaleur qu'on éprouve dans l'intérieur de la terre. Cette chaleur est si grande lorsque les mines sont profondes , que pour empêcher la mort des malfaicteurs qu'on y fait travailler, on leur procure des rafraîchissants et un nouvel air , tantôt par des puits de respiration, tantôt par des chûtes d'eau , aussi abondantes que réitérées.

Le Disciple. Qu'il existe des feux souterrains, je le comprend sans peine ; mais que ces feux souterrains concourent à la formation des vents, voilà ce que je ne saurois comprendre.

Le Maître. Bientôt vous changerez de langage. Les feux souterrains font sortir du sein de la terre des vapeurs et des exhalaisons ; ces vapeurs et ces exhalaisons entrent avec impétuosité dans l'atmosphère, et causent dans l'air une agitation souvent accompagnée d'un vent considérable. Rappellez-vous ici les effets de l'éolipile.

Le Disciple. Cette troisième cause ne me paroît ni aussi puissante, ni aussi générale que les deux premières.

Le Maître. Vous avez raison. Vous ne parlerez pas ainsi de la quatrième cause physique des vents, du moins quant à la force.

Le Disciple. Quelle est cette cause ?

Le Maître. C'est la chûte des nuages. Supposons, en effet, qu'un nuage situé dans la région supérieure de l'atmosphère, devienne plus pesant que le volume d'air auquel il correspont, qu'arrivera-t-il ? Il descendra avec une vîtesse accélérée ; il tombera avec impétuosité sur la terre, et il communiquera à l'air une espèce de mouvement, de tourbillon, qui causera sur la mer les tempêtes les plus terribles et sur la terre les ravages les plus affreux. Voyez quelle agitation cause dans l'air environnant la chûte accélérée d'un balot qu'on jettera d'un quatrième étage dans la rue. Image bien foible des tristes effets de la chûte des nuages dont nous parlons.

Le Disciple. Je trouve en effet cette cause bien puissante ; mais elle n'est pas aussi générale que les deux premières ; les vents qu'elle occasionne sont bien rares ; ils ne durent que quelques moments, et ils n'exercent leur fureur que sur un terrain très-circonscrit.

Le Maître. Dieu garde qu'il en arrivât autrement. Rien ne résiste à la fureur des vents excités par la chûte des nuages.

Le Disciple. Y a-t-il quelqu'autre cause physique des vents ?

Le Maître. Les Physiciens météorologistes n'assignent que les quatre causes dont je viens de vous faire l'énumération. Il y a une trentaine d'années qu'on en assigne une cinquième que vous trouverez bien puissante et bien générale.

Le Disciple. C'est vous sans doute qui avez fait cette découverte ?

Le Maître. Je ne m'en défends pas. En 1763, je la consignai dans mon traité de paix entre Descartes et Newton, *tom.* 3, *pag.* 177.

Le Disciple. Quelle est cette cinquième cause ? je l'adopte, avant de la connoître.

Le Maître. C'est l'action de la lune sur l'atmosphère terrestre.

Le Disciple. L'action de la lune ! Vous m'étonnez ; dans la dernière leçon, vous avez blâmé Descartes d'avoir parlé de cet astre à l'occasion des vents.

Le Maître. Vous vous trompez ; je vous ai dit que la lune ne pouvant produire aucune espèce de chaleur, étoit incapable par-là même de concourir à l'élévation des vapeurs et des exhalaisons.

Le Disciple. Je me trompe, vous avez raison. Quelle est donc cette action de la lune ?

Le Maître. Vous ne le comprendrez que lorsque vous aurez répondu à bien des questions que j'ai à vous faire. Elles vous paroîtront étrangères au sujet que nous traitons. Mais attendez jusqu'à la fin, vous verrez que je ne m'en suis pas écarté. Quel âge aviez-vous, lorsque vous fîtes avec votre papa le voyage de Bordeaux ?

Le Disciple. J'étois dans ma douzième année.

Le Maître. Tant mieux ; vous vous rappellerez de ce que vous avez vu dans cette ville maritime. Quel est le phénomène qui vous frappa le plus, celui que votre papa vous fit observer avec le plus de soin ?

Le Disciple. Celui du flux et du reflux de la mer ; il me le fit observer pendant un mois entier : il me fit mettre mes observations sur le papier. Mon fils, *me disoit-il*, conservez précieusement ce mémoire ; un jour viendra où vous en aurez besoin ; ce sera lorsque je vous apprendrai quelles sont les causes physiques du flux et du reflux de la mer.

Le Maître. Allez chercher ce mémoire, et essuyez vos larmes ; ne vous sers-je pas de père ?

Le Disciple. Je vous l'apporte ; j'ai été assez heureux, pour le trouver à l'instant.

Le Maître. Faites m'en la lecture.

Le Disciple. Les eaux de l'océan s'élèvent et s'abaissent deux fois chaque jour. Lorsqu'elles s'élèvent, elles sont en *flux*, et lorsqu'elles s'abaissent, elles sont en *reflux*.

Le flux dépend du passage de la lune par le méridien.

Les plus grands flux et les plus grands reflux sont ceux qui arrivent, lorsque la lune est nouvelle ou pleine.

Les plus petits flux et les plus petits reflux sont ceux qui arrivent lorsque la lune est dans ses quadratures.

Le Maître. Arrêtez-vous là ; le reste m'est

inutile. Que concluez-vous de ces obser-vations ?

Le Disciple. Je conclus que la lune est la cause physique du flux et du reflux de la mer. Comment le cause-t-elle ? Je n'en sais rien.

Le Maître. Vous ne devez pas le savoir encore. Pour le présent, le fait vous suffit. Vous devez savoir seulement que la lune a une action qui agite deux fois chaque jour les eaux de l'océan.

Le Disciple. Quel rapport peut avoir tout ceci avec les vents ?

Le Maître. Un rapport très-immédiat. Je regarde l'atmosphère terrestre dont vous connoissez si bien la nature, comme une mer *aérienne* bien plus vaste, et moins éloignée de la lune que la mer *aqueuse*, si je puis ainsi parler, qui forme l'océan. Cette idée n'a rien de romanesque. Cela supposé, voici comment je raisonne.

La lune met dans un très-grand mouvement les eaux de l'océan par le flux et le reflux qu'elle y excite. Ce mouvement de flux et de reflux ne doit-il pas être plus sensible et plus violent dans l'atmosphère terrestre dont les parties sont mille fois plus faciles à remuer que les eaux de l'océan, et dont les dernières couches sont de trois cens lieues plus près de la lune, que ces mêmes eaux ? Donc l'atmosphère terrestre doit être continuellement dans une très-grande agitation ; et cette agitation ne peut avoir d'autre cause que l'action de la lune sur l'atmosphère terrestre.

Le Disciple. Je vous ai compris, et je vous comprendrai encore bien mieux, lorsque je saurai comment la lune cause le flux et le reflux. Les vents ont donc cinq causes générales, la raréfaction de l'air, son ressort, les feux souterrains, la chûte

des nuages, et l'action de la lune sur l'atmosphère terrestre.

Le Maître. Nous ne nous verrons pas demain.
Je vous donne un jour entier pour méditer sur
les causes générales des vents. Ne passez de l'une
à l'autre, que lorsque vous aurez vu quels sont
les vents que vous pouvez expliquer par telle
cause prise solitairement, et quels sont les autres
qui demandent plusieurs causes combinées ensemble. J'espère qu'après-demain je recueillerai le
fruit de vos réflexions. Je n'aurai presque rien à
dire; ce sera vous qui ferez tous les frais de la
conversation. Prenez cependant quelques momens de délassement. Je crains toujours que vous
ne vous livriez à l'étude de manière à altérer votre santé.

Le Disciple. Passer un jour sans vous voir!
que le temps me paroîtra long!

Le Maître. Vous ne serez pas le seul, mon
fils, à qui le temps paroîtra tel. Mais dès qu'on
est sincèrement attaché à quelqu'un, on sait
faire des sacrifices en sa faveur. Je vous interdis
toute étude ce soir, et je vous défends de vous
lever demain avant sept heures. Vous vous li-
vrerez à vos réflexions, le matin depuis neuf
heures jusqu'à onze, et le soir depuis trois heures jusqu'à cinq.

Le Disciple. J'obéirai à la lettre. Toutes ces
défenses, tous ces arrangemens augmentent ma
reconnoissance, et la peine que j'aurai de passer
un jour sans vous voir.

Le Maître. Etes-vous content de votre étude?
Combien d'espèces de vents pouvez-vous expliquer par le moyen des causes physiques dont je
vous fis avant-hier l'énumération?

Le Disciple. Vous en jugerez vous-même. Ayez la bonté de m'interroger. Quelle espèce de vent voulez-vous que j'explique ? Bien sûrement je n'ai pas passé vos ordres. Je n'ai consacré à l'étude que le temps que vous m'avez prescrit.

Le Maître. Pourquoi non seulement dans la Zone Torride en tout temps, mais encore dans les Zones tempérées pendant l'été, règne-t-il un vent d'orient assez agréable au lever, et un vent d'occident de même nature au coucher du soleil ?

Le Disciple. La première cause générale des vents me fournit la réponse à cette question. Toute l'année dans la Zone Torride, et pendant l'été dans les Zones tempérées, l'action du soleil est très-forte ; l'air est dilaté, et cette dilatation cause les vents dont vous venez de me parler. Nous n'avons pas de pareils vents en hiver dans les Zones tempérées, parce que l'action du soleil y est trop foible. Ces vents agréables dont vous venez de me parler, n'ont-ils pas quelque nom particulier, outre celui de vent *d'est* et de vent *d'ouest* ?

Le Maître. Le vent agréable *d'ouest* occasionné par la dilatation de l'air au coucher du soleil, s'appelle *zéphir*.

Le Disciple. Pourquoi ne donne-t-on pas ce nom au vent *d'est* occasionné par la dilatation de l'air au lever du soleil ? Il est parfaitement semblable au vent *d'ouest* occasionné par une pareille dilatation.

Le Maître. Je n'aurois aucune peine à le lui donner. C'est là une bizarrerie des Physiciens météorologistes. Je ne sais sur quoi elle est fondée.

Le Disciple. Continuez vos demandes ; je suis prêt à vous répondre.

Le Maître. Quoique vous ne sachiez pas la sphère scientifiquement et par principes, comme vous la saurez dans la suite, vous avez sans doute une idée de l'équateur, sur-tout depuis que je vous ai appris à fixer sur l'horizon les quatre points cardinaux. Qu'est-ce donc que l'équateur ?

Le Disciple. C'est un grand cercle de la sphère, aussi éloigné du pole du monde boréal, que du pole du monde méridional. Il passe par les points du vrai orient et du vrai occident. Il partage la sphère en deux parties égales, l'une boréale où se trouve le nord, l'autre méridionale où se trouve le midi ou le sud.

Le Maître. Vous connoissez aussi les 12 *signes*, sous quelqu'un desquels se trouve toujours le soleil.

Le Disciple. Ce sont 12 constellations ou 12 amas d'étoiles auxquels on a donné les noms suivants : le *belier*, le *taureau*, les *gemeaux*, le *cancer*, le *lion*, la *vierge*, la *balance*, le *scorpion*, le *sagittaire*, le *capricorne*, le *verseau* et les *poissons*.

Le Maître. Je vous apprendrai dans la suite quelle est l'étimologie de ces noms. Je vous ferai seulement remarquer aujourd'hui que les 6 premiers signes s'appellent *boréaux*, parce qu'ils se trouvent dans la partie boréale de la sphère. Par la même raison, on appelle *méridionaux* les 6 derniers signes. Ils occupent la partie méridionale de la sphère. Notre Zone tempérée se trouve dans la partie boréale ; aussi avons-nous le printemps et l'été, lorsque le soleil parcourt les 6 premiers signes. Avec ces connoissances enfantines, vous répondrez sans peine à la question suivante. Pourquoi, lorsque le soleil se trouve dans la partie méridionale de la sphère, règne t-il souvent dans ce pays-ci un vent du nord?

Le Disciple. Dans ce temps-là le soleil dilate l'air de la partie méridionale. Cet air dilaté occupe un plus grand espace, et comprime l'air situé dans la partie boréale. L'air de la partie boréale comprimé, se remet dans son premier état; et c'est en s'y remettant qu'il occasionne un vent que nous appelons *bise* ou *vent du nord.* Il a pour cause immédiate le ressort de l'air que nous savons être prodigieux.

Par une raison contraire, le soleil situé dans la partie boréale de la Sphère, doit souvent nous occasionner un vent du midi.

Le Maître. Vous répondez on ne peut mieux. Votre réponse cependant me donne occasion de vous proposer une difficulté qu'il ne vous sera pas peut-être facile de résoudre.

Le Disciple. Quelle est cette difficulté? Mon explication paroît si naturelle.

Le Maître. Lorsque le soleil dilate l'air de la partie méridionale de la sphère, cette dilatation devroit naturellement causer un vent du midi, avant que le ressort de l'air occasionnât un vent du nord. La bise, dans ce pays-ci, devroit donc être toujours précédée du vent du midi. La chose arrive quelquefois, j'en conviens; mais elle n'arrive pas toujours; et voilà la difficulté à laquelle il faut répondre.

Le Disciple. Je ne suis pas en état; mettez-moi sur les voies.

Le Maître. Ne vous ai-je pas dit dans ma onzième leçon, que lorsque le temps étoit calme aux environs de la terre, les régions moyennes et supérieures de l'atmosphère ne l'étoient pas toujours ?

Le Disciple. J'y suis. Lorsque dans ce pays-ci la bise n'est pas précédée du vent du midi, ce dernier vent n'a régné que dans la partie moyenne ou dans la partie supérieure de l'atmosphère.

Par la même raison, lorsque le soleil se trouve dans la partie boréale de la Sphère, nous avons souvent un vent du midi occasionné par un vent du nord qui a régné dans la partie moyenne ou dans la partie supérieure de l'atmosphère.

Le Maître. Vous entrez parfaitement bien dans la théorie des vents. L'air comprimé se remet toujours, il est vrai, dans son premier état ; mais pour s'y remettre, il prend tantôt un chemin, tantôt un autre, celui où il trouve le moins de résistance. Il ne faut même quelquefois qu'une montagne considérable, pour faire changer de direction aux vents, ou pour les rendre plus forts et plus impétueux. Je vais maintenant vous mettre sur les voies de m'expliquer les *vents alizés.* Répondez-moi ; lorsque le soleil se trouve sous le signe du *capricorne*, que doit-il arriver ?

Le Disciple. L'air doit être dilaté sous le signe du *capricorne*, comprimé sous le signe du *cancer*, et y exciter un vent, en se remettant dans son premier état.

Le Maître. Cela arrive en effet ; c'est l'un des *vents alizés* ; il soufle entre le nord et l'orient ; c'est un vent *nord-est.*

Par la même raison, l'air comprimé sous le signe du *capricorne*, lorsque le soleil se trouve sous le signe du *cancer*, doit y exciter un vent qui souffle entre le midi et l'orient ; c'est un vent *sud-est* ; c'est encore un des *vents alizés.* Je n'ose pas vous demander quelle est la cause physique des ouragans.

Le Disciple. Vous avez raison ; c'est la chûte accélérée des nuages ; vous l'avez démontré , dans l'exposition que vous avez faite de la quatrième cause générale des vents. Ne me demandez pas aussi pourquoi , le long des côtes de l'océan, les vents changent avec le flux et le reflux ; la cinquième cause que vous avez assignée , rend ce changement inévitable. Ne me demandez pas enfin pourquoi, dans ce pays-ci , le vent du nord est froid et le vent du midi chaud. Je n'aurois pas d'autre explication à apporter que celle de Descartes ; vous me l'avez mise sous les yeux au commencement de la leçon précédente. Mais ce que je voudrois savoir , c'est pourquoi certains vents sont pluvieux et certains autres secs.

Le Maître. Vous me faites là une question qui sera le sujet de la leçon suivante. Reprenons notre arithmétique.

Le Disciple. Je sais au mieux la multiplication des nombres simples ; passons à celle des nombres complexes.

Le Maître. Elle n'est pas aussi facile que la première. Il se présente ici deux cas; tantôt on vous donne à multiplier un nombre complexe par un nombre simple, tantôt un nombre complexe par un nombre complexe. Combien coûtent 8 cannes d'étoffe à 8 liv. 12 s. 8 d. la canne ? Voilà un exemple de la multiplication d'un nombre complexe par un nombre simple. Combien valent 7 toises 5 pieds 8 pouces de maçonnerie à 30 liv. 7 s. 5 d. la toise ? Voilà un exemple de la multiplication d'un nombre complexe par un nombre complexe.

Le Disciple. Je n'entends rien à cette espèce de multiplication ; mettez-moi sur les voies ; commençons par la multiplication d'un nombre complexe par un nombre simple. Apprenez-moi combien valent 8 cannes d'étoffe à 8 liv. 12 s. 8 den. la canne. Je vois bien que le nombre simple est le multiplicateur, et le nombre complexe le multiplicande.

Le Maître. Cette multiplication n'est pas difficile à faire ; elle équivaut à trois règles de multiplication d'un nombre simple par un nombre simple.

Le Disciple. Comment cela ?

Le Maître. Parce que le multiplicateur 8 cannes doit multiplier séparément chaque espèce du multiplicande, en commençant par la plus petite.

Le Disciple. Je vous comprends, je vais opérer : 8 fois 8 donnent 64 deniers ; 8 fois 12 donnent 96 sous ; 8 fois 8 donnent 64 livres : 8 cannes d'étoffe à 8 liv. 12 s. 8 d. la canne, coûteront donc 64 livres, 96 sous, 64 deniers.

Mais comment réduirai-je les deniers en sous, et les sous en livres ?

Le Maître. Vous ferez cette réduction, lorsque vous saurez la *division.* Puisqu'un sou vaut 12 den. vous diviserez 64 par 12, et vous trouverez que 64 deniers valent 5 sous et 4 deniers.

Puisqu'une livre vaut 20 sous, vous diviserez 96 par 20, et vous trouverez que 96 sous valent 4 liv. 16 sous : vos 8 cannes d'étoffe à 8 liv. 12 s. 8. d. la canne, vous coûteront donc 69 liv. 1 sou 4 den.

Le Disciple. Cela est évident. Puisque vous avez trouvé par la division que 96 sous 64 deniers valent 5 liv. 1 sou 4 deniers ; vous n'avez eu qu'à ajouter cette somme à celle de 64 livres.

XIV Leçon'

XIV. LEÇON.

Sur les vents pluvieux et les vents secs.

LE Maître. Ce n'est que depuis quelques années que les Physiciens ont réfléchi sur la nature des vents pluvieux et des vents secs. Ils ont traité cette grande question avec toute l'attention qu'elle mérite. Auparavant, on se contentoit de dire, d'après Descartes, que les vents qui traversent des mers immenses, doivent être humides, et que ceux qui ne traversent que des terres sèches ou peu arrosées, doivent être secs. Pendant plus de cent ans, dans les traités les plus complets de Physique, on a parlé aussi laconiquement de deux espèces de vents, d'où dépendent presque uniquement les bonnes et les mauvaises récoltes.

Le Disciple. Dans le fond, ce qu'on disoit étoit vrai. Tout vent qui a traversé des mers immenses doit être pluvieux.

Le Maître. Vous vous trompez. Le même vent est pluvieux pour certains pays, et sec pour certains autres. Le vent du midi, par exemple, est pluvieux pour le bas, et desséchant pour le haut Languedoc. Le vent d'est entretient à l'Orient des cordillières, des pluies, des orages continuels ; et ce même vent est très-sec sur la plaine du Perou. C'est de la mer que les nuages ont tiré presque toutes les eaux qu'ils laissent ensuite retomber sur la terre ; et cependant il pleut très-rarement en pleine-mer.

Tome I.   O

Le Disciple. Voilà en effet des phénomènes bien embarrassans. Je suis étonné que les Physiciens aient resté si long-temps sans en chercher la cause. A qui devons-nous la nouvelle théorie des vents pluvieux et des vents secs ?

Le Maître. Nous la devons à M. *Ducarla*, Physicien, dont je fais un cas infini. Il a exposé sa théorie dans deux Mémoires insérés dans le Journal de Physique de M. l'Abbé *Rozier*. Le premier est dans le Journal de décembre 1781, et le second dans celui de janvier 1782; ils sont marqués tous les deux au coin de l'immortalité.

Le Disciple. Vous devriez bien m'en faire l'abrégé; je les lirai ensuite en entier avec plus de fruit.

Le Maître. C'étoit-là mon intention. M. Ducarla prétend qu'un vent ne dépose les eaux dont il est saturé, que lorsqu'il est obligé de s'élever et de franchir quelque montagne.

Le Disciple. Comment prouve-t-il une assertion aussi nouvelle ?

Le Maître. Il fait d'abord une supposition fort ingénieuse. Prenez-bien garde ; cette supposition est purement idéale; elle n'existera jamais; elle ne pourra jamais exister. Vous n'en connoîtrez toute la beauté, que lorsque de l'état purement hypothétique, nous passerons à l'état des choses, telles qu'elles sont réellement sur la surface de la terre. Je ne saurois trop vous répéter que M. Ducarla n'a fait sa fameuse supposition, que pour rendre sensibles des idées en elles-mêmes très-abstraites. J'ai vu des personnes faire très-peu de cas des deux Mémoires dont je viens de vous parler, parce qu'elles les ont lus avec trop de rapidité et sans entrer dans le sens de l'Auteur.

Le Disciple. Après un pareil avertissement , ce seroit bien ma faute, si je n'entrois pas dans les idées de M. Ducarla. Mais ne craignez pas, je serai sur mes gardes. Quelle est sa supposition ? Il me tarde de le savoir.

Le Maître M. Ducarla dresse mentalement, du nord au midi, un mur plus élevé que l'extrême région des vapeurs ; ce mur imaginaire aura donc 4400 toises de hauteur perpendiculaire. Il fait ensuite venir un vent d'est. Ce vent, *dit-il*, frappera à angles droits la face orientale verticale du mur. L'air qui constitue la matière de ce vent, ne pourra continuer son cours vers l'ouest, sans s'élever au-dessus de ce mur, le franchir et passer par cette région, dont la froidure et la rareté ne lui permettent de soutenir aucune vapeur : il sera donc homogène dans cette région élevée. Or, il ne peut y être homogène, sans avoir abandonné, en montant, les parties hétérogènes, et sur-tout les parties aqueuses dont il étoit chargé, et qui sont ordinairement le tiers de sa masse. Ce vent d'est sera donc pluvieux à l'orient du mur ; et comme ce mur est fort élevé, la partie orientale, tant que ce vent soufflera, sera non seulement arrosée, mais souvent inondée.

Ce même vent, après s'être ainsi purifié, descendra du haut du mur, pour continuer sa route vers l'ouest. Il reprendra peu-à-peu sa chaleur et sa densité, qui lui rendront sa première force aspirante : ce sera un *menstrue* avide ; il absorbera tout ce qu'il trouvera d'évaporant, jusqu'à ce qu'il soit parfaitement saturé: il sera donc sec et desséchant, dès qu'il aura franchi le mur.

Le Disciple. Je comprens que le phénomène

seroit le même en sens contraire, si le vent venoit de l'ouest, il s'éleveroit, se raréfieroit, se refroidiroit, et il déposeroit la pluie à l'ouest du mur ; ensuite il redescendroit, se condenseroit, s'échaufferoit, et il seroit parfaitement desséchant à l'est.

Mais si ce mur imaginaire n'avoit que 2000, 1000 ou même 100 toises de hauteur perpendiculaire, qu'arriveroit-il ?

Le Maître. Le vent le franchiroit en s'élevant, se raréfiant, se refroidissant et déposant une partie de ses eaux ; mais il en déposeroit d'autant moins, que le mur seroit moins élevé : il seroit donc plus ou moins humide en montant, plus ou moins sec en redescendant.

Le Disciple. M. Ducarla a supposé un mur imaginaire du nord au midi, parce qu'il a pris pour exemples les vents d'est et d'ouest ; apparemment qu'il auroit dressé mentalement un pareil mur de l'orient à l'occident, s'ils eût pris pour exemple les vents du nord et du sud.

Le Maître. Qui en doute ? Il auroit fait sur ces deux derniers vents des raisonnemens semblables à ceux qu'il a fait sur les deux premiers. Vous êtes parfaitement bien entré dans sa théorie.

Le Disciple. Je n'ai pas voulu vous interrompre. Vous vous êtes servi du mot *menstrue* ; que signifie ce terme ?

Le Maître. C'est un terme de chimie. Les Chimistes donnent le nom de *menstrue* à tout fluide, à tout liquide qui peut dissoudre en entier les corps, ou qui peut en extraire certaines substances. Les vents desséchans qui extraient la partie humide des corps, sont donc de véritables *menstrues.*

Le Disciple. Il me tarde bien de passer, avec M. Ducarla, de l'état purement hypothétique à l'état des choses, telles qu'elles sont réellement sur la surface de la terre.

Le Maître. Vous serez bientôt satisfait. Ce qui n'a été jusqu'à présent qu'une pure supposition, va devenir une réalité. Les chaînes des montagnes, *dit-il*, sont de vrais murs, plus ou moins élevés, qui séparent les pays les uns d'avec les autres. Les vents courant au hazard sur la surface de la terre, arrosent les contrées qu'ils rencontrent, avant de franchir ces chaînes, et desséchent celles qu'ils trouvent après ce passage. Il n'est pas donc étonnant que les continens et les grandes isles soient arrosés, d'un côté seulement, par chacun des vents qui leur viennent des mers, et soient desséchés par ces mêmes vents du côté opposé. Il est encore moins étonnant qu'il pleuve si souvent sur terre, et si rarement ou plutôt presque jamais en pleine mer. La terre a beaucoup de ces murs qui rendent les vents humides chez elle, au lieu que la mer n'a aucun de ces murs. Les vents ne peuvent faire un pas sur la terre, en venant des mers, sans s'élever, sans se disposer à la pluie ; au lieu qu'ils courroient mille ans sur les mers, sans être obligés de s'élever, de se raréfier, de rien déposer par cette cause particulière.

Le Disciple. Ce qu'a écrit M. Ducarla sur les vents pluvieux et les vents secs, perfectionne la théorie générale des vents. Il seroit fâcheux que ce fût l'ouvrage d'une belle imagination.

Le Maître. La pierre de touche de la bonté d'un système, ce sont les expériences constatées et réitérées. Parlent-elles en sa faveur ? Le système est recevable. Déposent-elles contre lui ? Ce n'est plus qu'un roman propre à amuser les enfans et les gens oisifs. Ne craignez rien pour le système de M. Ducarla. Il l'a appuyé sur les faits les plus frappans et les plus décisifs.

Le Disciple. Que vous me faites plaisir ! Faites-moi, je vous en prie, l'énumération de ces faits. Vous ne sauriez mieux terminer l'abrégé de ses deux Mémoires.

Le Maître. Ecoutons encore M. Ducarla. Considerez, *dit-il*, cette fameuse chaîne de montagnes la plus élevée qu'on connoisse, et qui forme l'épine des deux Ameriques, depuis la pointe du Chili jusques aux côtes boréales du Labrador. Vers le Popayan et le Pérou, où elle prend le nom de cordillières, elle a une hauteur perpendiculaire étonnante. La moins élevée des 13 montagnes qui se trouvent dans la province de Quito, a 2430 toises, et la plus élevée 3220 toises de hauteur perpendiculaire. Cette chaîne s'étend du nord au sud. Le vent qui afflue de l'orient, ne peut la dépasser, sans s'élever, se raréfier, se refroidir, et sans déposer par conséquent les matières dont il s'est saturé sur la mer atlantique. Cette sécrétion, aussi permanente que le vent d'est, entretient à l'orient des cordillieres, je ne dis pas des pluyes, mais des orages continuels. Ce sont ces dépôts immenses qui font du maragnon, le plus grand fleuve, le plus grand phénomène de l'univers. C'est des cordillières qu'il sort. Il a près de ses sources 135 toises de large sur 30 de profondeur ; et dans les 600 lieues qu'il parcourt, il est regardé, non comme un fleuve, mais comme une vaste mer.

Le Disciple. Il me tarde de savoir quelle est

la nature de ce vent d'est, lorsqu'il a dépassé les fameuses cordillières.

Le Maître. Lorsque le vent d'est retombe du haut des cordillières sur le Pérou, il continue sa route naturelle vers l'ouest. Alors il a tout perdu ; il est pur, sec, aspirant, à mesure qu'il descend ; il gobe toutes les vapeurs qu'il trouve sur la plaine du Pérou et sur la mer pacifique. Aussi le Pérou seroit-il un pays inhabitable, si le vent d'ouest n'y souffloit pas de temps en temps. Ce vent, obligé de franchir les cordillières, est nécessairement pluvieux pour la plus riche contrée de l'univers.

Le Disciple. C'est là, pour le système de M. Ducarla, une preuve bien triomphante ; elle équivaut à une véritable démonstration. En apporte-t-il encore quelqu'autre de cette espèce, en confirmation de sa belle découverte ?

Le Maître, Ce grand Physicien promène son lecteur sur tout le globe terrestre ; et à chaque pas, pour ainsi dire, il le fait convenir que, sans les montagnes, nous n'aurions presque aucune pluye sur la terre. Il le conduit ensuite dans son pays natal, le Languedoc ; il s'y arrête avec complaisance, parce que les montagnes qui séparent le haut d'avec le bas Languedoc, sont presque aussi favorables à son système, que les montagnes des cordillières.

Le Disciple. J'ai voyagé dans presque tout le Languedoc. Je connois cette chaîne de montagnes. Elle va de l'orient à l'occident ; et l'on m'a assuré qu'elle avoit environ sept cens toises de hauteur moyenne. Le vent du midi la frappe presque à angles droits. Je vois comment il va s'en servir, pour établir ta théorie sur les vents pluvieux et les vents secs.

Le Maître. Faites-moi part de vos pensées; je vous écouterai volontiers ; vous me prouverez par-là que je vous ai rendu nettement celles de M. Ducarla.

Le Disciple. Lorsque le vent du midi a franchi les montagnes qui séparent le haut d'avec le bas Languedoc, de quelle nature est-il?

Le Maître. C'est un vent desséchant.

Le Disciple. Voilà une nouvelle démonstration que peut apporter M. Ducarla en faveur de sa nouvelle théorie.

Le Maître. Aussi n'a-t-il pas manqué de le faire. Comment le faites-vous raisonner ?

Le Disciple. Comme vous l'avez fait raisonner jusqu'à présent. Le vent du midi, *a-t-il dû dire*, est pluvieux pour le bas, et desséchant pour le haut Languedoc. Et comment ne le seroit-il pas ? Dans le bas Languedoc, il monte de la méditerranée au haut de la chaîne des montagnes dont nous venons de parler ; et de cette chaîne il descend dans les terres basses du haut Languedoc.

Le Maître. C'est ainsi en effet qu'a raisonné M. Ducarla ; vous avez très-bien saisi sa théorie; on diroit que vous avez lu ses Mémoires. Je veux cependant vous proposer contre son système une difficulté qui paroît d'abord le renverser.

Le Disciple. Proposez-là ; il seroit bien étonnant qu'on pût en trouver de pareilles.

Le Maître Dans le haut Languedoc le vent du midi, j'en conviens, n'est pas aussi pluvieux que dans le bas Languedoc; il l'est cependant assez souvent. Ce n'est pas donc un vent desséchant, lorsqu'il a franchi les montagnes en question.

Le Disciple. Je vous ai écouté avec trop d'attention, pour trouver quelque chose d'effrayant dans cette difficulté. Ne m'avez-vous pas dit au commencement de cette leçon, qu'il falloit que le vent franchît une hauteur de 4400 toises, pour être obligé de déposer les vapeurs et les exhalaisons dont il est chargé? N'avez-vous pas ajouté que s'il n'avoit qu'à franchir une hauteur de 2000, 1000 et même 100 toises, il ne déposeroit qu'une partie de ses eaux, et qu'il en déposeroit d'autant moins, que la hauteur seroit moins considérable? Dans le cas présent, le vent du midi n'a franchi qu'une hauteur de 700 toises : il n'a donc déposé qu'environ la cinquième partie de ses eaux. Il n'est pas donc étonnant que de temps en temps il soit pluvieux dans le haut Languedoc.

Le Maître. M. Ducarla n'auroit pas mieux répondu que vous à cette difficulté. Votre réponse est d'autant plus solide , que, quoique le vent du nord ne contienne pas autant de parties aqueuses que le vent du midi, et quoiqu'il ait franchi une hauteur de 700 toises, il est quelquefois pluvieux dans le bas Languedoc.

Le Disciple. Il doit l'être bien plus souvent dans le haut Languedoc.

Le Maître. Je n'en doute pas ; il a eu à franchir une hauteur de 700 toises.

Le Disciple. Je veux à mon tour vous proposer, contre le système de M. Ducarla, une difficulté qui me paroît au moins aussi sérieuse que celle que je viens de résoudre.

Le Maître. Vous me faites plaisir. Quelle est cette difficulté ?

Le Disciple. Vous m'avez dit que les vents pouvoient courir mille ans sur les mers, sans être obligés de s'élever, de se raréfier, de rien déposer de ses parties aqueuses. Vous avez cependant ajouté que quelquefois il pleuvoit en pleine mer. Il ne devroit jamais y pleuvoir.

Le Maître. Je suis charmé que vous me fassiez cette objection. Mais vous n'avez pas répété tout ce que j'ai dit.

Le Disciple. Qu'avez vous dit ? je l'ai donc oublié.

Le Maître. Voici ce que je vous ai dit : les vents ne peuvent faire un pas sur la terre, en venant des mers, sans s'élever, sans se raréfier, sans se disposer à la pluie ; au lieu qu'ils courroient mille ans sur les mers, sans être obligé de s'élever, de se raréfier, de rien déposer par cette cause particulière. Ces quatre derniers mots sont ce qu'il y a de plus essentiel dans ma réponse ; ils renferment la solution que vous demandez.

Le Disciple. Je n'y avois pas fait attention. Maintenant même je ne comprends pas comment ces quatre mots, *par cette cause particulière*, renferment la réponse à ma difficulté.

Le Maître. Je vais vous le faire comprendre. La cause physique qu'apporte M. Ducarla est, sans contredit, la cause la plus générale et la plus puissante ; mais elle n'est pas la cause unique de la pluie. Écoutons-le lui-même ; il a prévenu votre difficulté. Quelque rares, *dit-il*, que soient les pluies en pleine mer, elles ont cependant lieu quelquefois ; mais c'est par une cause moins puissante et moins générale qui n'a qu'un rapport fort indirect avec la matière présente. Il me paroît qu'il auroit dû dire, *par des causes moins puissantes et moins générales.* Quelles sont ces causes ? Je vous les ai exposées dans ma leçon sur la *pluie* ; c'est ma dixième leçon. Relisez-la ; vous verrez que lorsque les vapeurs ont été, par quelque cause que ce soit, transformées en gouttes de pluie, ces gouttes doivent nécessairement tomber sur la terre, lorsqu'elles sont plus pesantes que le volume d'air auquel elles correspondent.

Le Disciple. Il ne me reste plus de difficulté à vous faire contre le système de M. Ducarla ; mais j'ai des questions à vous proposer, questions que je pourrois appeler *locales.*

Le Maître. Avant que de répondre à vos questions *locales*, je veux vous mettre sous les yeux une preuve *locale*, en faveur du système de M. Ducarla.

Le Disciple. Que vous me faites plaisir ! Je suis toujours plus enchanté de ce système. Quelle est cette preuve ?

Le Maître. Le vent d'orient, dans ce pays-ci, n'est-il pas moins chargé de parties aqueuses, que le vent du midi ?

Le Disciple. Qui en doute ? Dans ce pays-ci, le vent du midi ne vient à nous qu'après avoir directement traversé la méditerranée.

Le Maître. A Nismes, cependant, le vent d'orient est presque aussi pluvieux que le vent du midi. En voyez-vous la raison ?

Le Disciple. Elle n'est pas difficile à trouver. Le vent d'orient s'élève continuellement jusqu'à ce qu'il ait franchi les montagnes habitées par les cévénols. Nismes n'est pas éloigné du pied de ces montagnes. Ce vent sans doute doit être desséchant, après les avoir franchies.

Le Maître. Le fait est sûr. Par la même raison, le vent d'occident est pour Nismes un vent desséchant; nous ne l'avons que lorsqu'il a franchi les montagnes des cévènes. Proposez maintenant vos questions.

Le Disciple. Pourquoi le vent du nord souffle-t-il pour l'ordinaire à Nismes, après la pluie ?

Le Maître. Cela n'arrive que lorsque nous avons la pluie par le vent du midi. Nous avons le vent *d'ouest* après la pluie, lorsqu'elle a eu pour cause le vent *d'est*.

Le Disciple. Pourquoi donc après la pluie, causée par le vent du midi, le vent du nord souffle-t-il pour l'ordinaire à Nismes ?

Le Maître. Vous n'en voyez pas la raison; j'en suis bien surpris. Vous avez donc oublié ce que je vous ai dit dans ma dernière leçon. Relisez-là; vous y trouverez la réponse à votre question. Nous nous reverrons demain.

Le Disciple. Je relus hier la leçon précédente. Je suis honteux de vous avoir fait une pareille question.

Le Maître. Hé bien ! expliquez vous-même pourquoi après la pluie, causée par le vent du midi, le vent du nord souffle pour l'ordinaire à Nismes.

Le Disciple. Lorsque nous avons la pluie par le vent du midi, ce vent a eu pour cause la dilatation de l'air dans la partie méridionale. Cet air dilaté a occupé un plus grand espace, et par là même il a comprimé l'air situé dans la partie boréale. L'air de la partie boréale comprimé s'est remis dans son premier état; et c'est en s'y remettant qu'il a occasionné le vent du nord après la pluie causée par le vent du midi.

Par la même raison, nous devons avoir à Nismes, pour l'ordinaire, le vent *d'ouest* après la pluie causée par le vent *d'est.*

Le Maître. Je ne vous demande pas pourquoi cela n'arrive pas toujours.

Le Disciple. Vous faites bien; vous m'avez fait cette demande dans la leçon précédente; vous me l'avez même faite en forme d'objection; vous m'avez ensuite fait remarquer que le vent du nord succède toujours au vent du midi, ou aux environs de la tetre, ou dans quelqu'une des régions de l'atmosphère.

Le Maître. Avez-vous encore quelque question à me faire sur les vents ?

Le Disciple. Non. Je suis surpris seulement que, ni dans cette leçon, ni dans la leçon précédente, vous n'ayez expliqué aucune espèce de vent par le moyen des feux souterrains que vous regardez cependant comme l'une des cinq causes générales des météores aériens.

Le Maître. Les feux souterrains, par les vapeurs et les exhalaisons qu'ils font sortir avec impétuosité du sein de la terre, ne font qu'augmenter la force des vents ordinaires. Je conviens que dans les pays où se trouvent des monts ignivomes, ils excitent, de temps en temps, des vents considérables; mais ce sont là des vents purement locaux dont les Physiciens de ces contrées sont seuls en état de nous rendre compte. Je n'ai pas donc dû, ni dans cette leçon, ni dans la leçon précédente, vous expliquer aucune espèce de vent, par le moyen des feux souterrains, quoique je les regarde comme l'une des cinq causes générales des météores aériens. Votre remarque me cause encore plus de surprise, que mon silence n'a pu vous en causer. Vous m'avez dit vous-même, dans la dernière leçon, que vous ne regardiez pas cette troisième cause, comme aussi puissante et aussi générale que les deux premières, la raréfaction et le ressort de l'air.

Le Disciple. Nous reprendrons donc maintenant l'arithmétique, et vous m'apprendrez comment se fait la *multiplication d'un nombre complexe par un nombre complexe*; vous m'apprendrez, par exemple, combien valent 7 toises 5 pieds 8 pouces de maçonnerie à 30 liv. 7 sous 5 deniers la toise.

Le Maître. Vous n'êtes pas encore en état de faire un pareil calcul. Il faut savoir auparavant la *division*, la *réduction* et la *règle de proportion*. Passons à la *division*.

Le Disciple. Je vous avertis que je n'ai presqu'aucune idée de cette règle.

Le Maître. La division est une opération par laquelle on cherche combien de fois un nombre est contenu dans un autre; par exemple, combien de fois 25 est contenu dans 250. Le nombre 25 se nomme *diviseur*; le nombre 250 se nomme *dividende*, et le nombre 10 qui marque combien de fois 25 est contenu dans 250, se nomme *quotient*. La division n'est, dans le fond, qu'une soustraction abrégée. En effet, si par dix opérations différentes, vous ôtiez 25 de 250, il ne vous resteroit rien. Dans la division, l'on parvient au même but par un très-petit nombre d'opérations.

Le Disciple. Vous m'avez prouvé, dans la onzième leçon, que la multiplication, n'est dans le fond, qu'une addition abrégée. Vous venez

de me prouver que la division est une soustraction abrégée. Les quatre premières règles de l'a-
rithmétique se réduisent donc à deux, addition
ordinaire et addition abrégée, soustraction ordinaire et soustraction abrégée.

Le Maître. Vous avez raison. Voici les règles
que vous observerez, lorsque vous diviserez un
nombre par un autre.

1°. Ecrivez le *diviseur* sous le *dividende*, en
allant de la gauche à la droite.

2°. Si le *diviseur* à plusieurs chiffres, par exemple, deux, écrivez-les sous les deux premières
figures du *dividende*, pourvu que ces deux premières figures ne soient pas moindres que le *diviseur*; car alors il faudroit mettre le premier chiffre
du *diviseur* sous le second chiffre du *dividende*.
Ce que je vous dis d'un *diviseur* composé de deux
chiffres par rapport aux deux premières figures
du *dividende*, vous l'appliquerez à une *diviseur*
composé de 3 ou 4 chiffres, par rapport aux
3 ou 4 premières figures du *dividende*.

3°. Cherchez combien de fois le premier chiffre
du *diviseur* se trouve contenu dans le premier
ou da ' les deux premiers chiffres du *dividende*.
S'il s, trouve contenu 6 fois, marquez 6 au
quotient. Multipliez ensuite le *diviseur* par le *quotient* 6. Ecrivez-en le *produit* sous le *diviseur*.
Otez ce produit de la partie du *dividende* qui
lui répond. Marquez le *restant*, comme dans la
soustraction ordinaire, et voilà la première opération faite.

4°. S'il reste dans le *dividende* des chiffres auxquels le *diviseur* n'ait pas été appliqué, ajoutez
un de ces chiffres au *restant* de la soustraction,
et recommencez l'opération comme auparavant.

S'il en falloit ajouter 2, au lieu d'un, pour pouvoir faire la division, il faudroit mettre o au
quotient, avant que de descendre le dernier des
deux chiffres.

5°. La dernière opération étant faite, s'il reste
quelque chose, mettez ce *restant* à côté du *quotient*, et le *diviseur* au-dessous en forme de fraction.

6°. Lorsque vous diviserez un nombre par un
autre, prenez garde que le *produit* qui viendra
de la multiplication du *diviseur* par le *quotient* ne
soit pas plus grand que la partie du *dividende*
qui répond actuellement au *diviseur*; car alors
il faudroit recommencer l'opération, et mettre
un moindre nombre au *quotient*. Il est facile de
tomber dans cette faute, lorsque le second ou
le troisieme chiffre du diviseur sont un peu grands,
comme 6, 7, 8, 9.

Le Disciple. Vous appliquerez sans doute
dans les leçons suivantes ces différentes règles à
quelque *exemples.*

Le Maître. Je vous exhorte à relire ces différentes règles, à les graver profondement dans votre
esprit, avant d'en faire l'application. Si la pratique
est nécessaire, la théorie ne l'est guères moins.

XV Leçon.

XV. LEÇON.

Sur l'Hygromètre et sur l'Anémomètre.

LE *Maître.* Il en est de l'hygromètre en Physique, comme du sonnet dans la poésie.

> Un sonnet sans défaut vaut seul un long poëme.
> Mais en vain mille Auteurs y pensent arriver ,
> Et cet heureux phénix est encore à trouver.
>
> *BOILEAU , art poétique.*

Oui, je ne crains pas de le dire, un hygromètre sans défaut est encore à construire. Faisons donc les plus grands efforts pour rendre, le moins imparfait qu'il sera possible, un instrument si nécessaire aux Physiciens météorologistes.

Le Disciple. Qu'est-ce que l'hygromètre ? Je n'en ai aucune idée.

Le Maître. C'est un instrument météorologique destiné à nous indiquer l'état actuel de l'atmosphère terrestre par rapport à l'humidité et à la sécheresse. Nous avons parlé dans la dernière leçon des vents pluvieux et des vents secs ; nous devons naturellement parler dans celle-ci de l'instrument destiné à nous faire connoître jusqu'à quel point l'air est sec ou humide.

Le Disciple. N'appellez-vous pas *hygromètre* un instrument où l'on voit une aiguille qui marque, sur la circonférence d'un cadran, les degrés de sécheresse et d'humidité ?

Le Maître. Cette espèce d'hygromètre n'est

Tome I. P

bonne que pour amuser les enfans. L'ame de
cet instrument est une corde de boyaux que l'on
fixe d'un côté à quelque chose de solide, et que
l'on attache par l'autre perpendiculairement à une
petite traverse qui tourne à mesure que la corde
se tord ou se détord. C'est-là la cause du mouvement de l'aiguille dont vous venez de me
parler.

Le Disciple. Pourquoi parlez-vous avec tant
de mépris de cette espèce d'hygromètre?

Le Maître. C'est que la corde qui en est l'ame,
est fermée dans un étui où l'air ne se renouvelle
que peu ou point. Comment les mouvements
de cette corde pourroient-ils indiquer les variations de l'air extérieur, par rapport à l'humidité
et à la sécheresse?

Le Disciple. J'en conviens. Faites-moi la description d'un bon hygromètre.

Le Maître. Pour avoir un bon hygromètre,
dit M. l'Abbé Nollet, tendez foiblement dans
une situation horizontale et dans un endroit à
couvert de la pluie, quoiqu'exposé à l'air libre,
une corde de chanvre de 10 à 12 pieds de longueur; attachez au milieu de cette corde un fil
de laiton au bout duquel vous ferez pendre un
petit poids qui servira d'*index*, et qui corres-
pondra à une petite échelle divisée en pouces et
en lignes, à peu près comme sont celles des baromètres, vous aurez un instrument dont l'*index*
en montant vous marquera les degrés d'humidité,
et ceux de sécheresse en descendant.

Le Disciple. Pourquoi l'*index* monte-t-il dans
un temps humide? et pourquoi descend-t-il dans
un temps sec?

Le Maître. La raison n'est pas difficile à trouver. N'avez vous jamais remarqué qu'une corde perd de sa longueur, lorsqu'on la mouille ? L'humidité raccourcit donc les cordes , et la sécheresse les alonge : donc dans un temps humide la corde de chanvre qui forme l'hygromètre , doit être plus tendue, que dans un temps sec : donc dans un temps humide l'*index* doit monter , et dans un temps sec il doit descendre.

Le Disciple. J'entre facilement dans ce mécanisme. Mais un hygromètre doit être un instrument portatif; on doit , comme le thermomètre , pouvoir le mettre dans la poche ; on doit pouvoir le placer dans quelque appartement que ce soit. Celui de M. l'Abbé Nollet a 10 ou 12 pieds de longueur. Combien peu de maisons où l'on puisse trouver un local, tel que le demande M. l'Abbé Nollet, pour tendre son hygromètre ; il faut que ce local soit en même temps à l'abri de la pluie et exposé à l'air libre.

Le Maître. Ce sont-là des inconvéniens, j'en conviens, mais ils sont bien petits ; et l'hygromètre de M. l'Abbé Nollet en présente de bien plus considérables.

Le Disciple. Quels sont ces inconvéniens ? je l'apprendrai volontiers ; je vous avoue que je n'aime pas l'hygromètre de M. l'Abbé Nollet.

Le Maître. Un parfait hygromètre doit être très-sensible ; il doit marquer les moindres changemens qui se font dans l'air par rapport à l'humidité et à la sécheresse. Il n'est qu'une grande humidité ou une grande sécheresse qui puisse raccourcir ou allonger d'une manière sensible une corde de 10 ou 12 pieds de longueur.

D'ailleurs que demandent les Physiciens ? Un hygromètre *comparable.* Celui de M. l'Abbé

Nollet ne le sera jamais. Il pourra tout au plus indiquer que le local où on l'a placé, a été plus ou moins sec, plus ou moins humide en tel et tel temps.

Le Disciple. Qu'est-ce qu'un hygromètre comparable ? je n'entends pas ce terme.

Le Maître. Les hygromètres comparables sont des hygromètres dont se munissent différens observateurs, placés dans différens endroits de la terre. Ils font constamment, tous les jours, les observations hygrométriques; ils les comparent ensemble; et par ce moyen ils déterminent la sécheresse ou l'humidité qui a eu lieu telle année dans ces différens pays. Si ces observations se font pendant un certain nombre d'années, ils en concluent que constamment tel pays est plus humide ou plus sec que tel autre.

Le Disciple. Avons-nous de pareils hygromètres ?

Le Maître. L'hygromètre à *plume*, inventé il y a quelques années par M. Buissart, des Académies d'Arras, de Dijon, etc., peut assez facilement devenir un hygromètre de *comparaison.*

Le Disciple. Faites-moi, je vous en prie, la description de cet instrument météorologique.

Le Maître. L'hygromètre de M. Buissart est composé d'un canon de plume d'oie et d'un tube capillaire de verre, c'est-à-dire, d'un tube dans l'intérieur duquel on ne peut guère introduire qu'un cheveu. Le canon de plume à environ trois pouces, et le tube capillaire environ un pied de longueur. Les deux extrémités de celui-ci sont ouvertes; il n'est que l'extrémité supérieure de celui-là qui le soit. Voici comment avec ces deux pièces, et d'après les principes de M. Buissart, M. Scanegati construit ses hygromètres. Je l'ai vu opérer sous mes yeux. C'est cet artiste célèbre dont je vous ai parlé dans ma leçon sur le baromètre; c'est ma cinquième leçon.

1°. Il remplit, à quelques lignes près, le canon de plume d'oie de mercure. Le mercure est purifié selon les procédés dont je vous ai fait l'énumération dans ma sixième leçon, *pag.* 82 et 83.

2°. Il enfonce de 2 à 3 lignes dans le mercure son tube capillaire, et par cette immersion le mercure monte dans le tube jusqu'à peu près la moitié de sa longueur.

3°. Avec de la cire d'espagne, il fixe le tube contre les parois intérieures de la plume; et par le moyen de ce mastic, le mercure qu'elle contient n'a plus de communication avec l'air extérieur. Cela fait, il cherche le point de la plus grande humidité et celui de la plus grande sécheresse. Ce sont là comme les deux points *cardinaux* de l'échelle dont j'aurai bientôt occasion de vous parler.

Le Disciple. Jusqu'à présent je vous ai suivi sans peine dans la description que vous m'avez faite de l'hygromètre de M. Buissart. Pour que je vous suive aussi facilement dans la suite; dites-moi, je vous en prie, quel est l'effet de l'humidité et quel est celui de la sécheresse sur les plumes en général, et sur la plumes d'oie en particulier.

Le Maître. L'humidité relâche la plume d'oie, et par là même, elle lui fait acquérir un plus grand diamètre. La sécheresse au contraire la resserre, et occasionne par là même une diminution dans ce même diamètre.

Le Disciple. C'est donc ici l'*inverse* des cordes de chanvre. L'humidité les raccourcit et la sécheresse les allonge. Comment M. Scanegati détermine-t-il, pour ses hygromètres, le point de la plus grande humidité ?

Le Maître. Il trempe pendant près de deux heures dans l'eau froide la plume remplie de mercure, sans y tremper le tube de verre déjà mastiqué. Par cette immersion la plume acquiert un plus grand diamètre ; le mercure baisse dans le canon de la plume, et par là même celui que contient le tube de verre est obligé de descendre. Le point où il se fixe après être descendu, est évidemment le point de la plus grande humidité. C'est le point qu'il faut marquer sur le tube avec la plus grande exactitude ; nous le transporterons bientôt sur l'échelle.

Le Disciple. Comment détermine-t-on, pour l'hygromètre dont nous parlons, le point de la plus grande sécheresse ?

Le Maître. On le détermine par les procédés suivants. 1°. Prenez une certaine quantité de sable, dont vous aurez séparé, par le moyen d'un tamis fin, les parties les plus grossières, et la plupart des parties hétérogènes.

2°. Faites sécher au four ou au soleil ce sable tamisé, de manière qu'il ait perdu tout ce qu'il peut avoir d'humidité.

3°. Mettez ce sable dans un pot, et laissez ce pot près du feu jusqu'à ce que le sable qu'il contient ait acquis la chaleur de l'eau bouillante. Le thermomètre dont je vous expliquerai le

mécanisme en son temps, vous indiquera facilement et précisément ce degré de chaleur.

4°. Enfoncez dans le sable votre hygromètre,
comme vous l'avez enfoncé dans l'eau froide. Par
cette espèce d'immersion la plume de votre hygromètre se resserrera, son diamètre diminuera,
le mercure contenu dans le canon s'élevera, et
cette élévation causera nécessairement celle du
mercure contenu dans le tube. Le point où il se
fixera après un certain temps, sera celui de la
plus grande sécheresse. Vous marquerez ce point
sur le tube avec tout le soin possible, parce qu'il
doit être marqué sur l'échelle absolument nécessaire à tout hygromètre de comparaison.

Le Disciple. Ne m'expliquez pas le mécanisme
de l'hygromètre ; je le comprend parfaitement.
Dans un temps humide le mercure contenu dans
le tube capillaire, doit descendre, et dans un
temps sec il doit monter. Il descend plus ou
moins, et il s'élève plus ou moins, suivant le
degré d'humidité et de sécheresse de l'air. La
confection de cet instrument météorologique me
paroît si facile, que dès demain je me procurerai
tout ce qu'il faut pour en construire un. J'ai des
plumes d'oie.

Le Maître. Ce sera une occupation digne d'un
Physicien. Continuons la description de notre
hygromètre, et essayons de le transformer en hygromètre de *comparaison.*

Le Disciple. C'est ici, je le crois, le point le
plus délicat. *Hoc opus, hic labor est.* Je prétend
faire aussi un hygromètre de *comparaison.* Comment faut-il que je m'y prenne ?

Le Maître. Ayez une planche couverte de papier blanc, et appliquez-y votre hygromètre à

peu près comme on applique un thermomètre
sur une planche semblable. Marquez sur le papier
par o et par s le point de la plus grande humidité et
celui de la plus grande sécheresse. Divisez en
parties égales l'intervalle qui sépare ces deux
points l'un de l'autre ; par là même votre échelle
hygrométrique sera construite ; elle contiendra
autant de degrés, qu'elle aura de parties égales.

Le Disciple. J'aurois envie d'écrire à côté de o
ces mots : *point de la plus grande humidité* ; et à
côté de s : *point de la plus grande sécheresse.*

Le Maître. Vous le pouvez. Ne marquez rien,
au reste, au-dessous de o et au-dessus de s ; le
mercure contenu dans le tube, ne peut jamais
descendre au-dessous de o ; il ne peut jamais
s'élever au-dessus de s.

Le Disciple. Je le comprends ; ces deux points
désignent l'un la plus grande humidité, et l'autre
la plus grande sécheresse. Mais de combien de
lignes doivent être composés les degrés de l'é-
chelle hygrométrique ?

Le Maître. Dans le premier hygromètre qu'on
construit, que j'appelle volontiers *hygromètre
prototype*, la division se fait à la volonté de l'artiste ; il doit seulement prendre garde qu'il règne entre les degrés l'égalité la plus parfaite.

Le Disciple. Je construirai un second hygromètre ; je lui adapterai une échelle parfaitement
semblable à celle du premier, et je serai assuré
d'avoir deux hygromètres comparables.

Le Maître. Vous les auriez en effet, si les
deux tubes avoient le même degré de capilla-
rité, et les deux plumes la même sensibilité, la
même onctuosité. Mais comme la chose est mo-
ralement impossible, vous n'aurez pas, en vous

comportant de la sorte, deux hygromètres de comparaison ; et voilà pourquoi la construction des hygromètres comparables est sujette à de si grandes difficultés.

Le Disciple. Comment donc faut-il s'y prendre pour construire de pareils hygromètres ? La chose n'est pas apparemment impossible.

Le Maître. Non : vous pouvez en construire un très-facilement, si vous gardez à la lettre les avis que je vais vous donner.

Le Disciple. Comptez sur moi ; quels sont ces avis ?

Le Maître. Les voici. 1°. Prenez deux hygromètres, l'un divisé en parties égales, et l'autre sur l'échelle duquel soient marqués seulement les points o et s.

2°. Un jour où l'air sera très-sec, c'est-à-dire, après quelques jours de bise, plongez vos deux hygromètres, suivant la méthode indiquée ci-dessus, dans l'eau froide, et ne les en tirez que lorsqu'ils seront tous les deux au point de o.

3°. Lorsque vos deux hygromètres seront en plein air, examinez, avec toute l'attention possible, la marche du mercure dans l'un et l'autre ; et lorsque dans le premier hygromètre le mercure sera monté d'un degré, marquez 1 sur l'échelle du second hygromètre. Vous marquerez 2 sur la même échelle, lorsque dans le premier hygromètre le mercure aura atteint le second degré, et ainsi de suite, tant que l'ascension du mercure aura lieu. Vous aurez par ce moyen deux hygromètres de comparaison, quoique dans le premier l'échelle soit divisée en parties égales, et dans le second en parties inégales. Par ce moyen vous ferez autant d'hygromètres comparables que vous le jugerez à propos.

Le Disciple. Cette manière d'opérer est bien simple. Est-ce la méthode de M. Buissart ?

Le Maître. Je n'en crois rien. J'ignore comment s'y prend M. Buissart, pour rendre ses hygromètres comparables. Si j'avois connu sa méthode, peut-être me serois-je dispensé de tant réfléchir sur cet instrument météorologique.

Le Disciple. L'hygromètre de comparaison ne sera plus donc un *phénix* en physique.

Le Maître. Nous aurons dans la suite, j'en conviens, de meilleurs hygromètres que ceux que nous avons eu jusqu'à présent; mais ils ne seront pas aussi constamment comparables que les thermomètres de Reaumur, dont je vous parlerai en son lieu.

Le Disciple. Je n'en vois pas la raison.

Le Maître. Vous avez sous les yeux un thermomètre de Reaumur, et un hygromètre de Buissart. Quelles en sont les parties constitutives ?

Le Disciple. Dans le thermomètre, c'est le verre et le mercure; dans l'hygromètre, c'est la plume, le verre et le mercure.

Le Maître. Vous comprenez bien que l'action de l'air extérieur ne peut pas faire changer, de figure aux parties constitutives des thermomètres, et qu'elle doit en faire changer aux plumes des hygromètres.

Le Disciple. Hé bien ! le changement sera égal dans les plumes des deux hygromètres comparables.

Le Maître. Point du tout; ces deux plumes n'auront pas le même degré de sensibilité. Soyez cependant tranquille; la différence ne sera guère sensible, et par ma méthode vous aurez d'assez bons hygromètres de comparaison.

A l'hygromètre doit succéder naturellement l'anémomètre. Je vous ai promis de vous parler dans cette leçon de cet instrument météorologique.

Le Disciple. Je n'en ai aucune idée; j'en attends la description avec impatience.

Le Maître. Vous l'avez cependant tous les jours sous les yeux. Vous l'avez consulté cent fois, lorsque le vent souffle. L'anémométrie est l'art de connoître la direction et la force du vent ; et l'instrument dont on se sert pour cela, s'appelle *anémomètre.*

Le Disciple. La girouette est donc un véritable anémomètre. Vous avez raison ; je l'examine, lorsque je veux savoir de quel côté le vent souffle.

Le Maître. Toute girouette est un anémomètre *simple.* Elle ne marque que la direction du vent ; pour en connoître à peu près la force, il faut un anémomètre *composé.*

Le Disciple. Comment construit-on ces anémomètres?

Le Maître. Non seulement la girouette n'enseigne que la direction du vent, mais encore elle ne l'enseigne qu'à ceux qui connoissent au moins les quatre points cardinaux de la sphère, et qui ont la vue très-bonne ; les girouettes sont placées au haut des clochers, des tours, etc. C'est pour obvier à ces inconvéniens, qu'on construit des anémomètres *composés* ; et voici comment on procède.

1°. On prend une planche plus ou moins grande, à laquelle on donne la figure circulaire, et qu'on couvre d'un papier blanc.

2°. On marque sur la circonférence du cercle

le nom des différens vents. Il suffit de marquer les noms des quatre vents *cardinaux* et ceux des quatre vents *collatéraux*. Vous les marquerez sur cette circonférence, comme vous les avez marqués sur l'horizon. Je vous ai appris, dans ma douzième leçon, à faire facilement une pareille opération.

3°. Au lieu de faire tourner la girouette sur sa tige de fer, on l'y attache de manière qu'elle la fasse tourner avec elle, et l'autre bout de la tige entre dans le centre de la planche circulaire que l'on place, si l'on veut, dans un appartement.

4°. On adapte à la tige de fer une aiguille d'acier dont la longueur égale celle du rayon de la planche circulaire.

5°. On place sur la ligne méridienne la planche circulaire, de manière que le point où vous avez marqué *vent du nord*, regarde le midi, et celui où vous avez marqué *vent du sud*, regarde le nord. Je vous apprendrai dans la suite à tracer facilement dans un appartement une ligne méridienne. En attendant, la boussole vous indiquera à peu près la position de cette ligne. Cela fait, vous aurez un *anémomètre composé*.

Le Disciple. Vous avez placé de manière la planche circulaire, qu'il est impossible que l'aiguille ne vous apprenne pas quel est le vent qui souffle ; je le comprends sans peine. Mais je ne comprends pas comment cette même aiguille vous apprendra qu'elle est la force du vent.

Le Maître. Supposons que la bise règne, l'aiguille tend sans doute à se fixer vers le point de l'anémomètre où vous avez marqué *vent du nord*. Mais si la bise est violente, elle ne s'y fixera pas constamment ; elle reviendra toujours *au vent du nord*, j'en conviens ; mais vous la verrez aller avec plus ou moins de vîtesse, tantôt du nord à l'est et de l'est au nord, tantôt du nord à l'ouest et de l'ouest au nord. Ces mouvemens irréguliers de l'aiguille, comparés les uns avec les autres, vous apprendront assez bien quelle est la force du vent qui souffle.

Le Disciple. Vous n'avez marqué sur l'anémomètre que les quatre vents *cardinaux* et les quatre vents *collatéraux* ; si l'aiguille ne se porte jamais vers aucun des points où sont marqués ces huit vents ; si elle se fixe vers un point situé, par exemple, entre le *nord* et le *nord-est*, et qu'on me demande quel est le vent qui souffle, que répondrai-je ?

Le Maître. Vous repondrez que le vent qui souffle est entre le *nord* et le *nord-est* ; cela vous suffit sur terre. Si vous étiez sur mer, vous auriez un anémomètre où seroient marqués les trente-deux vents dont les Marins savent si bien les noms.

Le Disciple. Votre anémomètre *composé* ne donne guère que des *à-peu-près* sur la force du vent ; cet instrument auroit bien besoin d'être perfectionné, autant peut-être que l'hygromètre.

Le Maître. Vous avez raison ; mais les *à-peu-près* nous suffisent ; les anémomètres *comparables* ne nous sont pas absolument nécessaires.

Le Disciple. Nous pouvons donc reprendre notre arithmétique. J'ai assez réfléchi sur ce que vous m'avez dit dans la dernière leçon, pour vous suivre, lorsque vous diviserez un nombre par une autre.

Le Maître. Je vais diviser 25578 par 609. C'est

le *produit* de la première multiplication que vous
avez faite. Voyez la onzième leçon. J'ai de bonnes raisons pour préférer ces deux nombres à tous
les autres.

Dividende	25578	
		Quotient 42
Diviseur	609	
	2436	
	———	
	1218	
	609	
	1218	
	———	

Voici comment j'ai opéré. J'ai mis 609 sous
2557, et j'ai dit : 6 est quatre fois dans 25 ; j'ai
mis 4 au *quotient*. J'ai ensuite multiplié 609 par
4 ; le produit a été 2436. J'ai enfin soustrait ce
produit de 2557 ; il m'a resté 121 , et la première
opération a été faite.

Pour faire la seconde opération , j'ai descendu
8 à côté de 121. J'ai mis le *diviseur* 609 sous
le *dividende* 1218 ; et comme 6 est 2 fois dans
12, j'ai mis 2 au *quotient*. J'ai multiplié 609 par
2 , et comme j'ai eu pour *produit* 1218 , j'ai
conclu que 609 est 42 fois dans 25578.

Le Disciple. Encore quelques opérations , et je
serai au fait de la division. Mais comment prouverez-vous que votre opération est exacte ?

Le Maître. Puisque la multiplication recompose ce que la division a décomposé, je multi-
plierai le *diviseur* 609 par le *quotient* 42 , et
comme j'aurai pour *produit* le *dividende* 25578 ,
je conclurai que mon opération est exacte.

Le Disciple. Vous m'avez dit que vous aviez

de bonnes raisons pour préférer à tous les autres nombres les deux sur lesquels vous venez d'o-pérer. Pourrois-je vous demander quelles sont ces raisons ?

Le Maître. Ne me demandâtes-vous pas , à la fin de la onzième leçon , de vous prouver que 42 multipliant 609 , devoit avoir pour *pro-duit* 25578 ? Je vous répondis , que ce n'est que par la *division* qu'on peut prouver la bonté d'une *multiplication.* Lorsque vous saurez cette règle , ajoutai-je , vous diviserez le *produit* par le *mul-tiplicande* ; et si votre opération est exacte , vous aurez pour *quotient* le *multiplicateur.* Voilà ce que je viens de faire en preuve de la première *multiplication* qui termine la onzième leçon ; et voilà quelles sont les raisons qui m'ont engagé à préférer à tous les autres nombres les deux sur lesquels je viens d'opérer.

Si j'avois divisé le *produit* 25578 par le *mul-tiplicateur* 42, j'aurois eu pour *quotient* le *multi-plicande* 609. Vous devriez faire cette division ; je vous aiderai.

Le Disciple. Je vais essayer ; je crois pouvoir en venir à bout.

Dividende. 25578. *Quotient* 609.

42

252
___

378

42

378
___

Le Maître. Votre opération est exacte.

Expliquez vous-même comment vous avez opéré.

Le Disciple. 1°. Ne pouvant pas mettre 42 sous 25, je l'ai mis sous 255, et j'ai dit : 4 en 25 y est 6 fois ; j'ai mis 6 au *quotient.* J'ai multiplié 42 par 6, et j'ai eu pour *produit* 252, que j'ai soutrait de 255 ; il a resté 3, et ma première opération a été faite.

2°. J'ai descendu 7 à côté de 3, et comme le *dividende* 37 est inférieur au *diviseur* 42, j'ai mis o au *quotient*, et j'ai descendu 8.

3°. J'ai mis 42 sous 378 et j'ai dit : 4 en 37 y est 9 fois ; j'ai mis 9 au *quotient.* J'ai multiplié 42 par 9, et comme j'ai eu pour *produit* 378, j'ai conclu que 42 se trouve 609 fois dans 25578.

Le Maître. Vous avez très-bien opéré et très-bien raisonné. J'ai donc eu raison de vous dire à la fin de ma onzième leçon, qu'on ne peut faire la preuve de la *multiplication* que par la *division.* L'on n'est assuré que l'opération est exacte, qu'en divisant le *produit*, tantôt par le *multiplicateur* et tantôt par le *multiplicande.* J'ai divisé le *produit* 25578 par le *multiplicande* 609 ; j'ai eu pour *quotient* le *multiplicateur* 42. Vous avez divisé le même *produit* par le *multiplicateur* 42 ; vous avez eu pour *quotient* le *multiplicande* 609.

Le Disciple. Je vais faire les mêmes opérations sur les différentes *multiplications* qui terminent les leçons XI et XII. J'aurai par-là deux avantages ; j'apprendrai la *division*, et je me convaincrai que ces *multiplications* sont exactes.

XVI. Leçon.

XVI. Leçon.

Du son considéré en général et dans l'organe de l'ouïe en particulier.

*L*E *Maître.* Le son est un mouvement de frémissement et de trémoussement imprimé par la percussion aux parties insensibles des corps sonores. Les corps sont plus ou moins sonores ; le plus ou le moins dépend de l'aptitude qu'ils ont à recevoir, par la percussion, dans leurs parties insensibles, le mouvement dont je viens de vous parler.

Le Disciple. Qu'il fût nécessaire de communiquer un mouvement de trémoussement et de frémissement aux parties sensibles d'un corps, pour qu'il rendît du son, voilà ce que je comprendrois facilement. Mais qu'il soit absólument nécessaire que ce mouvement soit communiqué à ses parties insensibles, voilà ce que j'ai bien de la peine à comprendre.

Le Maître. Comprenez-le, ne le comprenez-pas, il n'en sera pas moins vrai que le son est entièrement produit par le mouvement de frémissement et de trémoussement communiqué par la percussion aux parties insensibles des corps sonores. Cette vérité est incontestable ; je suis même en état de vous démontrer la certitude de mon assertion.

Le Disciple. Faites-moi part, je vous en prie, de votre démonstration. Elle ne doit pas être

Tome I. Q

bien lumineuse ; elle a pour objet des choses qui ne tombent pas sous les sens.

Le Maître. Vous vous trompez ; ma démonstration est aussi claire que le jour ; elle est fondée sur une expérience que tout le monde est en état de faire.

Le Disciple. Quelle est cette expérience ? je la ferai de suite.

Le Maître. Prenez des pincettes de fer ou d'acier ; soutenez-les par l'arc sur le bout de votre doigt ; serrez les extrémités des branches l'une contre l'autre vers le bas ; lâchez-les subitement, les parties sensibles des pincettes trémousseront, frémiront assez long-temps d'une manière très-visible, et cependant vous n'entendrez aucun son.

Frappez ensuite les branches de ces mêmes pincettes avec un morceau de fer, par exemple, avec une clef, vous entendrez un son fort clair.

Le Disciple. Je vais faire cette expérience ; si elle réussit, mon parti sera bientôt pris.

Le Maître. Hé bien ! en quoi consiste le son ?

Le Disciple. Dans un mouvement de trémoussement et de frémissement imprimé par la percussion aux parties insensibles des corps sonores. A qui devons-nous cette belle expérience ?

Le Maître. Nous la devons à M. de la Hire. De son temps, les uns prétendoient que le son consistoit dans un mouvement de frémissement et de trémoussement imprimé aux parties sensibles, les autres aux parties insensibles des corps sonores. M. de la Hire, fondé sur l'expérience que vous venez de faire, se déclara pour ce dernier sentiment ; et par cette expérience, il ramena tout le monde à sa manière de penser.

Le Disciple. Faites-moi connoître, je vous en prie, ce grand Physicien.

Le Maître. Cela est juste. Philippe de la Hire nâquit à Paris le 18 mars 1640. M. de Fontenelle n'exagera pas, lorsque, faisant l'éloge de ce grand homme, il assura qu'on avoit eu en M. de la Hire une Académie entière des Sciences. Ç'a été, en effet, un profond Géomètre, un exact Astronome, un grand Physicien. Ce ne sont pas ici des titres donnés en l'air. Qu'on lise ses *sections coniques*, ses *lieux géométriques*, sa *construction des équations*, son traité des *Epicycloïdes*, etc., l'on verra combien avant il a pénétré dans les mystères de la plus haute géométrie.

Sa *Gnomonique* ; ses *Tables astronomiques* du soleil, de la lune et de toutes les planètes ; sa fameuse *machine* qui montre toutes les éclipses passées et à venir, les mois, les années lunaires avec les épactes ; la *Méridienne* commencée par M. Picard, qu'il continua au nord de Paris, tandis que M. Cassini la poussoit du côté du sud, tout cela nous apprend qu'il n'y a point eu d'Astronome dans son siècle avec lequel on ne le puisse mettre en parallèle.

Enfin, M. de la Hire paroît grand Physicien dans sa *Mécanique*, son *Optique*, son *Acoustique*, ses Traités sur la *glace* et sur le *froid*, etc. Il mourut à Paris le 21 avril 1718, à l'âge de 78 ans. Il avoit été reçu à l'Académie des Sciences en l'année 1678. Ceux qui voudroient écrire son histoire, devroient le représenter encore comme un grand Professeur d'architecture, un bon dessinateur, et un habile peintre de paysage; nouvelle preuve qu'on a trouvé en M. de la Hire seul une Académie entière des Sciences.

Le Disciple. Qu'il me tarde d'être savant! Je lirai avec empressement les ouvrages de ce grand homme. Si je puis parler du son considéré en général, je le dois à la belle expérience dont il est l'inventeur. Considérons maintenant le son dans l'organe de l'ouïe; c'est l'oreille. Vous aurez sans doute la bonté de me faire la description anatomique des différentes parties dont elle est composée.

Le Maître. L'organe de l'ouïe se divise en oreille extérieure et oreille intérieure. Les principales parties de l'oreille extérieure sont la *conque*, le *conduit auditif* et le *tympan*.

Le Disciple. Je connois la *conque*; plus d'une fois maman m'a tiré les oreilles; c'est là que les Dames attachent leurs boucles, leurs pendans. Pourquoi est-elle faite en forme d'entonnoir?

Le Maître. C'est qu'elle doit rassembler facilement les rayons sonores. Si cette partie de l'oreille vous manquoit, vous entendriez un bruit à peu près semblable à celui que fait une eau qui coule avec impétuosité.

Le Disciple. C'est sans doute pour faire cesser un murmure si importun, que M. *** à qui on a fait l'amputation de la conque, porte à son oreille sa main courbée en forme de cornet. Qu'est-ce que le *conduit auditif*?

Le Maître. C'est un canal long et tortueux qui part de la conque et qui porte le son jusqu'à la membrane du tympan.

Le Disciple. Pourquoi ce canal est-il tortueux? n'entendroit-on pas mieux, s'il étoit direct? On pourroit se délivrer plus facilement de tout ce qui pourroit s'y introduire.

Le Maître. Dieu nous préserve que le conduit auditif ne fût pas tortueux. Rien n'est plus délicat que la membrane du tympan. Elle seroit blessée, si le son n'étoit pas amorti, lorsqu'il y parvient. Aussi l'Auteur de la nature, toujours attentif à nos besoins, a-t-il donné au conduit auditif la figure dont vous vous plaignez imprudemment. C'est sans doute pour la même raison que le tympan se présente obliquement, et fait un angle fort aigu avec la partie inférieure du conduit auditif. Sans toutes ces précautions, le bruit d'un coup de canon briseroit le tympan en mille pièces.

Le Disciple. Vous avez bien raison de m'accuser d'imprudence. Bien sûrement il ne m'arrivera plus de faire des remarques aussi ridicules. Qu'est-ce que le tympan ?

Le Maître. C'est une membrane sèche, déliée, transparente, tendue à peu près comme la peau d'un tambour. Elle ferme absolument le conduit auditif, et elle ôte toute communication entre l'air qui se trouve dans l'oreille extérieure et celui qui réside dans l'oreille intérieure.

Le Disciple. On s'est donc moqué de moi, lorsqu'on m'a parlé d'un homme qui, fumant une pipe de tabac, faisoit sortir la fumée par ses oreilles.

Le Maître. Ce prétendu fait n'est au fond qu'une supercherie, de l'aveu même de plusieurs soldats des invalides qui s'étoient vantés de rendre la fumée par les oreilles. Ce sont là les propres paroles de M. l'Abbé Nollet à qui ces soldats avouèrent qu'ils mettoient dans le conduit auditif

des drogues qui, après un certain temps, produisoient cette fumée.

Le Disciple. Nous pouvons donc passer maintenant à la description anatomique de l'oreille
intérieure. Je suis parfaitement au fait de l'oreille
extérieure.

Le Maître. Le tympan dont vous connoissez
la nature et la position, appartient en même
temps à l'oreille intérieure et à l'oreille extérieure,
puisqu'il se trouve à l'extrémité de celle-ci et au
commencement de celle-là. D'abord, après cette
membrane, se présente la caisse du tympan ;
c'est une cavité assez ample et assez ronde remplie d'air.

Le Disciple. D'où lui vient cet air ? Vous m'avez
dit que le tympan fermoit absolument le conduit
auditif.

Le Maître. Cet air lui vient par un canal
long et étroit qui descend jusques à la luette.
Il a été découvert par un Anatomiste appelé
Eustache. Aussi l'appelle-t-on *trompe d'Eustache.*
Ce n'est que depuis lors qu'on convient que
les Anciens ont eu tort de regarder comme *inné*
l'air que contient la caisse du *tympan.*

Le Disciple. On peut donc entendre par la
bouche ?

Le Maître. Qui en a jamais douté, depuis la
découverte de la trompe d'Eustache ! Si l'on n'en-
tendoit pas par la bouche, distingueriez-vous les
paroles que vous prononcez sans presqu'ouvrir
les lèvres ? Un corps sonore que vous agitez,
en le tenant entre vos dents, feroit-il sur votre
ouïe une aussi forte impression ?

Le Disciple. Je ne suis plus surpris de voir
les personnes qui ont l'oreille dure, ouvrir la

bouche, lorsqu'elles assistent à quelque discours ou à quelque concert. N'y a-t-il que del'air dans la caisse du tympan ?

Le Maître. A l'entrée de la caisse du tympan, l'on remarque quatre osselets que leur figure singulière ont fait nommer *l'os orbiculaire*, le *marteau*, *l'enclume* et *l'étrier*. L'os orbiculaire termine le tympan vers le centre duquel aboutit le manche du *marteau*. La tête du *marteau* porte sur *l'enclume*, et *l'enclume* s'emboîte dans *l'étrier*, dont la base aboutit à peu près au centre d'une membrane appelée la *fenêtre ovale*. J'aurai bientôt occasion de vous parler de cette membrane.

Le Disciple. A quoi servent ces quatre osselets dans la caisse du tympan ?

Le Maître. De la situation de ces osselets, les Anatomistes ont tiré depuis long-temps leurs différens usages. *Le marteau*, *disent-ils*, sert à tendre et à détendre le tympan par le moyen d'un tendon que produit le premier des deux muscles qui se trouvent dans la caisse du tambour, et qui tient à l'extrémité du manche du *marteau*. *L'enclume* paroît destiné à fixer le tympan; c'est pour cela sans doute que l'on voit l'une de ses branches appuyées contre *l'os orbiculaire*, tandis que l'autre s'enfonce dans l'os pétreux. Enfin *l'étrier* pourroit bien être pour la membrane qui ferme la fenêtre ovale, ce qu'est le *marteau* pour celle qui ferme le conduit auditif; aussi le second des muscles qui se trouve dans la caisse du tambour, produit-il un tendon qui communique et avec *l'étrier*, et avec la membrane qui ferme la fenêtre ovale.

Le Disciple. Ce que disent les Anatomistes sur les quatre osselets, n'a qu'un rapport bien indirect avec le son ; je m'étonne qu'ils n'aient pas poussé plus loin leurs recherches.

Le Maître. Ils ont laissé ce soin aux Physiciens. J'ai médité long-temps sur ces quatre osselets, et je crois avoir tiré, non seulement de leur situation, mais encore de leur figure, des usages qui ont un rapport très-direct avec le son.

Le Disciple. Faites-moi part de vos découvertes. Je vous avouerai ingénument que ce qu'ont dit les Anatomistes sur les quatre osselets, ne m'a guère amusé.

Le Maître. Ce n'est pas ici une découverte, c'est une pure conjecture. Je pense que toutes les fois que l'air modifié en son, frappe le tympan, alors le manche du *marteau* est mis en mouvement, et sa tête frappe un coup sur *l'enclume*; ce mouvement se communique nécessairement de *l'enclume* à *l'étrier* et de *l'étrier* à la membrane qui ferme la fenêtre ovale. L'on peut donc conjecturer qu'une des fonctions principales des osselets, est de faire passer l'impression du son de la membrane du tympan, jusqu'à celle qui ferme la fenêtre ovale.

Le Disciple. Vous appellez cela *conjecture* ; vous êtes bien modeste. Pour moi je pense que c'est là la principale destination des osselets. Qu'est-ce que la fenêtre ovale dont vous m'avez parlé si souvent?

Le Maître. Au fond de la caisse du tympan se trouve une cavité remplie d'air ; ses tours et ses détours l'ont faite nommer *labyrinthe*. Ses parties principales sont le vestibule, les trois canaux semi-circulaires et le limaçon. Elle communique avec la caisse du tympan par deux issues

que deux membranes bien tendues tiennent exactement fermées. La première de ces issues se
nomme *fenêtre ovale* ; elle conduit au vestibule
du labyrinthe : la seconde s'appelle *fenêtre ronde* ;
elle conduit au limaçon. Les nerfs auditifs tapissent, pour ainsi dire, le *labyrinthe*.

Le Disciple. La figure de la cavité dont vous
venez de me faire la description, ne me cause
aucune surprise. Les mêmes raisons qui ont engagé l'Auteur de la nature à donner au conduit
auditif la figure d'un canal long et tortueux ,
l'ont sans doute déterminé à construire, en forme
de labyrinthe, la cavité dont nous parlons. Le
son ne sauroit être trop amorti , lorsqu'il fait
impression sur les nerfs auditifs. Ils sont sans
doute d'une délicatesse incompréhensible.

Le labyrinthe, *m'avez-vous dit*, est rempli
d'air. La fenêtre ovale et la fenêtre ronde sont
exactement fermées , chacune par une membrane.
Cet air n'a donc aucune communication avec
celui que contient la caisse du tympan ; il ne
peut pas se renouveler : c'est donc un air *inné*.

Le Maître. Nous le regarderons comme tel ,
jusqu'à ce que quelque habile Anatomiste, à
l'exemple d'*Eustache*, ait découvert un canal de
communication entre le *labyrinthe* et la caisse du
tympan.

Vous voilà maintenant au fait de l'oreille intérieure et de l'oreille extérieure ; il s'agit de déterminer quel est l'organe de l'ouïe. Le placeriez-
vous dans le tympan ?

Le Disciple. Je m'en garderois bien ; vous
m'avez appris qu'on pouvoit entendre par la
bouche. Depuis la découverte de la trompe
d'Eustache , ce sentiment est insoutenable.

Le Maître. Vous avez raison. Voici un fait qui vous confirmera dans votre manière de penser. M. Cheselden rompit à un de ses chiens la membrane du tympan. L'animal ne perdit pas, par cette opération, l'usage de l'ouïe. Il eut, il est vrai, pendant quelque temps une grande aversion pour les sons, parce qu'ils entroient dans l'oreille intérieure avec trop d'impétuosité; mais il en devint si peu sourd, qu'il distinguoit encore la voix de son Maître d'avec la voix de tous les autres. Où placez-vous donc l'organe de l'ouïe?

Le Disciple. Je crois qu'il n'y a pas à hésiter. Je le place dans les nerfs qui tapissent l'intérieur du *labyrinthe*; ce sont là les nerfs auditifs. L'Auteur de la nature a pris trop de précautions pour les mettre à l'abri de tout accident.

Le Maître. Ajoutez à cette bonne raison les réflexions suivantes. Toute sensation est une connoissance de l'ame, occasionée par la présence d'un objet matériel qui agit sur des organes dont les ébranlemens se transmettent nécessairement au cerveau. Nous sentons à l'aide des nerfs répandus dans notre corps, qui n'est, pour ainsi dire, qu'un grand nerf, ou qui ressemble à un grand arbre dont les rameaux éprouvent l'action des racines, communiquée par le tronc. Dans l'homme les nerfs les plus essentiels viennent se réunir, ou pour mieux dire, partent tous du cerveau. Ce viscère est le vrai siége de l'ame; celle-ci, de même que l'araignée que nous voyons suspendue au centre de sa toile, est promptement avertie de tous les changemens marqués qui surviennent à son corps, jusqu'aux extrémités duquel s'étendent des filets ou des rameaux de nerfs, tous plus déliés les uns que les autres.

L'expérience nous démontre que l'homme cesse de sentir dans les parties de son corps, dont la communication avec le cerveau se trouve interceptée; il sent imparfaitement ou ne sent point du tout, dès que cet organe lui-même est dérangé, ou trop vivement affecté. Concluez de ces réflexions que le véritable, l'unique organe de l'ouïe se trouve dans les nerfs qui tapissent l'intérieur du *labyrinthe.*

Le Disciple. Vous m'expliquerez sans doute maintenant par quel mécanisme les sons extérieurs sont transmis aux nerfs auditifs, et des nerfs auditifs au cerveau.

Le Maître. Ce sont là deux questions que je ne puis discuter que dans la leçon suivante, où je dois considérer l'air comme corps sonore et comme véhicule du son. Je me contenterai de vous donner, dans cette leçon, les notions qui vous seront nécessaires, pour comprendre facilement comment le son est transmis des nerfs auditifs au cerveau. Formez-vous d'abord une idée nette des nerfs : ce sont des corps longs, ronds, blancs, au milieu desquels se trouve un conduit destiné à recevoir les esprits vitaux. Il y a dans le corps humain 40 paires de nerfs; dix sortent du cerveau, et trente de la moëlle épine. Un Physicien ne s'attache guère qu'aux dix paires de nerfs qui sortent du cerveau. Comme nous les prenons toujours de deux à deux, nous les appellons les *dix conjugaisons.*

Le Disciple. Vous m'apprendrez sans doute ce qu'il faut entendre par *esprits vitaux,* et comment ils s'introduisent dans le conduit qui se trouve au milieu de chaque nerf.

Le Maître. Dans le cerveau se trouvent deux

substances ; l'une molle et spongieuse s'appelle *substance cendrée* ; l'autre beaucoup plus dure, et tirant sur le blanc, se nomme *substance calleuse*. L'une et l'autre sont séparées en différentes couches, et percées d'une infinité de trous qui deviennent toujours plus petits à mesure qu'ils s'approchent du *centre ovale*, dont je vous parlerai bientôt. Une grande partie du sang qui sort du cœur, est portée par les artères jusques dans la substance, soit *cendrée*, soit *calleuse* du cerveau. Là les particules les plus subtiles sont séparées des plus grossières ; celles-ci se rendent dans les veines, et celles-là dans les nerfs, au milieu desquels se trouve un canal disposé à les recevoir. C'est ce fluide infiniment subtil qui forme les esprits vitaux, sans le secours desquels le corps n'est capable d'aucune fonction, et l'ame d'aucune sensation.

Le Disciple. C'est donc le sang qui fournit les esprits vitaux ; ils ne sont pas distingués des parties les plus subtiles et les plus déliées de ce fluide. Je ne suis pas étonné que ceux dont le sang est appauvri, aient si peu de force. Je vois même que les saignées ne sont jamais indifférentes ; les Medécins ne doivent jamais les ordonner sans de bonnes raisons. Qu'est-ce que le *centre ovale* ? Vous avez promis de m'en parler.

Le Maître. Le centre ovale est un espace dans le cerveau à peu près elliptique, dont la circonférence est formée par les dix paires de nerfs que les Anatomistes appellent les *dix conjugaisons* ; il commence à la base du grand cerveau, à peu près dans l'endroit d'où les nerfs de la première conjugaison tirent leur origine, et il s'étend jusqu'à la partie du cervelet d'où sortent les nerfs de la dixième conjugaison. C'est par le moyen de ces nerfs, que les objets extérieurs font impression sur nos sens; c'est par eux que l'ame connoît ces objets extérieurs. Aussi regardons-nous le centre ovale comme le vrai siége d'où l'ame préside à toutes les opérations d'un corps avec lequel elle est physiquement unie. Il n'est en effet point de place dans le corps humain qui lui convienne aussi bien que celle-là.

Le Disciple. A laquelle des dix paires de nerfs appartiennent les nerfs auditifs?

Le Maître. Ils appartiennent aux nerfs de la septième conjugaison. Ces nerfs se partagent en différens rameaux dont les plus durs vont aboutir à différentes parties intérieures de la bouche et du visage, et les plus mous vont se rendre dans le *labyrinthe*. Semblables à tous les autres nerfs, ils s'y terminent en une infinité de petites *houpes* et de petits *mamelons*.

Le Disciple. Ce que vous venez de me dire sur les *nerfs*, les *esprits vitaux* et le *centre ovale*, me sera absolument nécessaire, pour comprendre, dans la leçon suivante, comment les sons sont transmis aux nerfs auditifs, et des nerfs auditifs au centre ovale où vous placez le siége de l'ame. Je veux méditer avec tant d'attention sur ces différens objets, que jamais ils ne puissent s'effacer de mon esprit.

Le Maître. Vous ferez très-sagement. Relisez aussi la troisième leçon, vous y trouverez des choses qui ont un rapport immédiat avec l'air considéré comme corps sonore, et comme véhicule du son.

Le Disciple. J'obéirai à la lettre; reprenons l'arithmétique. Je crois que vous serez content de moi. J'ai prouvé par la *division* les différentes *multiplications* qui terminent les leçons XI et XII.

Le Maître. Rendez-moi compte de votre travail. Vous aviez trouvé que 709 multipliés par 9 donnent pour *produit* 6381. Comment le prouverez-vous ?

Le Disciple. J'ai divisé le *produit* 6381 par le *multiplicateur* 9 ; j'ai eu pour *quotient* le *multiplicande* 709.

J'ai ensuite divisé le même *produit* par le *multiplicande* 709 ; j'ai eu pour *quotient* le *multiplicateur* 9.

J'ai fait de semblables opérations pour prouver que 909 multiplié par 99 doit donner pour *produit* 89991.

· J'ai soumis aux mêmes opérations les trois *multiplications* qui terminent la douzième leçon, et je me suis convaincu qu'elles étoient exactes.

Le Maître. Vous voilà en état de faire une *division* qui vous donne un *quotient* avec un reste. Divisez-donc 135088 par 268.

Le Disciple. Je vais opérer.

$$
\begin{array}{ll}
\textbf{Dividende.} & 135088 \\
\textbf{Diviseur.} & 268 \qquad \textit{Quotient } 504\,\tfrac{16}{268} \\
& 1340 \\
\hline
& 1088 \\
& 268 \\
& 1072 \\
\hline
& 16
\end{array}
$$

Le Maître. Votre division est exacte. Rendez-moi compte de vos opérations.

Le Disciple. 1°. Quoique 2 soit 6 fois dans 13, je n'ai cependant mis que 5 au *quotient*, parce qu'en y mettant 6, la soustraction n'auroit pas pu se faire. J'ai multiplié le *diviseur* 268 par le *quotient* 5. J'ai eu pour produit 1340; j'ai soustrait 1340 de 1350; j'ai eu pour restant 10, et la première opération a été faite.

2°. Pour faire la seconde opération, j'ai descendu 8 à côté de 10, et j'ai mis 0 au *quotient*, parce que 108 est plus petit que le *diviseur* 268.

3°. J'ai encore descendu 8 à côté de 108. J'ai divisé 1088 par 268; et quoique 2 soit contenu 5 dans 10, je n'ai mis cependant que 4 au *quotient*, pour pouvoir faire la soustraction. J'ai multiplié 268 par 4, et j'ai eu pour *produit* 1072. Enfin, j'ai soustrait 1072 de 1088, j'ai eu pour restant 16, que j'ai mis à côté du *quotient* et le *diviseur* 268 en dessous, en les séparant l'un de l'autre par une petite ligne. Au reste, j'ai fait cette séparation machinalement, et parce que vous me l'avez ainsi appris dans la quatorzième leçon; je ne connois pas la valeur de $\frac{16}{268}$

Le Maître. Vous ne la connoîtrez que lorsque je vous aurai appris à opérer sur les *fractions.* Pour le présent, il vous suffit de savoir qu'après la dernière soustraction il vous reste 16, et que ce *reste* vous prouve que 268 n'est pas un *diviseur* exact vis-à-vis le *dividende* 135088.

Le Disciple. Que ferai-je du *restant* 16 ?

Le Maître. Lorsque vous saurez la réduction, vous n'en serez pas embarrassé. Si le *dividende* 135088 représente des *livres* à partager entre

268 personnes, vous réduirez 16 en *sous*, et vous diviserez les *sous* par 268.

Le Disciple. Si j'ai encore un *restant*, qu'en ferai-je ?

Le Maître. Vous le réduirez en *deniers*, et vous diviserez la somme des *deniers* par 268. L'opération que vous venez de faire vous apprend donc que chacune de ces 268 personnes aura 504 livres pour sa part. Vous saurez ensuite par la réduction de 16 livres en *sous* et en *deniers*, combien chacune aura pour sa part.

Le Disciple. Il ne me reste maintenant qu'à vous demander la preuve de la *division*.

Le Maître. Multipliez le *diviseur* par le *quotient* ou le *quotient* par le *diviseur* ; et si le *produit* est égal au *dividende*, votre opération est exacte.

Le Disciple. L'opération précédente ne l'est donc pas. En multipliant 504 par 268, je n'ai pour *produit* que 135072.

Le Maître. Ajoutez à ce *produit* les 16 que vous avez eu de reste après la dernière soustraction, vous aurez pour somme totale le *dividende* 135068.

Le Disciple. Faites-moi comprendre la sûreté de cette méthode ; je ne fais que l'apercevoir.

Le Maître. La *division* sert de preuve à la *multiplication*, parce que celle-là décompose ce que celle-ci avoit composé. La *multiplication* doit donc servir de preuve à la *division*, parce qu'elle recompose ce que la *division* a décomposé.

XVII Leçon.

XVII. Leçon.

Du son considéré dans l'air.

Le Maître. La troisième leçon que je vous ai engagé à relire, est sur l'air considéré en général. Je n'aurai pas grand peine à vous prouver que ce fluide est en même temps *corps sonore* et *véhicule de son.* Qu'avez-vous remarqué dans cette leçon, qui ait rapport à ces deux propriétés de l'air ?

Le Disciple. Dans votre première leçon, vous me donnâtes une idée générale de la Physique. Vous me dîtes que dans la suite les expériences les plus décisives m'apprendroient que l'air a du ressort et de la pesanteur. Dès-lors, *ajoutâtes-vous,* toutes les difficultés disparoîtront, lorsqu'on vous invitera à conduire le son *direct* et le son *réfléchi,* jusqu'à l'organe de l'ouïe. Les expériences que vous m'annonçâtes alors, vous me les mîtes sous les yeux dans votre troisième leçon, et vous me forçâtes à convenir que l'air est pesant, et que c'est peut-être le plus élastique de tous les corps. Vous pensez donc que si l'air étoit dénué de pesanteur et de ressort, il ne seroit ni *corps sonore,* ni *véhicule du son.* Je le sens, je le pense comme vous. Si quelqu'un cependant me demandoit le *pourquoi,* j'avoue que je serois un peu embarrassé.

Le Maître. Si l'air, essentiellement fluide, étoit dénué de pesanteur, comment pourriez-vous le frapper ? Ses parties échapperoient à vos

Tome I. R

coups; et si vous ne pouviez pas le frapper;
comment recevroit-il, par la percussion dans ses
parties insensibles, le mouvement de trémoussement et de frémissement qui constitue le
son ?

Le Disciple. Je vous comprends. Mais si l'air
avoit de la pesanteur et qu'il n'eût point d'élasticité, ne pourroit-il pas être, et *corps sonore* et
véhicule du son ?

Le Maître. Pour *véhicule du son*, il ne le seroit
pas, du moins à une grande, et il le seroit très-
peu à une petite distance. Le propre des corps
non élastiques est de garder le mouvement qu'on
leur communique, et le propre des corps élastiques est de le communiquer aux corps avec lesquels ils sont en contact.

Le Disciple. Mais si l'air n'avoit point d'élasticité, seroit-il corps sonore ?

Le Maître. Il le seroit très-peu, et le son
qu'il recevroit, ne pourroit jamais parvenir
jusqu'à l'organe de l'ouïe. L'air n'est donc sonore
et véhicule du son, que parce qu'étant élastique
et pesant, il reçoit dans ses parties insensibles un
mouvement de trémoussement et de frémissement.

Le Disciple. Par quelle expérience pourrai-je
prouver que l'air est un corps sonore ?

Le Maître. Par une expérience que vous faisiez
encore hier, sans penser qu'elle vous serviroit
bientôt à prouver que l'air est un corps sonore.
Je vous la fis répéter cinq à six fois.

Le Disciple. Quelle est cette expérience ?

Le Maître. Lorsqu'avec votre fouet vous vous
amusiez à frapper l'air, qu'arrivoit-il ?

Le Disciple. L'air rendoit un son très-distinct

Il rendoit même un son très-varié, lorsque je réitérois les coups habilement et presque sans interruption.

Le Maître. L'air est donc un corps sonore. Vous pourrez encore apporter, en preuve de cette assertion, les échos dont je vous expliquerai le mécanisme dans la leçon suivante.

Le Disciple. Par quelle expérience prouvez-vous que l'air est le véhicule du son; que c'est le milieu qui transmet, jusqu'à l'organe de l'ouïe, les sons que rendent les corps sonores?

Le Maître. Par l'expérience la plus décisive. Je vous l'ai faite une fois; je vous dis même de ne pas l'oublier.

Le Disciple. Je m'en rappelle. Au haut d'une cloche de verre que vous appellâtes le *récipient* de la machine pneumatique, vous suspendîtes une clochette.

Le Maître. Que remarquâtes-vous, lorsque le récipient fut rempli d'air?

Le Disciple. J'entendis le son de la clochette, lorsque le marteau battoit contre les parois.

Le Maître. Et lorsque j'eus fait le vide, en pompant l'air du récipient, que remarquâtes-vous?

Le Disciple. Vous eûtes beau faire battre le marteau contre les parois de la clochette, je n'entendis aucun son.

Le Maître. L'air est donc le milieu qui transmet, jusqu'à l'organe de l'ouïe, les sons que rendent les corps sonores.

Le Disciple. Vous avez raison; l'expérience est décisive. Je ne suis plus surpris d'entendre très-distinctement le son de certaines cloches, lorsqu'il règne tel vent, et de ne plus l'entendre, lorsque le vent contraire souffle. J'apporterai ce fait en preuve, à ceux qui n'ont aucune idée de la machine pneumatique.

Le Maître. Il est aussi concluant que le premier. Nous pouvons maintenant conduire le son jusqu'à l'organe de l'ouïe, et de l'organe de l'ouïe jusqu'au siège de l'ame.

Le Disciple. Je n'aurai presqu'aucune peine à vous suivre. J'ai relu plusieurs fois ce que vous avez dit, dans la leçon précédente, sur les nerfs, les esprits vitaux et le centre ovale. Vous pouvez commencer.

Le Maître. Je vous ai préparé 15 boules d'ivoire. Elles sont très-élastiques. Rangez-les sur la même ligne droite, de manière qu'elles soient contiguës, et frappez la première.

Le Disciple. La dernière boule est partie seule, à l'instant, pour ainsi dire, que j'ai frappé la première.

Le Maître. Le mouvement s'est communiqué de boule en boule, jusqu'à la dernière qui est partie avec presque tout le mouvement que vous avez communiqué à la première.

Le Disciple. Je n'entends rien à ce mécanisme.

Le Maître. Vous le comprendrez facilement, lorsque je vous aurai exposé les lois qui s'observent dans le choc des corps élastiques. Pour le présent le fait vous suffit.

Le Disciple. Cette expérience une fois supposée, j'expliquerois sans peine comment le son parvient, depuis le corps sonore jusqu'à l'organe de l'ouïe. Je suis parfaitement au fait de l'oreille extérieure et de l'oreille intérieure. J'ai relu avec beaucoup d'attention, j'ajoute même avec beaucoup de plaisir, la leçon précédente.

Le Maître. Je vous écouterai avec empressement. Commencez.

Le Disciple. Toutes les fois qu'un corps sonore, par exemple une cloche, rend du son, elle reçoit dans ses parties insensibles et sensibles un mouvement de trémoussement et de frémissement ; ce mouvement se communique des parties sensibles de la cloche à l'air extérieur, c'està-dire, à l'air qui se trouve entre le corps sonore et le tympan ; de l'air extérieur, il est porté au tympan ; du tympan, à l'air contenu dans la caisse du tympan ; de l'air contenu dans la caisse du tympan, aux membranes qui ferment la fenêtre ovale et la fenêtre ronde ; de ces deux membranes, à l'air contenu dans le labyrinthe ; de l'air contenu dans le labyrinthe, aux extrémités des nerfs auditifs où vous avez placé l'organe de l'ouïe.

Le Maître. C'est par ce mécanisme, en effet, que le son parvient jusqu'à l'organe de l'ouïe ; vous n'aurez pas grand peine à le conduire jusqu'au centre ovale. Vous savez que les nerfs auditifs partent de ce fameux centre, et qu'au milieu de ces nerfs se trouve un canal très-étroit rempli d'esprit vitaux. Je vous avertis qu'ils y sont rangés à peu près comme les 15 boules d'ivoire égales et contiguës dont je viens de vous parler.

Le Disciple. L'air modifié en son, contenu dans le labyrinthe, ne peut pas frapper les extrémités des nerfs auditifs, sans frapper le premier des esprits vitaux dont est rempli le canal qui est au milieu de ces nerfs. Ce mouvement se communique des uns aux autres avec une vîtesse inexprimable, et il parvient à l'instant aux esprits qui se trouvent à l'origine des nerfs auditifs qui forment une partie de la circonférence du centre ovale, le vrai, l'unique siége de l'ame dans le corps humain. Je voudrois bien savoir comment, à l'occasion de ce mouvement communiqué, l'ame produit la sensation de l'ouïe.

Le Maître. L'ame est physiquement unie au corps avec lequel elle fait un *tout* substantiel. En vertu de cette union intime qu'il y a entre l'esprit et la matière, union que je regarde comme la preuve la plus sensible de la toute-puissance de l'Etre Suprême, l'ame produit un acte capable de lui représenter les objets qui font impression sur l'organe de son ouie. C'est cet acte que nous nommons la *sensation formelle*. Tous les mouvements qui l'ont précédé, ne forment que la *sensation occasionnelle*. Il faut être aussi mauvais métaphysicien, que mince Physicien, pour confondre l'une avec l'autre.

Le Disciple. Nous avons deux oreilles. Chaque son que produit un corps sonore, fait donc impression sur deux organes différens, sur l'oreille droite et sur l'oreille gauche ; il paroît donc que nous devrions entendre deux fois le même son. L'expérience nous apprend cependant le contraire, et lorsque vous ne m'appellez qu'une fois par mon nom, s'il n'y a point d'écho qui répète vos paroles, je n'entends qu'un son simple, et non pas un son redoublé. D'où vient le contraire n'arrive-t-il pas ? Voilà un fait que j'aurois bien de la peine à expliquer.

Le Maître. Ce sera cependant vous qui l'expliquerez, et qui l'expliquerez très-facilement.

Le Disciple. Mettez-moi donc sur les voies.

Le Maître. Les nerfs, pour pouvoir s'étendre dans tout le corps, se décomposent, pour ainsi dire. Ils se divisent en différens filamens qu'on appelle *fibres.* Chaque filament est muni d'un canal rempli d'esprits vitaux. Nous appellons fibres sympathiques ou homologues deux fibres qui partent du même point du cerveau.

Le Disciple. Vous avez raison. J'expliquerai sans peine le fait dont il s'agit. Deux impressions faites sur deux fibres sympathiques, vont nécessairement aboutir au même point du cerveau ; elle ne font qu'une même impression : elles doivent donc déterminer l'ame à ne produire qu'une seule sensation.

Les nerfs auditifs ont, comme tous les autres nerfs, leurs fibres sympathiques ou homologues. C'est sur ces fibres que se fait l'impression du son dans les deux oreilles. Je ne dois pas donc entendre deux fois le même son, quoique l'impression se fasse sur deux organes différens.

J'expliquerois sans peine, si vous le vouliez, pourquoi un objet que je regarde attentivement avec des yeux bien disposés, ne me paroît pas double.

Le Maître. Il n'en est pas encore temps. Vous le ferez, lorsque vous serez aussi au fait de l'œil que vous l'êtes de l'oreille. La description anatomique et physique de l'œil, est bien plus compliquée que celle de l'oreille.

Le Disciple. Je voudrois savoir maintenant comment il peut se faire que nous entendions en même temps, d'une manière distincte, des sons de différente espèce, souvent diamétralement opposés entr'eux. Ces sons ne devroient-ils pas se réunir et se confondre, avant que d'arriver à nos oreilles ? Réunis et confondus, ne devroient-ils pas exciter en nous les sensations les plus désagréables ?

Le Maître. L'air est composé de molécules différentes par leur masse, leur figure, leur degré d'élasticité, etc. Deux sons spécifiquement différens, doivent agiter des particules d'air spécifiquement différentes. Je pense que les particules d'air qui transmettent par exemple le son grave, ont plus de masse, que celles qui transmettent le son aigu. Cela supposé, voici comment je raisonne. Les particules d'air qui transmettent tel son, frappent tels filamens des nerfs auditifs, et celles qui transmettent tel autre son, frappent tels autres filamens. Les sons de différente espèce n'ayant pas donc pu se réunir et se confondre avant que d'arriver à nos oreilles, nous devons entendre, d'une manière distincte, des sons spécifiquement différens, quoiqu'ils soient souvent diamétralement opposés entr'eux.

Il en est des sons comme des couleurs ; celles-ci sont au moins aussi diversifiées que ceux-là. Nous apercevons cependant en même temps, de la manière la plus distincte, des couleurs de différente espèce, souvent diamétralement opposées entr'elles, parce que ces couleurs différentes vont frapper différentes parties de l'organe de la vue. Les différens sons ne vont-ils pas frapper différentes parties de l'organe de l'ouïe ? Pourquoi ne les entendrions-nous pas d'une manière distincte, quelle que soit l'opposition qu'il y ait entr'eux ? Elle ne sera jamais aussi grande que celle qui règne entre le blanc et le noir.

Le Disciple. Je voudrois encore savoir pourquoi, parmi les sons, les uns sont agréables, et les autres désagréables.

Le Maître. Il est facile de vous satisfaire. Les sons les plus agréables, sont ceux dont l'ame connoît plus facilement le rapport. La raison qu'on a coutume d'en donner, c'est que nous fuyons naturellement la peine. Cette raison n'est pas mauvaise. Il me paroît cependant que M. le Monnier en donne une meilleure. Il prétend que les sons les plus agréables, ceux auxquels l'ame se rend la plus attentive, ce sont les sons avec lesquels le tympan de l'oreille est le plus à l'unisson.

Pour les sons que nous regardons comme désagréables, ce sont ceux qui sont ou trop compliqués, ou capables d'endommager l'organe de l'ouïe. La paresse, naturelle à tous les hommes, cause le désagrément des premiers. On doit attribuer le désagrément des seconds à l'amour que chacun a de son corps. C'est à cette dernière cause, que nous rapportons la peine que nous ressentons, lorsqu'on aiguise une scie en notre présence.

Le Disciple Mais pourquoi la monotonie a-t-elle coutume de nous endormir ?

Le Maître. Le sommeil vient d'un défaut de communication entre les organes des sens extérieurs et le centre ovale; je vous le prouverai en temps et lieu. Ce défaut de communication est toujours causé par l'affaissement des nerfs. Or, rien n'est plus propre à produire cet affaissement que la monotonie : pourquoi ? Parce que l'ame, ennuyée par l'uniformité, ne fait aucun effort pour être attentive, et laisse les esprits vitaux dans une espèce d'inaction. Comment, dans cet état, pourroient-ils tendre et animer les nerfs, au milieu desquels ils se trouvent.

Le Disciple. Je voudrois enfin vous demander pourquoi parmi les hommes, les uns ont plus du goût pour l'harmonie que les autres.

Le Maître. Je vous ai dit dans ma dernière leçon, que les nerfs se terminoient en petites houpes, en petits mamelons répandus dans l'intérieur du labyrinthe. Je croirois volontiers que ceux qui ont beaucoup de goût pour l'harmonie, ont les houpes des nerfs auditifs très-nombreuses, très-régulières, et sur-tout très-délicates. Les animaux même les plus stupides, ne sont pas insensibles aux charmes de l'harmonie. Le P. Regnault nous raconte, dans ses *Entretiens physiques*, un trait singulier. Un jour, *dit-il*, comme quelqu'un jouoit de la flutte à bec, assis sur le bord d'un ruisseau dans une prairie, un âne qui passoit à vingt pas, leva la tête, dès qu'il l'entendit, s'approcha de lui, s'arrêta quelque temps à huit ou dix pas., toujours fort attentif ; puis il vint si près, qu'il avoit sa tête prèsqu'au dessus de celle du joueur. Il l'écouta, dans cette situation, pendant un demi-quart d'heure, uniquement occupé du son de la flutte. Ensuite, pour témoigner, à sa manière, au joueur son plaisir et sa reconnoissance, il lui prit, avec les dents, son chapeau sur sa tête, et il le porta à neuf ou dix pas, en galopant et en caracolant avec sa délicatesse et sa légéreté accoutumée.

Le Disciple. Je ne crois pas que les animaux féroces soient sensibles à l'harmonie.

Le Maître. Vous vous trompez. L'Hyène est un animal très-féroce. Elle établit ordinairement sa demeure dans des cavernes au bord des fleuves. Là , elle est à portée de fondre sur les voyageurs qui prennent terre en des rivages déserts, ou sur d'autres bêtes fauves qui viennent boire et se baigner. Aristote observe que l'Hyène est d'une merveilleuse sagacité à découvrir les tombeaux , et d'une activité incroyable à y fouiller. Les cadavres humains , même ensévelis depuis plusieurs jours, flattent encore sa gloutonnerie.

Rien cependant n'est plus singulier que la chasse à l'Hyène. Il n'y faut d'autres armes que des instrumens de Musique , ni d'autres Chasseurs que des Musiciens. Un air , une chanson vulgaire, calment la férocité de cet animal. Au premier son qu'il entend retentir au fond de sa tanière , il vient se présenter à l'ouverture. Aussitôt les instrumens s'unissent aux voix. L'Hyène sensible à cette mélodie , s'approche des Chasseurs , les flatte , se laisse caresser. Cependant on lui jette adroitement un licol et une muselière, et la Musique ne sert plus qu'à célébrer la captivité de l'Hyène et le triomphe des Chasseurs. Qu'on ne s'inquiète pas , au reste , dans ces occasons , du choix des Musiciens. Les Orphées de nos carrefours seroient assez habiles pour y réussir.

Le Disciple. Le fait que vous me permettrez de vous raconter , n'est pas aussi singulier , mais il est avéré. Je le tiens d'un vieillard respectable qui , dans sa plus tendre jeunesse , en avoit été témoin.

Le Maître. Il me paroît que vous regardez comme une fable ce que je vous ai dit de la chasse à l'Hyène ; vous avez tort. J'ai pour garant le savant *Abraham Ecchelensis* , ce fameux Maronite, qui a tant contribué à l'édition de la

Poliglotte de *le Jai.* Racontez votre histoire.

Le Disciple. Le fait dont il s'agit arriva à Alais en 1708. Un Maître à danser, après une fièvre de cinq à six jours, et une longue léthargie, entra dans un délire furieux et muet. Quelqu'un prit le violon du malade, et lui en joua les airs qui lui étoient les plus familiers. Bientôt le malade se leva sur son lit avec l'air d'un homme agréablement surpris. Tous les mouvemens de son corps marquèrent le plaisir qu'il ressentoit. Au bout d'un quart d'heure il s'assoûpit profondément, et une crise qu'il eut pendant le sommeil acheva de le guérir.

Le Maître. Le fait de la *Tarentule* prouve, mieux que tous les autres, le pouvoir de l'harmonie. C'est encore le P. Regnault qui le raconte dans ses *Entretiens phyſiques.*

Le Disciple. Qu'est-ce que la Tarentule ?

Le Maître. C'est une espèce de grosse Araignée à 8 yeux et à 8 pattes. Sa morsure est très-vénimeuse. Elle est bientôt suivie d'une douleur très-aiguë, et peu d'heures après, d'un engourdissement. Il survient une profonde tristesse et une difficulté de respirer. Le pouls s'affoiblit, la vue se trouble, on perd la connoissance, le bon sens et le mouvement ; et si l'on manque de secours, on meurt.

Le Disciple. L'harmonie est donc un remède contre cette cruelle morsure.

Le Maître. C'est un remède souverain. Un joueur d'instrument essaye différens airs. A-t-il rencontré celui dont la modulation convient au malade ? Le malade commence à remuer successivement, et en cadence, les doigts, les bras, les jambes et le corps. Il se lève ; augmentant de force et d'activité , il danse plusieurs heures , plusieurs jours de suite avec une justesse et une égalité surprenante. L'agitation rend plus fluide le sang que le venin de la Tarentule avoit épaissi, dissipe les obstructions des nerfs , et rend la santé au malade désespéré.

Le Disciple. Vous m'avez parlé , dans cette leçon , de M. le Monnier et du P. Regnault. Quelle idée dois-je me former de ces deux Physiciens ?

Le Maître. Ce sont deux Auteurs estimables, qu'il ne faut cependant ranger que dans la classe des Phyciciens du second ordre.

Pierre le Monnier , après avoir enseigné pendant long-temps, avec beaucoup de réputation, la Philosophie au collége d'Arcourt à Paris , fit imprimer , en 1750 , les mêmes cahiers qu'il avoit dictés à ses Eleves , avec cé titre : *Cursus Philosophicus ad Scholarum usum accommodatus.* Ce cours , quoique très-imparfait , et quoique contenant des sentimens faux, parce que l'Auteur a embrassé le pur cartésianisme , doit cependant être regardé comme l'un des plus complets qui aient paru jusqu'à présent. L'on y trouve non seulement les notions géométriques nécessaires à tous Physiciens , mais encore les plus grandes questions de Physique , traitées , pour l'ordinaire , avec assez d'étendue , beaucoup de méthode et beaucoup de clarté.

Le P. Regnault , de la Compagnie de Jesus , Professeur de Mathématique au Collége de Louis le Grand , est l'Auteur de deux ouvrages de Physique, assez bons , et très-bien écrits. Le premier parut en 1729 , sous le titre d'*Entretiens physiques d'Ariste et d'Eudoxe.* Les principaux

points de Physique y sont traités toujours clairement, souvent superficiellement dans le système de Descartes.

Le second ouvrage du P. Regnault, intitulé :
l'*Origine ancienne de la Physique moderne*, fut
donné au Public en l'année 1734. Il est meilleur
que le premier, quoiqu'il n'ait pas eu de si grands
succès. L'on y voit dans des entretiens par lettres, 1°. ce que la Physique nouvelle a de commun avec la Physique ancienne ; 2°. le degré
de perfection de la Physique nouvelle et celui de la
Physique ancienne ; 3°. les moyens qui ont
amené la Physique au degré de perfection où
nous la voyons aujourd'hui.

Nous avons encore du P. Regnault, des Élémens de Géométrie et d'Algèbre, excellens pour
les Commençans.

Le Disciple. D'après ce que vous venez de me
dire, je n'hésiterai pas ; je préférerois le P.
Regnault à M. le Monnier.

Le Maître. Ces deux Auteurs me paroissent
aussi bons Physiciens l'un que l'autre. Je ne blâ-
merai pas cependant votre manière de penser.
Le premier est un Professeur qui écrit assez
bien en latin. Le second est un Littérateur qui
sème des fleurs sur les routes épineuses des sciences les plus abstraites. Aussi le Public fit-il le
plus grand accueil à ses *Entretiens d'Ariste et
d'Eudoxe*. Reprenons l'Arithmétique. Divisez
324755 par 300. J'ai de bonnes raisons pour
vous proposer ces deux nombres.

Le Disciple. La chose sera bientôt faite. J'ai
fait, dans les leçons précédentes, des opérations
bien plus difficiles.

Exemple.

Dividende   324755

Quotient 1082 $\dfrac{155}{300}$

Diviseur   300

          2475
          300
          2400

           755
           300
           600

           155

J'ai raisonné dans mes différentes opérations, comme je l'ai fait dans les exemples qui terminent les leçons précédentes.

Le Maître. Pour me convaincre de la justesse de vos raisonnemens, faites la preuve de votre *division.*

Le Disciple. Je multiplie le *quotient* 1082, par le *diviseur* 300; j'ai pour *produit* 324600.

J'ajoute à ce *produit* les 155 que j'ai eu de reste après la dernière *soustraction*; j'ai pour somme totale le *dividende* 324755 : donc mon opération est exacte.

Le Maître. Vous avez raison. Il s'agit maintenant de vous dire pourquoi j'ai préféré cet exemple à tant d'autres que j'aurois pu vous proposer.

Le Disciple. C'est-là ce que j'attends avec impatience.

Le Maître. Dans l'exemple supérieur, le *divi-seur* 300 est terminé par deux o; je n'y ai point d'égard, et j'efface les deux derniers chiffres du *dividende* 324755, c'est-à-dire, je divise 3247 par 3, et j'ai pour *quotient*, comme dans l'exemple supérieur, 1082, avec 1 de reste après la dernière soustraction.

Le Disciple. Vous aurez donc pour *quotient* total 1082 $\frac{1}{3}$.

Le Maître. Quand même je me servirois de ce *quotient*, l'opération seroit bonne. Cependant, pour plus grande exactitude, je mets après 1 les 55 effacés du *dividende* 324755, et je mets après 3 les deux o qui terminoient l'ancien *diviseur*. J'ai donc pour *quotient*, comme dans l'exemple supérieur, 1082 $\frac{155}{300}$. C'est ainsi qu'on abrège la *division*, lorsque le *diviseur* est terminé par des o.

Le Disciple. Je vous comprends. Lorsque le *diviseur* est terminé par des o, l'on efface à la fin du *dividende* autant de chiffres qu'il y a de o à la fin du *diviseur*; l'on efface aussi tous les o qui terminent le *deviseur*. Vous ne négligez pas cependant les chiffres effacés. Vous les reprenez après la dernière soustraction, et vous les mettez, comme à l'ordinaire, en fraction à côté du *quotient*.

Le Maître. Je vous apprendrai, à la fin de la leçon suivante, comment on abrège les opérations d'une *division* dont le *diviseur* et le *dividende* sont terminés par des o.

XVIII. LEÇON.

XVIII. Leçon.

Du son direct et du son réfléchi.

LE Maître. Le son vient-il du corps sonore à l'organe de l'ouïe? Il est direct. C'est au contraire un son réfléchi, lorsque du corps sonore il est porté vers une surface quelconque impénétrable, et de cette surface à l'organe de l'ouïe. Vous comprenez sans peine, que plus la surface qui le renvoie est polie, plus aussi le son réfléchi est distinct.

Le Disciple. Vous m'avez trop bien prouvé que l'air est peut-être le plus élastique de tous les corps, pour être surpris de ce mécanisme. Pour aider mon imagination, et en avoir une image sensible, ne pourrois-je pas me représenter une molécule d'air sous la forme d'un ballon très-élastique. Une main quelconque me jette-t-elle un ballon? Je reçois un coup direct. Cette même main jette-t-elle ce ballon contre la muraille, et de la muraille revient-il à moi? Je reçois un coup réfléchi. Il en est de même de l'organe de l'ouïe; il reçoit tantôt un son direct, et tantôt un son réfléchi.

Le Maître. Votre comparaison est très-heureuse; elle sera parfaite, lorsque, par l'imagination, vous aurez transformé toutes les molécules d'air en autant de ballons élastiques. Mais ce qu'il ne faut jamais oublier, c'est que vous recevez tantôt le son direct simplement, tantôt le son direct et le son réfléchi en même temps,

Tome I. S

et tantôt le son réfléchi seulement. Si vous avez le bonheur de bien saisir cette théorie, vous expliquerez sans peine une foule de phénomènes plus intéressans les uns que les autres.

Le Disciple. Je comprends quand est-ce que je ne reçois que le son direct; mais je ne comprends pas quand est-ce que je reçois en même temps le son direct et le son réfléchi.

Le Maître. Il faut bien cependant que vous le compreniez. C'est uniquement de la réunion du son direct au son réfléchi, que dépend l'explication que vous devez faire des phénomènes que je viens de vous annoncer.

Le Disciple. Faites-moi donc comprendre comment se fait cette réunion. Je ne vous aurai jamais écouté avec autant d'attention que maintenant.

Le Maître. La surface réfléchissante se trouve-t-elle près de l'organe de l'ouïe? Alors le son réfléchi parvient aussi vîte à nos oreilles, que le son direct; celui-ci est renforcé par celui-là, et l'organe le plus délicat ne sauroit les distinguer l'un de l'autre.

Le Disciple. Je suis au fait de cette réunion. Vous pouvez me proposer des phénomènes à expliquer. Commencez par les plus faciles.

Le Maître. Pourquoi entend-on plus difficilement un homme, lorsqu'il parle en pleine campagne, que lorsqu'il parle dans une chambre bien fermée?

Le Disciple. En pleine campagne, nous ne recevons que des rayons sonores directs; dans une chambre, nous en recevons en même temps de directs et de réfléchis. Donc nous devons entendre plus difficilement un homme, lorsqu'il parle en pleine campagne , que lorsqu'il parle dans une chambre.

Le Maître. Pourquoi la voix se fait-elle mieux entendre , lorsque la chambre a été nouvellement blanchie ?

Le Disciple. Vous m'avez fait remarquer , au commencement de cette leçon , que plus la surface qui renvoie le son est polie , plus aussi le son réfléchi est distinct. Cela supposé , voici comment je raisonne :

Une surface nouvellement blanchie , est plus polie qu'une surface raboteuse ou couverte de trous : donc celle-là est plus propre à renvoyer le son que celle-ci : donc la voix doit se faire mieux entendre , lorsque la chambre a été nouvellement blanchie.

Le Maître. Pourquoi a-t-on de la peine à entendre un Orateur qui parle dans un lieu tapissé ?

Le Disciple. Les tapisseries , celles de laine en particulier , sont plus propres à absorber qu'à renvoyer le son : donc l'on doit avoir de la peine à entendre un Orateur qui parle dans un lieu tapissé.

Le Maître. Plus il y a de monde dans un auditoire, moins l'on entend le Prédicateur ; pourquoi cela ?

Le Disciple. Les têtes des auditeurs, les coëffures des femmes sur-tout , sont moins propres que le pavé de l'Eglise, à renvoyer le son à nos oreilles : donc plus il y a de monde dans un auditoire, moins aussi l'on doit entendre le Prédicateur.

Le Maître. Pourquoi le porte-voix contribue-t-il à augmenter le son d'une manière si prodigieuse ?

Le Disciple. Le porte-voix pourroit-il ne pas contribuer à augmenter le son? Par le moyen de cet instrument, aucun des rayons sonores directs ne se dissipe, et il se joint à eux une infinité de rayons sonores réfléchis. A qui devons-nous l'invention de cet instrument?

Le Maître. Nous la devons, comme tant d'autres, au hazard. Un Anglais nommé *Morland*, se promenant dans des endroits souterrains, s'aperçut que le son recevoit, par la réflexion, une augmentation très-considérable de force. Excellent Machiniste, il construisit le porte-voix.

Le mécanisme des cors-de-chasse, des trompettes et de plusieurs autres instrumens sonores, n'est pas différent de celui du porte-voix.

Le Disciple. Je connois les effets de la réflexion du son, lorsque les corps réfléchissans ne sont pas éloignés de celui qui parle; mais lorsqu'ils se trouvent à une certaine distance, qu'arrive-t-il?

Le Maître. Alors le son réfléchi parvient plus tard à ses oreilles que le son direct; et c'est-là ce qui forme les échos, soit *simples*, soit *poliphones*.

Le Disciple. Que vous me faites plaisir! Il me tardoit infiniment d'entrer dans ce mécanisme. J'ai tant de questions à vous faire sur les échos, que je crains de vous devenir importun.

Le Maître. N'ayez pas cette crainte. Je ne redoute que les demandes étrangères au sujet que nous traitons. Dieu merci, vous n'en faites pas de pareilles depuis quelque temps. Proposez-moi vos questions, je suis prêt à vous répondre.

Le Disciple. Quelle différence y a-t-il entre un

écho *simple* et un écho *poliphone* ? Je n'entends pas ce dernier terme.

Le Maître. Si vous saviez le grec, vous ne me feriez pas une pareille demande. Nous avons en Physique et en Géométrie plusieurs termes dérivés de cette Langue si savante et si expressive. En grec, les deux premières syllabes du mot *poliphone*, signifient *plusieurs*, et les deux dernières signifient *voix*. Cela supposé, vous comprendrez très-facilement la différence qu'il y a entre l'écho *simple* et l'écho *poliphone*.

Le son direct n'est-il répété qu'une fois ? L'écho est simple. Le son direct est-il répété plusieurs fois ? L'écho est poliphone.

Parmi les échos simples, l'on a raison de distinguer celui de Voostok en Angleterre. L'on prétend qu'il répète jusqu'à vingt syllabes, de la manière la plus distincte.

Le Disciple. Si je vais jamais en Angleterre, je ne m'écarterois pas d'une lieue pour aller interroger cet écho. Nous en avons un à Nismes qui ne nous laisse rien à désirer. Je l'ai fait parler cent fois, et toujours avec un nouveau plaisir. Quand serai-je Physicien ? *me disois-je à moi-même*, j'expliquerai sans peine ce phénomène. Grâces à vos soins, je n'ai plus rien à désirer.

Le Maître. Vous voulez parler sans doute de l'écho de nos nouveaux écorchoirs. C'est un des plus jolis échos que je connoisse.

Le Disciple. Lorsque je parle, il prend tellement mon ton de voix, il répète mes paroles si distinctement, que je croirois presque que c'est un second moi-même qui parle dans quelque chambre de ce bâtiment. Mais pourquoi cet écho est-il plus parfait, lorsque le temps est calme et sec, que lorsqu'il règne quelque vent, et sur-tout quelque vent humide.

Le Maître. Vous me faites là deux questions en même temps, Je ne vous répondrai que lorsque vous les aurez divisées et généralisées.

Le Disciple. C'est une distraction de ma part. Hé bien! pourquoi les échos sont-ils moins parfaits, lorsqu'il règne quelque vent ?

Le Maître. Vous voilà en règle ; je vais vous satisfaire. Supposons d'abord un vent qui porte le son direct à l'écho, il empêchera évidemment une grande partie des rayons sonores réfléchis de parvenir jusqu'à mes oreilles : l'écho sera donc foible. Il le seroit aussi, s'il régnoit un vent directement opposé à celui dont je viens de vous parler, à peine le son direct pourroit-il parvenir jusqu'à l'écho. Supposons enfin la circonstance suivante : l'homme qui parle, regarde l'orient, l'écho qui reçoit les sons articulés, est tourné vers le couchant, et il souffle un vent du midi ou un vent du nord.

Le Disciple. Je prévois les effets de ces vents, Ils emprteront avec eux une grande partie des sons directs et des sons réfléchis, et l'écho sera très-foible, Je comprends maintenant parfaitement bien pourquoi les échos sont moins parfaits, lorsqu'il règne quelque vent ; mais pourquoi sont-ils tels, lorsque le temps est humide ?

Le Maître. Et c'est vous qui me faites une pareille question ! J'en suis bien surpris. Vous avez donc oublié ce que je vous ai dit dans ma cinquième leçon.

Le Disciple. Non sans doute. Mais votre cinquième leçon est sur le baromètre. Quel rap-

port peut-il y avoir entre cet instrument météorologique et les échos ?

Le Maître. Un rapport très-immédiat. Ne vous
ai-je pas prouvé dans cette leçon , que c'est
principalement par le ressort de l'air qu'on explique sans peine les différentes variations du
baromètre ? N'ai-je pas ajouté, dans cette même
leçon , que lorsque le temps est humide, l'air
a très-peu d'élasticité ? Ne vous ai-je pas fait
convenir , dans la leçon précédente , que si l'air
n'étoit pas élastique, il ne seroit ni *corps sonore*,
ni *véhicule* du son ?

Le Disciple. J'y suis ; ce n'est pas dans un temps
humide qu'il faut parler aux échos ; pour lors,
le ressort de l'air est trop foible ; il faut choisir
un temps calme et sec. Ce qui m'étonne , c'est
qu'il y ait tant de corps réfléchissans et si peu
d'échos.

Le Maître. Il n'y a pas autant de corps parfaitement réfléchissans , que vous pourriez vous
l'imaginer. D'ailleurs, il faut que ces corps réfléchissans soient placés de manière, qu'après la
réflexion, les rayons sonores ne puissent pas
s'éparpiller et se dissiper. Je suis persuadé que
l'écho de nos nouveaux écorchoirs doit sa perfection aux deux ailes de ce bâtiment, qui avançant dans la prairie, et dont la séparation forme
un enfoncement; c'est dans cet enfoncement que
je placerois sans peine l'écho dont il s'agit. Avez-
vous encore quelque question à me faire sur les
échos simples ?

Le Disciple. Non ; j'en connois le mécanisme.
Pendant quelque temps , je prendrai pour le terme
de ma promenade l'écho de nos nouveaux écorchoirs ; je l'interrogerai, lorsqu'il fera du vent et

lorsque l'atmosphère sera calme ; lorsque l'air sera sec et lorsqu'il sera humide ; et c'est-là que j'appliquerai tout ce que vous m'avez appris sur les échos simples. Venons-en maintenant aux échos *poliphones*. Sans savoir le grec, je sens toute l'énergie de ce terme.

Le Maître. Différens échos simples, placés à différentes distances les uns des autres, forment un écho *poliphone*. Chaque écho simple réfléchit le même son : le même mot doit donc être répété plusieurs fois. Parmi les échos simples, les uns sont plus éloignés de nous que les autres : nous devons donc entendre le même mot en différens temps. Voilà en deux mots tout le mécanisme des échos *poliphones*. L'un des plus fameux est celui que l'on trouve près de Grenoble sous le pont du Drac ; il répète jusqu'à douze fois un mot de deux syllabes.

Le Disciple. Ces sortes d'échos répètent-ils les mots avec la même force ?

Le Maître. Non sans doute. Si les différens échos simples sont aussi parfaits les uns que les autres, le premier écho vous paroîtra le plus fort, le dernier le plus foible, et les autres plus ou moins à raison de leur éloignement du premier.

Le Disciple. J'en vois la raison physique. Le premier écho est le moins éloigné, et le douzième est le plus éloigné de l'oreille de celui qui parle. Plus nous sommes éloignés d'un corps sonore, moins nous entendons le son qu'il rend, lors sur-tout que la distance est considérable ; j'avancerois, sans peine, qu'à demi lieue le bruit du canon doit me paroître une fois plus fort qu'à une lieue de distance.

Le Maître. Vous avanceriez une fausseté : à une lieue de distance le bruit du canon doit vous paroître, et vous paroîtra en effet quatre fois moins fort qu'à demi lieue ; c'est là une proposition que je démontrerai, lorsque je vous aurai appris les élémens de géométrie ; vous les saurez, lorsque nous traiterons la grande question de la lumière. Elle suit, dans sa diminution, les mêmes règles que le son. Aussi vous ferai-je rappeler alors d'appliquer à celui-ci ce que je vous dirai de celle-là, quant au rapport qu'elle suit nécessairement dans la diminution de sa force et de son intensité. Il n'est pas encore temps de vous parler de la *fameuse raison inverse des quarrés des distances*, vous ne me comprendriez pas ; vous ne savez pas les *proportions géométriques*.

Le Disciple. Je sais la *multiplication* ; et vous m'avez donné, à la fin de la douzième leçon, une idée du *quarré arithmétique* ; vous m'avez dit qu'un nombre se multipliant lui-même, produit son *quarré*. Aussi me crois-je en état de vous répondre, si vous voulez m'interroger sur la diminution du son.

Le Maître. Je le ferai volontiers. Je conviens que la règle que je viens de vous donner, n'est applicable qu'aux distances considérables ; on entend aussi bien à 10 qu'à 20 pas le son d'une grosse cloche. Supposons donc Pierre, Paul et Jacques placés sur la même ligne droite, à différentes distances de la cloche qu'on sonne ; Pierre se trouve à 100, Paul à 200 et Jacques à 300 toises du corps sonore. Comment diminuera le son par rapport à Paul et à Jacques ?

Le Disciple. Pour simplifier mon calcul, je représente ces trois différentes distances par les chiffres 1,

2 ; 3 dont les quarrés sont 1, 4, 9. Je réponds que Paul entendra quatre fois moins, et Jacques neuf fois moins que Pierre, le son de la cloche en question. J'étayerai dans la suite ma réponse de la démonstration que vous m'avez annoncée ; il me tarde de savoir les élémens de géométrie, pour me convaincre par moi-même que telle est la règle que suit le son dans la diminution de sa force et de son intensité.

Le Maître. Vous n'aurez pas grand peine à comprendre dans la suite la *fameuse raison inverse des quarrés des distances* ; sans le savoir, vous vous en êtes servi. Cette manière de s'exprimer si usitée en Physique, abrège le discours. On dit en deux mots, de la manière la plus claire, ce qu'on ne diroit pas en trente, si l'on parloit différemment.

Le Disciple. Quelle est la vîtesse du son, soit direct, soit réfléchi ? Quel espace parcourt-il dans un temps déterminé ?

Le Maître. Le son parcourt 173 toises dans une *seconde de temps.* Nous devons cette découverte au célèbre Maraldi : il parcourt donc 10380 toises dans une *minute.*

Le Disciple. Je le comprends. Une minute contient 60 secondes ; et 173 multipliés par 60, donnent pour *produit* 10380. Mais comment me prouverez-vous que le son parcourt 173 toises dans une *seconde de temps ?*

Le Maître. Le plus facilement du monde. Comme tout est lié en Physique, regardez maintenant comme sûre la proposition suivante ; je vous en démontrerai la vérité dans l'une de mes leçons sur la lumière.

Le Disciple. Quelle est cette proposition que je dois supposer démontrée ? Je comprends qu'on n'est Physicien, que lorsqu'on tient, pour ainsi dire, la Physique par tous ses bouts.

Le Maître. La voici. *La vîtesse de la lumière est incompréhensiblement plus grande que celle du son.* En effet, la lumière parcourt environ quatre millions de lieues dans une minute; je vous le démontrerai en son temps. Je viens de vous faire remarquer que, dans une minute, le son ne parcourt que 10380 toises. Donc la vîtesse de la lumière est incompréhensiblement plus grande que celle du son.

Le Disciple. J'admets cette proposition, et je demande comment la connoissance de la vîtesse de la lumière peut me conduire à déterminer infailliblement quelle est la vîtesse du son. Je ne vois aucune relation entre l'une et l'autre.

Le Maître. Bientôt vous tiendrez un autre langage. Placez-vous sur une éminence, et ayez les yeux fixés sur le canon qu'on tire. Il est sûr que la lumière brille en même temps que le bruit se fait entendre. Vous voyez la lumière à l'instant qu'elle paroît, et vous entendez le bruit plutôt ou plus tard, selon que vous êtes plus ou moins près du canon. Comptez combien de *secondes* se sont écoulées entre l'apparition de la lumière et la perception du son; et s'il s'en est écoulé quatre, concluez, sans craindre de vous tromper, que vous êtes éloigné de quatre fois 173, c'est-à-dire, 692 toises de l'endroit où l'on a braqué le canon. Il vous sera facile de mesurer cette distance, et de vous convaincre par là de la vérité du fait. Vous comprenez sans peine qu'une pareille expérience ne doit se faire, que lorsque le temps est calme.

Le Disciple. Mais les montres ne marquent pas les secondes.

Le Maître. Mais les pendules à secondes ne sont pas rares. D'ailleurs, on peut s'en passer. Dans un homme qui se porte bien, chaque battement de pouls marque une seconde. Aussi jouit-on de la meilleure santé, lorsque le pouls bat 60 fois dans une minute, et a-t-on la fièvre plus ou moins violente suivant l'excès des battemens sur le nombre 60.

Le Disciple. Il ne seroit pas donc impossible de savoir à quelle distance se trouve le nuage qui contient le tonnerre.

Le Maître. La chose est très-facile. Le bruit suit-il immédiatement l'éclair ? Le nuage qui porte le tonnerre, est très-proche. Comptez-vous une *seconde* de temps ou un battement de pouls entre l'éclair et le bruit ? le nuage est à 173 toises : en comptez-vous deux ? il est à 346 : en comptez-vous quatre ? il est à 692 toises, etc.

Le Disciple. Je crois être au fait du son *direct* et du son *réfléchi*; je voudrois connoître M. Maraldi à qui vous donnez le titre de *célèbre*.

Le Maître. Il le mérite. Jacques-Philippe Maraldi, neveu et élève du fameux Jean-Dominique Cassini, nâquit à Périnaldo, dans la comté de Nice, le 21 août 1665. Il s'adonna à l'astronomie avec tant de fureur et tant de succès, qu'on assure qu'on ne pouvoit lui désigner aucune étoile, quelque imperceptible quelle fût à la vue, qu'il ne dît sur le champ la place qu'elle occupoit dans sa constellation. Aussi regarde-t-on comme un des plus parfaits le catalogue des *fixes* qu'il nous a laissé. Cette science du ciel lui procura l'honneur d'être admis, en 1694, à l'Académie royale des Sciences à Paris, et en 1700 à la Congrégation que le Pape Clément XI fit tenir à Rome pour l'examen du Calendrier Grégorien. Ce fut dans cette Congrégation qu'il se lia d'amitié avec le fameux Bianchini, qui en étoit Secrétaire. Celui-ci ne manqua pas de se l'associer dans la construction de la fameuse méridienne de l'Eglise des Chartreux de Rome. En 1718, M. Maraldi partit de Paris pour terminer la grande méridienne du côté du septentrion, et il eut la gloire de mettre de ce côté-là la dernière main à cette savante entreprise. Il mourut à Paris le 1 décembre 1729 à l'âge de 63 ans. Il seroit trop long de vous rapporter ici les dissertations et les découvertes en Physique et en Mathématique dont il a enrichi les Mémoires de l'Académie des Sciences. Il n'en est presqu'aucun, depuis 1694 jusqu'en 1729, où il ne soit fait une mention honorable de M. Maraldi.

Le Disciple. Nous pouvons reprendre l'arithméque. Vous m'avez promis, à la fin de la dernière leçon, de m'apprendre, dans celle-ci, à abréger la *division*, lorsque le *diviseur* et le *dividende* sont terminés par des o.

Le Maître. Je m'en rappelle parfaitement. Divisez d'abord 417000 par 2500.

Le Disciple. Je vais faire cette divison selon les règles ordinaires.

Exemple.

Dividende.　　417000

Quotient 166 — $\dfrac{2000}{2500}$

Diviseur.　　2500

$$
\begin{array}{r}
16700 \\
2500 \\
15000 \\
\hline
17000 \\
2500 \\
15000 \\
\hline
2000
\end{array}
$$

Pour prouver que ma division est exacte, je multiplie le *diviseur* 2500 par le *quotient* 166, et j'ai pour *produit* 415000. J'ajoute à ce *produit* les 2000 que j'ai eu de reste après la dernière soustraction, et j'ai pour somme totale le *dividende* 417000. Comment peut-on abréger les opérations de cette *division* ?

Le Maître. Effacez autant de o dans le *diviseur* que dans le *dividende*, et divisez suivant les règles ordinaires 4170 par 25.

Le Disciple. Je vais le faire.

Exemple.

Dividende. 4170
Diviseur. 25   *Quotient* 166 $\frac{20}{25}$

167
25
150
———
170
25
150
———
20

Le Maître. Comme c'est ici la dernière *division* que nous ferons d'un nombre simple par un nombre simple, rendez-moi compte de vos opérations.

Le Disciple. 1°. J'ai mis 25 sous 41, et j'ai dit : 2 est contenu 2 fois en 4 ; je n'ai cependant mis que 1 au *quotient*, parce que la soustraction n'auroit pas pu se faire. Je n'ai eu aucune multiplication à faire, parce que le *produit* de 25 multiplié par 1 est 25. J'ai soustrait 25 de 41 ; j'ai eu pour restant 16, et ma première opération a été faite.

2°. J'ai descendu 7, j'ai mis 25 sous 167, et j'ai dit : 2 est contenu 8 fois en 16 ; je n'ai cependant mis que 6 au quotient, parce que la soustraction n'auroit pas pu se faire. J'ai multiplié 25 par 6, et j'ai eu pour *produit* 150. J'ai soustrait ce *produit* de 167, j'ai eu pour *restant* 17, et ma seconde opération a été faite.

3°. J'ai descendu 0, j'ai mis 25 sous 170, et j'ai dit : 2 est contenu 8 fois en 17 ; cependant afin que la soustraction pût se faire, je n'ai mis que 6 au *quotient.* J'ai multiplié 25 par 6, et j'ai eu pour *produit* 150. J'ai soustrait ce *produit* de 170, et j'ai eu pour *restant* 20, que j'ai mis à côté du *quotient*, et le *diviseur* pardessous, en les séparant l'un de l'autre par une ligne.

Le Maître. Vous avez très-bien opéré et très-bien raisonné. Il ne vous reste qu'à faire la preuve de votre *division.*

Le Disciple. La chose est très-facile. Je multiplie le *quotient* 166 par le *diviseur* 25, et j'ai pour *produit* 4150. J'ajoute à ce *produit* les 20 que j'ai eu de reste après la dernière soustraction, et j'ai pour somme totale le *dividende* 4170. J'ai cependant une demande à vous faire. D'où vient que dans la *division abrégée*, je n'ai pas eu le même *quotient*, que dans la *division* ordinaire. Dans celle-ci vous avez eu pour *quotient* 166 $\frac{2000}{2500}$, et dans celle-là j'ai eu 166 $\frac{20}{25}$.

Le Maître. Nous avons eu l'un et l'autre le même *quotient*; lorsque vous saurez opérer sur les fractions, vous vous convaincrez facilement que les deux fractions $\frac{2000}{2500}$ et $\frac{20}{25}$ ont précisément la même valeur.

Le Disciple. Nous pourrons donc passer à la *division* des nombres complexes; je sais celle des nombres simples.

Le Maître. Nous le ferons à la fin de la leçon suivante. Vous savez la *division* des nombres simples, j'en conviens; vous avez cependant encore besoin d'en faire plusieurs règles dans votre cabinet. Suivez mon conseil.

Le Disciple. Je le suivrai à la lettre.

XIX Leçon.

XIX. LEÇON.

Du Son articulé.

Le Maître. Le son se divise en son articulé et en son inarticulé. Je vous ai assez parlé de ce dernier dans trois leçons différentes, pour en consacrer une à la formation physique du son articulé.

Le Disciple. Que vous me faites plaisir ! Il me tardoit infiniment de savoir comment se forme la parole; je prévois que c'est une des plus jolies questions que l'on puisse traiter en physique.

Le Maître. La question est jolie, j'en conviens; mais elle n'est pas aussi facile que vous pourriez vous l'imaginer.

Le Disciple. Quelque difficile qu'elle soit, il faut absolument que je comprenne comment le son, d'abord inarticulé, se change en son articulé. Je veux être tout oreille, pour ne rien perdre de ce que vous avez à me dire dans cette leçon.

Le Maître. Pour savoir comment se forme la parole, de manière à ne jamais l'oublier, il faut savoir auparavant ce que c'est que la poitrine, les poumons, la trachée-artère, la langue, etc.

Le Disciple. Faites-moi, je vous prie, la description anatomique de ces différentes parties du corps humain; je vous écouterai avec un plaisir infini.

Le Maître. J'espère même que vous la saisirez

Tome I. T

facilement ; elle est moins compliquée que celle de l'oreille dont vous connoissez maintenant , aussi bien que moi , la structure extérieure et intérieure.

Le Disciple. Commençons donc. Qu'est ce que la poitrine ?

Le Maître. La poitrine est une cavité qui se trouve entre le cou et le ventre. Elle est fermée en haut par deux os que l'on nomme *clavicules* ; en bas par le *diaphragme* ; pardevant par l'os *sternum* ; par derrière par douze vertèbres de l'épine du dos ; à droite et à gauche par vingt-quatre côtes , entre lesquelles se trouvent plusieurs muscles intercostaux.

Le Disciple. Permettez-moi de vous interrompre ; j'ai bien des questions à vous faire ; je veux connoître la poitrine aussi bien que je connois l'oreille. Je comprends que les deux os qui ferment en haut la poitrine, s'appellent *clavicules,* parce qu'ils sont comme la clef de cette cavité du corps. Mais je n'ai aucune idée du diaphragme qui la ferme en bas.

Le Maître. Le diaphragme est un assemblage de muscles nerveux , qui sépare la poitrine de l'estomac. Il est fait en forme de voûte ; sa partie convexe regarde la poitrine , et sa partie concave l'estomac. Y a-t-il contraction dans ces muscles ? Le diaphragme s'applatit : y a-t-il dilatation ? Le diaphragme se relève.

Le Disciple. Qu'est-ce qu'un muscle , et quelle est la cause physique de cette contraction et de cette dilatation successive dont vous venez de me parler ?

Le Maître. Les muscles sont les principaux organes des mouvemens du corps. L'on distingue trois parties dans chaque muscle, les deux *ex-trémités* et le *milieu.* L'on donne aux deux *extré-mités tendineuses* les noms de *tête* et de *queue*, et au *milieu* que l'on trouve toujours couvert de chair, celui de *ventre.*

Tous les muscles ont un mouvement de contraction et un mouvement de production ou de dilatation. Ils sont dans un mouvement de contraction, lorsque leur *queue* s'approche de leur *tête* : leur *queue* s'approche de leur *tête*, lorsque leur *ventre* se gonfle; et leur *ventre* se gonfle par l'introduction des esprits vitaux. C'est à la sortie de ces mêmes esprits vitaux, que l'on doit attribuer la production ou la dilatation des muscles.

Un muscle simple ne contient qu'une *tête*, un *ventre* et une *queue.* Un muscle composé, tel que le diaphragme, est un assemblage de dif-férens muscles simples.

Le Disciple. Qu'est-ce que l'os *sternum* qui ferme la poitrine pardevant ?

Le Maître. On donne ce nom à un assem-blage d'os qui forment le devant de la poitrine.

Le *sternum* contient trois os, le supérieur, le moyen et l'inférieur. Le supérieur est plus ample et plus épais que les autres ; il est fait en forme de petit croissant. Le moyen est plus étroit et plus mince, mais il est plus long que le premier. Le troisième est encore plus petit que le second, mais il est plus large. C'est sur le *sternum* que nous frappons, lorsque nous nous frappons la poitrine.

Le Disciple. La poitrine, *m'avez-vous dit*, est fermée par douze vertèbres de l'épine du dos. Je connois cette épine ; vous m'avez appris, dans

la seizième leçon, qu'il en sortoit trente paires
de nerfs, dont les Physiciens ne s'embarrassoient
guère; mais vous ne m'avez pas parlé de *vertè-*
bres ; donnez-m'en une idée.

Le Maître. Les vertèbres sont de petits os
joints ensemble, qui aident le corps à se tourner facilement. L'on en compte vingt-quatre dans
l'épine du dos. Les sept premières appartiennent
au cou ; les douze suivantes à la poitrine ; les
cinq dernières aux reins.

Le Disciple. A droite et à gauche la poitrine
est fermée par vingt-quatre côtes. Sont-elles toutes égales ?

Le Maître. Les côtes sont des os longs et faits
en forme d'arc. Douze sont à droite, et douze
à gauche. Il y a, de chaque côté de la poitrine,
sept côtes vraies et cinq côtes fausses. Les côtes
vraies sont les sept supérieures ; elles font des
arcades entières, et elles s'emboîtent dans l'os
sternum. Les côtes fausses sont les cinq inférieures ; elles ne font pas des arcades entières ; elles
se rendent, non pas dans le *sternum*, mais dans
les cartilages des côtes vraies. Les muscles que
l'on trouve entre les côtes, doivent être regar-
dés comme la principale cause de la respiration.
Je vous le prouverai bientôt.

Le Disciple. Je connois maintenant la structure
de la poitrine ; donnez-moi une idée des poumons.

Le Maître. Les poumons qui occupent une
grande partie de la poitrine, sont un assemblage
de *vésicules* renfermées dans la même membrane.
Ces *vésicules* se remplissent d'air dans l'*inspira-*
tion, et dans l'*expiration* elles rendent l'air qu'elles avoient reçu. Le *médiastin* est une membrane

qui sépare les poumons en deux parties qu'on appelle *lobes.*

Le Disciple. Par quelle voie l'air entre-t-il dans la poitrine, dans l'*inspiration*, et en sort-il dans l'*expiration* ?

Le Maître. Cette entrée et cette sortie ont lieu par un canal antérieur, connu sous le nom de *trachée-artère.* Ce canal assez grand en lui-même, l'est prodigieusement, si on le compare avec son orifice supérieur que l'on nomme la *glotte.* Tous les Anatomistes nous la dépeignent comme une fente à peu près ovale, capable de contraction et de dilatation, et terminée par deux espèces de lèvres auxquelles il est très-facile d'imprimer un mouvement de trémoussement et de frémissement. La tête de la *trachée-artère* est placée sous la racine de la langue ; on la nomme *larinx.*

Le Disciple. Qu'est-ce que la respiration, et comment se fait-elle ?

Le Maître. La respiration renferme deux mouvemens, celui d'*inspiration* et celui d'*expiration.* Le premier se fait lorsque nous recevons de l'air dans la poitrine ; le second a lieu, lorsque nous le rendons par la même voie par laquelle il est entré.

La poitrine est toujours dans un de ces deux mouvemens. Dans le mouvement d'*inspiration*, elle se dilate et elle reçoit nécessairement l'air extérieur par la *trachée-artère* ; dans le mouvement d'*expiration*, elle se rétrécit, et elle rend nécessairement par le même canal l'air extérieur qu'elle avoit reçu. Les muscles intercostaux en se gonflant, et le diaphragme en s'abaissant, agrandissent la capacité de la poitrine ; les mêmes muscles intercostaux, en s'alongeant, et le diaphragme en se relevant, rétrécissent cette même capacité. Vous connoissez la cause physique de ces mouvemens, il n'y a que quelques momens que je vous l'ai assignée.

Le Disciple. Il me paroît que maintenant je pourrois comprendre comment se forme le son articulé.

Le Maître. Êtes-vous au fait de la langue, des dents, du palais et des lèvres ; tout cela contribue à la formation de la voix humaine. Ne vous ai je pas dit, au commencement de cette leçon, que cette question n'étoit pas aussi facile, que vous pourriez vous l'imaginer.

Le Disciple. A l'exception de la langue, dont j'entendrai volontiers la description anatomique, je connois tout le reste. Je sais que les lèvres servent à fermer et à ouvrir la bouche ; que, pour mieux réfléchir le son, le palais est fait en forme de voûte, et que nous avons trente-deux dents.

Le Maître. Elles forment comme différentes espèces ; les connoissez-vous ?

Le Disciple. Non ; faites les moi connoître.

Le Maître. Parmi ces 32 dents, il y en a 8 incisives, 4 canines et 20 molaires. Les dents incisives sont les antérieures ; elles servent à couper, trancher, inciser les alimens. Les dents canines sont d'abord après les incisives, 2 en haut et 2 en bas ; elles servent à casser tout ce qui résiste trop à la mastication ; on ne les nomme *canines*, que parce qu'elles sont presque aussi longues et aussi pointues que les dents des chiens. Enfin, les dents molaires sont celles qui sont les plus enfoncées dans la bouche. Il y en a 10 de chaque côté, 5 en haut et 5 en bas. Ce sont comme autant de meules qui broyent les alimens.

Le Disciple. Il ne me reste donc maintenant, pour pouvoir comprendre comment se forme la voix humaine, que de connoître la structure de la langue. J'en attends avec impatience la description anatomique.

Le Maître. La langue est un muscle composé d'une infinité de fibres entrelassés les uns dans les autres. Nous distinguons dans la langue trois membranes, la membrane extérieure ou l'épiderme ; la membrane du milieu ou la *réticulaire*, qui tire son nom des trous dont elle est percée ; enfin, la membrane nerveuse qui n'est que la production des nerfs de la cinquième et de la neuvième conjugaison. Cette membrane est couverte d'une infinité de petites *houpes* qui passent par les trous de la membrane réticulaire, et qui s'élèvent jusqu'à l'épiderme de la langue ; je continuerai cette description, lorsque je déterminerai quel est l'organe du *goût*.

Le Disciple. Me voilà maintenant en état de comprendre comment je parle. Je suis charmé que ce point de physique ait exigé tant de préambules ; j'ai acquis une foule de connoissances que je serois bien fâché d'ignorer. Hé bien, comment se forme le son articulé ?

Le Maître. C'est la voix humaine que l'on prétend désigner, lorsque l'on parle des sons articulés. Des différentes vésicules qui composent les poumons, il sort par *l'expiration* une assez grande quantité d'air qui, par la trachée-artère, va se rendre dans la bouche. L'air ne peut pas se rendre de la trachée-artère dans la bouche, sans passer par la glotte, c'est-à-dire, sans passer d'un lieu plus large dans un lieu plus étroit : il acquiert dans ce passage une augmentation de vîtesse ; il imprime aux deux lèvres de la glotte un mouvement de trémoussement et de frémissement : il reçoit dans ses parties insensibles ce même mouvement, et il se trouve par là modifié en *son*. C'est le palais, la langue, les dents et les lèvres qui le rendent *son articulé*. Aussi dit-on communément que la voix humaine est *air* dans la trachée-artère, *son* dans la glotte, et *parole* dans la bouche.

Les anciens ont donc eu tort de comparer la trachée-artère avec une flutte, et d'assurer que la trachée-artère produisoit la voix comme le corps de la flutte produit le son. C'est la glotte que l'on doit regarder comme le principal instrument de la voix. D'ailleurs, c'est en recevant l'air que la flutte produit le son, et c'est au contraire en le rendant que la trachée-artère contribue à la formation de la voix. Cette refléxion n'est pas nouvelle ; M. Dodart en fit part autrefois à l'Académie des Sciences, et cette célèbre compagnie voulut la rendre immortelle, en la faisant insérer dans son histoire en l'année 1700.

Le Disciple. Je comprends que tous les préambules qui ont précédé l'explication de la voix humaine, étoient absolument nécessaires. Une chose cependant m'a bien surpris dans cette explication.

Le Maître. Qu'est-ce qui a pu causer votre surprise ?

Le Disciple. Vous m'avez dit que la glotte étoit le principal instrument de la voix ; j'aurois cru que ce fût la langue.

Le Maître. On l'a pensé ainsi jusqu'au commencement de ce siècle. Mais l'expérience nous a appris qu'on s'est trompé, et que la langue n'est pas un organe absolument nécessaire à la prononciation la plus nette et la plus distincte.

Le Disciple. Voici du nouveau. Quelle est cette expérience ?

Le Maître. En l'année 1702, nâquit, dans un village d'Allemtéio, province de Portugal, une fille sans langue. Quel prodige ! on croyoit qu'elle seroit muette. Elle parla cependant aussi facilement que le commun des hommes. En l'année 1717, M. Antoine de Jussieu, de l'Académie Royale des Sciences de Paris, Docteur Régent de la faculté de Medécine de la même Ville, Professeur de Botanique au jardin royal des plantes, fit un voyage à Lisbonne. Le Comte d'Ericeira lui parla de cette fille, alors âgée de 15 ans. On la fit venir de son village, et on la présenta à cet habile Anatomiste. M. de Jussieu la vit deux fois consécutives, et il l'examina avec toute l'attention dont il fut capable, le soir à la faveur d'une bougie, et le lendemain au grand jour. Il lui fit ouvrir la bouche plusieurs fois, et il se convainquit par les yeux et par le toucher que cette fille n'avoit aucune espèce de langue. Il lui fit prononcer toutes les lettres de l'alphabet, plusieurs syllabes séparément, une suite de mots formant un raisonnement ; cette fille parla si distinctement et si aisément, que M. de Jussieu ne se seroit jamais imaginé qu'elle n'eût point de langue, s'il n'en eût pas été prévenu : tant il est vrai qu'en Physique les assertions les plus évidentes ne doivent être érigées en principes, que lorsqu'elles ont été confirmées par une longue suite d'expériences, ou lorsqu'elles sont étayées d'une véritable démonstration.

Le Disciple. Comment M. de Jussieu expliqua-t-il cette espèce de jeu de la nature ?

Le Maître. M. de Jussieu aperçut, au milieu de la bouche de cette fille, une petite éminence, en forme de mamelon, qui s'élevoit d'environ 3 à 4 lignes de hauteur. Il sentit, par la pression du doigt, une espèce de mouvement de contraction et de dilatation, qui lui fit connoître que les muscles qui forment la langue, s'y trouvoient. Il conclut que le son porté vers les dents par le gonflement de ces muscles, recevoit par ces mêmes dents, et par plusieurs autres parties de la bouche de cette fille, les autres modifications nécessaires pour être changé en *son articulé*. C'est là, en effet, tout ce qu'on peut dire pour expliquer, d'une manière raisonnable, un phénomène aussi singulier.

Le Disciple. Je ne vous demanderai pas comment se forme la parole dans les Pies, les Corbeaux, les Perroquets, etc. La glotte de ces animaux doit être à peu près semblable à la nôtre ; et vous m'avez fait remarquer que la glotte est le principal instrument de la voix. Je sais que le rire n'est qu'un son inarticulé ; je voudrois bien savoir cependant comment il se forme.

Le Maître. Comme la glotte contribue beaucoup à sa formation, je ne regarde pas votre demande comme tout à fait étrangère au sujet que nous traitons.

Le rire est un son inarticulé, causé par l'air qui sort de la poitrine avec trop d'impétuosité et comme par saut. Le diaphragme, en se relevant et en s'abaissant plus vîte et plus fort qu'il n'a coutume de le faire dans la simple respiration, doit être regardé comme la cause principale, et peut-être la cause unique de la sortie irrégulière de l'air par la glotte. Mais quelle est la cause physique qui fait relever et abaisser le diaphragme avec plus de vîtesse que dans la respiration ? Il est probable que ce sont les esprits vitaux qu'un sentiment de joie détermine à aller, comme sans ordre, dans les muscles dont le diaphragme est composé.

Le Disciple. Il ne me reste maintenant qu'à vous prier de me faire connoître M. Dodart et M. de Jussieu.

Le Maître. Denis Dodart, Conseiller, Médecin du Roi, Docteur-Régent en la faculté de Médecine de Paris, et l'un des premiers Membres de l'Académie royale des Sciences, nâquit à Paris en l'année 1634. Il n'est peut-être aucun Étudiant qui ait reçu sur les bancs, de la part de ses Maîtres, d'aussi grands éloges que lui. Voici ce que nous lisons dans les lettres de Gui-Patin. *Cejourd'hui 5 juillet 1660, nous avons fait la licence de nos vieux Bacheliers ; ils sont sept en nombre, dont celui qui est le second, nommé Dodart, âgé de 25 ans, est un des plus sages et des plus savans hommes de ce siècle. Il sait Hipocrate, Galien, Aristote, Ciceron, Sénèque et Fernel par cœur.* M. Colbert ne manqua pas de lui donner dans la suite une place dans une compagnie où il prétendoit rassembler les Savans de l'Europe. M. Dodart y fut reçu en qualité de Botaniste. Ce que nous avons de lui, dans les premiers Mémoires de l'Académie des Sciences, prouve combien il étoit profond dans cette partie de la Physique. Je vous parlerai de ses découvertes dans mes leçons sur la Botanique. M. Dodart a travaillé sur le son. Enfin, nous devons à ce savant une quantité d'expériences sur la transpiration insensible du corps humain. Il en fit sur lui-même pendant l'espace de trente-trois ans. La plus fameuse est celle de 1667. Il trouva, le premier jour du carême, qu'il pesoit 116 livres 1 once. Il fit ensuite le carême, *dit M. de Fontenelle dans l'éloge historique de M. Dodart*, comme il a été fait dans l'Eglise jusqu'au douzième siècle ; il ne buvoit et il ne mangeoit que sur les 6 ou 7 heures du soir ; il vivoit de légumes la plûpart du temps, et sur la fin du carême de pain et d'eau. Le Samedi saint il ne pesoit plus que 107 livres 12 onces ; c'est-à-dire, qu'en menant une vie si austère, il avoit perdu en 46 jours, 8 livres 5 onces. Il reprit sa vie ordinaire, et au bout de 4 jours il avoit regagné 4 livres. Il fit de pareilles expériences sur la saignée, et il trouva que 16 onces de sang se réparoient en 5 jours dans un sujet qui n'étoit nullement affoibli. Il suit en un mot, du travail de M. Dodart, que dans la jeunesse, on transpire beaucoup plus que dans la vieillesse. Ce saint homme mourut à Paris d'une fluxion de poitrine, le 5 novembre 1707, à l'âge de 73 ans.

Le Disciple. Je ne sais si je me trompe ; mais il me paroît qu'il suit des expériences de M. Dodart, que la saignée ne peut jamais être une opération indifférente. Car enfin s'il faut 5 jours à un homme sain pour réparer 16 onces de sang, il en faudra bien davantage à un homme malade. Quelle idée dois-je me former de M. de Jussieu ?

Le Maître. Antoine de Jussieu, Docteur-Régent de la Faculté de Médecine de Paris, Professeur de Botanique au jardin royal des plantes , et Membre de l'Académie royale des Sciences , où il fut reçu en l'année 1711 , a été sans contredit un très-grand Botaniste et un très-bon Anatomiste. Il a fait dans la Botanique des découvertes très-intéressantes. On les trouve, dans les Mémoires de l'Académie des Sciences , entre les années 1712 et 1728. Les Académies de Londres et de Berlin ne voulurent pas que l'Académie de Paris possédât seule un homme de ce mérite ; elles lui offrirent chacune une place, qu'il accepta avec reconnoissance , et dont il remplit les devoirs avec autant d'exactitude que de distinction.

M. de Jussieu ne s'appliqua pas seulement à la Botanique ; il possédoit à fond la science du corps humain ; je vous en ai donné dans cette leçon une preuve bien convaincante.

Il a fait enfin sur les pétrifications, les mines , les minéraux, etc. , un grand nombre de dissertations, insérées , pour la plupart, dans les Mémoires dont je vous ai parlé , et dans ceux des deux autres Académies, auxquelles il avoit l'honneur d'appartenir. Il mourut à Paris en l'année 1758, dans un âge très-avancé.

Le Disciple. D'après ce que vous venez de me dire, je ne saurois à qui donner la préférence. Il me paroît que M. Dodart et M. de Jussieu ont parcouru la même carrière avec à peu près la même gloire et le même succès.

Le Maître. Votre jugement est juste ; je pense comme vous. Avez-vous encore quelque demande à me faire sur le son articulé ?

Le Disciple. Non. Nous pouvons reprendre

l'Arithmétique; nous en sommes à la division des nombres complexes.

Le Maître. Deux cas se présentent naturellement. On peut vous demander tantôt de diviser un nombre complexe par un nombre simple, et tantôt de diviser un nombre complexe par un nombre complexe.

Le Disciple. Apprenez-moi d'abord à diviser un nombre complexe par un nombre simple.

Le Maître. L'on me propose de partager entre 4 personnes, c'est-à-dire, de diviser par 4 la somme de 157 livres 19 sous 8 deniers. Voici comment j'opere.

1°. Je divise, suivant les règles ordinaires, 157 livres par 4; j'ai pour *quotient* 39; et après la dernière soustraction, il me reste 1 livre, c'est-à-dire, 20 sous, que je transporte aux sous : ce qui me donne 39 sous.

2°. Je divise 39 par 4; j'ai pour *quotient* 9, et j'ai de reste 3 sous ou 36 deniers que je transporte aux deniers : ce qui me donne 44 deniers.

3°. Je divise 44 par 4; j'ai pour *quotient* 11, et pour *quotient* total 39 livres 9 sous 11 deniers. Ces 4 personnes auront donc chacune 39 livres 9 sous 11 deniers.

Je puis prouver en deux manières la bonté de cette opération. 1°. Par la multiplication du *quotient* total par le *diviseur* 4, en commençant par les deniers. 2°. Par l'addition en la manière suivante :

$$
\begin{array}{rrr}
39 \text{ liv.} & 9 \text{ f.} & 11 \text{ d.} \\
39 & 9 & 11 \\
39 & 9 & 11 \\
39 & 9 & 11 \\
\hline
157 \text{ liv.} & 19 \text{ f.} & 8 \text{ d.}
\end{array}
$$

Vous savez trop bien additionner les nombres complexes , pour qu'il soit nécessaire de vous expliquer comment j'ai opéré. Consultez en tout cas ma septième leçon.

Le Disciple. Cela n'est pas nécessaire ; je vous ai suivi sans peine. D'ailleurs, la division dont il s'agit, équivaut à trois divisions d'un nombre simple par un nombre simple. Vous pouvez me proposer à diviser un nombre complexe par un nombre simple; je prévois que je ne serai pas embarrassé.

Le Maître. Divisez donc par 5 , c'est-à-dire , partagez entre 5 personnes 2046 livres 18 sous 9 deniers.

Le Disciple. Je divise d'abord par 5 le nombre 2046 livres.

$$
\begin{array}{ll}
\textit{Dividende.} & 2046 \\
\textit{Diviseur.} & 5 \qquad \textit{Quotient } 409 \text{ l. } 7\text{. s. } 9\text{. d.} \\
\cline{2-2}
& 20 \\
\cline{2-2}
& 46 \\
& 5 \\
& 45 \\
\cline{2-2}
& 1
\end{array}
$$

Il m'a resté 20 sous après la dernière soustraction; je les transporte aux sous et je divise 38 par 5; j'ai 7 que je mets au *quotient total*, et je transporte aux deniers les trois sous que j'ai eu de reste : ce qui me donne 45 deniers.

Je divise enfin 45 deniers par 5; j'ai 9 que je mets au *quotient total*. Chacune des 5 personnes aura donc pour sa part 409 livres 7 sous 9 deniers. Voulez-vous que j'en fasse la preuve?

Le Maître. Dispensez-vous en; votre opération est exacte.

Le Disciple. Il faudroit m'apprendre maintenant à diviser un nombre complexe par un nombre complexe. Comment m'y prendrois-je, par exemple, pour diviser 23 *heures* 59 *minutes* 59 *secondes*, par 2 *heures* 6 *minutes* 5 *secondes*.

Le Maître. Vous n'êtes pas en état de faire une pareille opération; vous ne savez pas encore la *reduction*. Lorsque vous la saurez, vous ferez cette opération le plus facilement du monde. Vous reduirez en *secondes* le *dividende* et le *diviseur*; vous diviserez ensuite l'un par l'autre suivant les règles de la division d'un nombre simple par un nombre simple.

Le Disciple. M'apprendrez-vous bientôt la réduction?

Le Maître. Je le ferai peut-être à la fin de la leçon suivante.

Le Disciple. Ce *peut-être* me fait quelque peine; il me tarde de savoir la *réduction*; je comprends qu'elle m'est absolument nécessaire.

Le Maître. Vous savez les quatre premières règles de l'arithmétique; vous avez dequoi vous occuper utilement.

XX. Leçon.

XX. LEÇON.

Des sons relatifs.

*L*E *Maître.* On peut considérer les sons tantôt en eux-mêmes, et tantôt on peut les comparer les uns avec les autres. De là la célèbre division des sons en *absolus* et *relatifs.* Prend-t-on un son en lui-même ; en examine-t-on la formation , la propagation, la réflexion, etc. ? On le considère *absolument.* Détermine-t-on comment il peut faire un accord avec tel et tel son de même ou de différente espèce ? On le considère *relativement.* Je vous ai assez parlé des sons *absolus* dans les quatre leçons précédentes, pour ne vous parler dans celle-ci que des sons *relatifs.* Bien sûrement vous m'écouterez avec plus de plaisir que jamais.

Le Disciple. Je vous ai toujours écouté avec un plaisir infini. Pourquoi ajoutez-vous maintenant *avec plus de plaisir que jamais.*

Le Maître. Parce que je connois votre goût. Vous avez reçu une brillante éducation ; il ne vous manquoit qu'un maître de Physique pour la perfectionner. Vous avez une jolie voix : vous jouez bien du violon, de la flutte, du clavecin etc. ; vous savez très-bien la musique , vous avez même fait exécuter des morceaux de votre façon dont les Maîtres de l'art ont loué la composition. Pourriez-vous ne pas écouter *avec plus de plaisir que jamais,* ce que j'ai à vous dire sur les sons relatifs.

Tome I. V.

Le Disciple. Les sons relatifs sont donc l'objet de la musique ?

Le Maître. Oui sans doute ; les différens tons ne sont composés que de sons relatifs ; et ces sons ne sont l'objet de la musique, que parce qu'ils sont auparavant l'objet de l'ouïe. Voilà pourquoi les Physiciens ont droit d'en parler. Il est même des règles sur la longueur, la grosseur et la tension des cordes des instrumens de musique, que les Physiciens et les Mathématiciens seuls peuvent donner. La musique est une véritable science. Nous n'avons aucun cours complet de Physique et de Mathématique où l'on ne trouve un traité sur la musique.

Le Disciple. Oui, je vous écouterai *avec plus de plaisir que jamais.* Je veux savoir absolument les règles dont vous venez de me parler ; je m'en servirai dans la composition de mes babioles ; je ne veux plus composer machinalement.

Le Maître. Prenez garde cependant de ne pas vous asservir trop scrupuleusement à ces règles. Le goût *inné*, perfectionné par le goût dominant, doit toujours être votre boussole. Il en est à peu près d'un Musicien qui compose, comme d'un Poëte qui fait un ode :

> Son style impétueux souvent marche au hazard.
> Chez elle un beau désordre est un effet de l'art.
> Loin ces rimeurs craintifs, dont l'esprit phlegmatique,
> Garde dans ses fureurs un ordre didactique.
> Qui chantant d'un héros les progrès éclatans,
> Maigres historiens, suivront l'ordre des temps.

> BOILEAU, *art poétique.*

Le Disciple. La comparaison est heureuse ; elle me met fort à mon aise. Vous m'avez promis des règles sur les cordes des instrumens de musique. Que faut-il faire pour que deux cordes soient constamment à l'unisson ?

Le Maître. C'est du nombre des vibrations que font les corps sonores dans un temps déterminé, que vient la différence des tons. Deux cordes homogènes, *par exemple*, donnent-elles le même nombre de vibrations en une *seconde* de temps ? Elles sont à l'unisson, et elles donnent nécessairement le même nombre de vibrations dans un temps déterminé, lorsqu'avec le même degré de tension, elles ont égale grosseur et égale longueur.

Le Disciple. Quand est-ce que de deux cordes homogènes, l'une sonne *l'octave* de l'autre ? Ce sera sans doute par le nombre de leurs vibrations, dans un temps donné, que vous allez le déterminer.

Le Maître. La corde A ne donne-t-elle qu'une vibration, tandis que la corde B en donne deux ? Celle-ci sonnera *l'octave* de celle-là ; et cela arrivera nécessairement, si, avec le même degré de tension et la même grosseur, la corde A a deux pieds et la corde B un pied de longueur.

La même chose arriveroit, si, avec le même degré de tension et la même longueur, la corde A avoit deux lignes de diamètre, et la corde B n'en avoit qu'une.

Le Disciple. Je prévois que la Physique qui nous donne des règles sur *l'unisson* et sur *l'octave*, ne manquera pas de nous en donner sur la *quinte*, la *quarte*, la *double octave*, etc. Avant de vous prier de me les mettre sous les yeux, je voudrois vous demander l'explication d'un phénomène intéressant.

Le Maître. Quel est ce phénomène ? Il n'est pas sans doute étranger au sujet que nous traitons.

Le Disciple. Il a pour objet *l'unisson*. Si l'on pince la corde d'un instrument de musique , le son se communique à la corde d'un autre instrument qui est à l'unisson avec celle qu'on vient de pincer ; et cette dernière corde que personne n'a touchée , rend le même son que la première. Quelle est la cause physique de ce phénomène ?

Le Maître. Il ne me sera pas difficile de vous l'assigner, ou plutôt vous l'assignerez bientôt vous même.

Le Disciple. Je n'en crois rien , à moins que vous ne me mettiez sur les voies.

Le Maître. Ne me demandâtes-vous pas, dans la dix-septième leçon , comment il peut se faire que nous entendions en même temps , d'une manière distincte , deux sons de différente espèce , souvent diamétralement opposés entre eux ? Ces sons, *me disiez-vous* , ne devroient-ils pas se réunir et se confondre , avant que d'arriver à nos oreilles ? Réunis et confondus , ne devroient-ils pas exciter en nous les sensations les plus désagréables ? Que vous répondis-je ?

Le Disciple. Vous me répondîtes que l'air étant composé de molécules différentes par leur masse , leur figure , leur degré d'élasticité, etc. , deux sons spécifiquement différens doivent agiter des particules d'air spécifiquement différentes. Vous ajoutâtes.

Le Maître. Arrêtez-vous là. Ce commencement de ma réponse doit vous suffire pour expliquer facilement le phénomène que vous venez de me proposer.

Le Disciple. J'y suis, je vais l'expliquer. La corde pincée met en mouvement certaines molécules d'air, c'est-à-dire, les seules molécules d'air capables de recevoir et de transmettre le son qu'elle rend. Ces molécules d'air ainsi agitées mettent en mouvement les seules cordes capables de recevoir et de transmettre le son qu'elles portent. Donc, lorsque l'on pince une corde d'un instrument de musique, le son doit se communiquer à la corde d'un autre instrument qui est à l'unisson avec elle.

Le Maître. Ne vous avois-je pas dit que vous expliqueriez vous-même ce phénomène ? Prenez garde cependant ; l'expérience ne réussiroit pas, si le second instrument étoit trop éloigné du premier. Vous expliquerez maintenant sans peine l'expérience que je vous fis faire il y a quelque temps, et dont vous me demandâtes l'explication avec tant d'empressement.

Le Disciple. Quelle est cette expérience ; je l'ai oubliée. Cela n'est pas étonnant ; vous m'en faites faire tous les jours pour piquer ma curiosité ; et au lieu de me les expliquer, vous vous contentez de me dire : rappellez-vous de ce fait ; en temps et lieu je vous l'expliquerai. Quelquefois votre réponse me donne de l'humeur, me fait bouder. Je conviens cependant que votre méthode n'est pas mauvaise, elle enflamme le désir que j'ai de devenir Physicien. Rappelez-moi l'expérience que vous voulez que j'explique.

Le Maître. Ne vous conduisis-je pas, il y a trois semaines, chez un chauderonnier ? Ne remarquâtes-vous pas que lorsque vous preniez un ton grave, tel chauderon resonnoit, et que

tel autre le faisoit, lorsque vous preniez un ton
aigu?

Le Disciple. Cela n'a pas besoin d'explication.
Tout chauderon à l'unisson avec ma voix, doit
nécessairement resonner; les autres doivent garder le silence le plus profond. La même chose
m'arriva l'autre jour. Je montai au clocher de la
Cathédrale; je pris différens tons qui furent ré-
pétés par différentes cloches. Mais par quel mécanisme prenons-nous tantôt un ton grave et
tantôt un ton aigu?

Le Maître. Rappellez-vous que la glotte dont
je vous ai fait la description anatomique dans la
leçon précédente, est capable de contraction et
de dilatation. Rappellez-vous sur-tout de ses
deux lèvres très-capables de recevoir un mouvement de trémoussement et de frémissement.
L'on a coutume de dire que la glotte garde les
mêmes règles que les instrumens de musique, lorsqu'elle produit des sons graves et des sons aigus.
L'on prétend qu'elle s'élargit considérablement,
et qu'elle allonge son diamètre, lorsqu'elle donne
un son grave. L'on veut au contraire qu'elle s'ac-
courcisse et qu'elle bande ses fibres, lorsqu'elle
donne un son aigu. Cette explication est bonne,
mais elle ne me paroît pas suffisante pour expliquer toutes les nuances des tons.

Le Disciple. Vous m'étonnez. Ne m'avez-vous
pas assuré, dans cette leçon, que toutes choses
égales d'ailleurs, plus le diamètre d'une corde
est considérable, plus aussi le son qu'elle rend
est grave. Lorsque la glotte s'élargit, son diamètre augmente, et lorsqu'elle s'accourcit, son diamètre diminue: donc c'est par la dilatation et la

contraction de la glotte, qu'il faut expliquer les tons de différente espèce.

Le Maître. Je vous ai aussi dit que plus, dans un temps déterminé, les vibrations d'une corde sont fréquentes, plus aussi le son qu'elle rend est aigu. Je veux bien que, dans l'explication des sons graves et aigus, l'on ait égard à la dilatation et à la contraction de la glotte ; mais je voudrois qu'on eût encore plus d'égard aux mouvemens de ses lèvres qui peuvent varier à l'infini. Sans cela on n'expliquera jamais d'une manière satisfaisante les différentes nuances des tons.

Le Disciple. Quelles sont les raisons qui vous engagent à parler de la sorte d'une manière si affirmative ?

Le Maître. La glotte est ovale ; elle a donc un diamètre plus grand l'un que l'autre. S'il faut attribuer les différens tons de la voix ou du chant uniquement aux différentes ouvertures de la glotte ; il faut que son petit diamètre qui n'a au plus qu'une ligne, puisse changer 9632 fois de longueur, pour fournir à toutes les différentes nuances des tons dont la voix humaine est susceptible. Le calcul en a été fait par M. Dodart dont je vous ai fait connoître le mérite dans la leçon précédente. Or, je vous le demande, est-il concevable qu'une telle variation puisse avoir lieu dans un diamètre qui n'a tout au plus qu'une ligne de longueur ?

Le Disciple. Vous avez raison. Les différens mouvemens dont les lèvres de la glotte son susceptibles, ont encore plus de part à la formation des tons, que la contraction et la dilatation de la glotte.

Le Maître. Il est encore une chose qu'il ne faut jamais oublier, c'est que les sons et les tons ne sont en eux-mêmes ni graves, ni aigus ; tel son est grave en telle occasion, qui seroit aigu dans une autre.

Le Disciple. Je sens la vérité de ce que vous dites. Je voudrois cependant que vous me prouvassiez par quelque exemple que tel son est tantôt grave et tantôt aigu, suivant qu'il est comparé avec tel et tel autre.

Le Maître. Supposez les trois cordes A , B , C d'égale longueur et d'égale grosseur, mais tellement tendues, que , dans un temps déterminé , la corde A donne 1 , la corde B 2 et la corde C 4 vibrations. Qu'arrivera-t-il ?

Le Disciple. La corde A représentera le ton fondamental ; la corde B sonnera l'octave de la corde A , et la corde C sonnera l'octave de la corde B , et par conséquent la double octave de la corde A.

Le Maître. Voilà précisément l'exemple que vous demandiez. Le son de la corde B sera en même temps aigu et grave , aigu vis-à-vis le son de la corde A , et grave vis-à-vis celui de la corde C. Je pourrois vous apporter non pas un , mais cent exemples de la vérité que vous n'avez fait que sentir.

Le Disciple. Cela n'est pas nécessaire ; je conçois maintenant au mieux cette vérité ; je comprends encore que plus une corde est tendue , plus aussi elle doit donner de vibrations dans un temps déterminé. Mais ce que je voudrois savoir , c'est la manière dont il faut tendre les cordes A , B , C , pour qu'elles donnent précisément le nombre de vibrations nécessaires pour sonner *l'octave* et la *double octave* du *ton fondamental.*

Le Maître. Il faut bien que vous le sachiez ; de là dépend la manière d'accorder les cordes des instrumens de musique. L'expérience nous a appris que si la corde A est tendue par un poids d'une livre, la corde B par un poids de quatre, et la corde C par un poids de seize livres, dans un temps déterminé la corde A donnera 1, la corde B 2, et la corde C 4 vibrations. A la fin de la douzième leçon, je vous ai donné une idée du quarré arithmétique ; réfléchissez sur les nombres 1, 4, 16.

Le Disciple. Mes réflexions sont faites. Les nombres 1, 4, 16 représentent trois quarrés arithmétiques, le quarré de 1, le quarré de 2 et le quarré de 4. En effet, 1 multipliant 1 produit 1 ; 2 multipliant 2 produit 4 ; 4 multipliant 4 produit 16. Ces 3 quarrés ont 1, 2 et 4 pour leurs racines quarrées, puisque ces 3 nombres, en se multipliant eux-mêmes, ont produit leurs quarrés.

Le Maître. Je suis content de vos réflexions ; je n'en veux pas davantage. Jettez maintenant un coup-d'œil sur les cordes A, B, C, dont la première donne le *ton fondamental*, la seconde *l'octave* et la troisième la *double octave* de ce ton. La première, dans un temps déterminé, donne une vibration, et elle est tendue par un poids d'une livre ; la seconde donne 2 vibrations, et elle est tendue par un poids de 4 livres ; la troisième donne 4 vibrations, et elle est tendue par un poids de 16 livres. Quelle conséquence tirez-vous de cette expérience ?

Le Disciple. Elle saute aux yeux. Pour que 3 cordes égales en grosseur et en longueur, donnent le *ton fondamental*, *l'octave* et la *double octave* de ce ton, il faut que les poids qui les tiennent tendues, représentent les quarrés des vibrations que font ces trois cordes dans un temps déterminé.

Le Maître. Vous pouvez maintenant m'interroger sur la *quinte*, la *quarte*, etc. Jettez auparavant les yeux sur ces deux lignes de chiffres. Que représentent-elles ?

$$1. \quad 2. \quad 3. \quad 4. \quad 5. \quad 6. \quad 7. \quad 8. \quad 9. \quad 10.$$
$$1. \quad 4. \quad 9. \quad 16. \quad 25. \quad 36. \quad 49. \quad 64. \quad 81. \quad 100.$$

Le Disciple. La première ligne contient les dix premiers nombres de l'arithmétique, et la seconde les dix quarrés de ces nombres. Par conséquent la première ligne contient les dix racines quarrées des dix quarrés contenus dans la seconde ligne.

Le Maître. La première ligne vous représentera donc les vibrations des cordes égales en grosseur et en longueur, et la seconde ligne vous désignera les poids qu'il faut employer pour tendre ces cordes, de manière que, dans un temps déterminé, elles donnent les vibrations que vous demandez. Je répondrai maintenant aux interrogations que vous me ferez sur la *quinte*, la *quarte*, etc.

Le Disciple. Quand est-ce que la corde E sonnera la *quinte* de la corde D ?

Le Maître. Si la corde E donne 3 vibrations, tandis que la corde D n'en donne que 2, la première sonnera la *quinte* de la seconde. Comment vous y prendrez-vous pour avoir ces vibrations ?

Le Disciple. Je tendrai la corde E par le moyen d'un poids de 9 livres, et la corde D par le moyen d'un poids de 4 livres. Je sais que 9 est le quarré de 3 , et 4 le quarré de 2. Quand est ce que la corde G sonnera la *quarte* de la corde F ?

Le Maître. Si la corde G donne 4 vibrations, tandis que la corde F n'en donne que 3 , la première sonnera la *quarte* de la seconde.

Le Disciple. Je tendrai la corde G par un poids de 16 livres , la corde F par un poids de 9 livres , et j'aurai nécessairement ces vibrations : 16 est le quarré de 4 , et 9 le quarré de 3.

Le Maître. Vous ne m'avez interrogé jusqu'à présent que sur la *quinte* et la *quarte* qui se trouvent entre le *ton fondamental* et *l'octave* ; vous pouvez m'interroger maintenant sur la *quinte* et la *quarte* qui se trouvent entre *l'octave* et la *double octave.*

Le Disciple. Jusqu'à présent je n'ai su la Musique que machinalement. Ce n'est qu'à ce moment que je comprends que c'est une véritable science. Hé bien ! quand est-ce que la corde J sonnera la *quinte* de *l'octave* de la corde H ?

Le Maître. Si la corde J donne 3 vibrations, tandis que la corde H n'en donne que 1 , la corde J sonnera la *quinte* de *l'octave* de la corde H.

Le Disciple. Puisque le quarré de 3 est 9 , et le quarré de 1 est 1 , la corde J sera tendue par un poids de 9 livres , et la corde H par un poids d'une livre. Quand est-ce enfin que la corde N sonne la *quarte* de *l'octave* de la corde M ?

Le Maître. Lorsque la corde N donne 8 vibrations , tandis que la corde M n'en donne que 3.

Le Disciple. La corde N sera donc tendue par un poids de 64 , et la corde M. par un poids de 9 livres ; le quarré de 8 est 64 , et le quarré de 3 est 9. Mais dans les instrumens de Musique les cordes ne sont pas tendues par des poids,

Le Maître. Elles sont tendues par des poids équivalens. Tout ce qui, dans les instrumens de *Musique*, sert à tendre ou à relâcher les cordes équivaut à de véritables poids.

Le Disciple. Vous avez supposé jusqu'à présent dans deux cordes homogènes la même longueur et la même grosseur, avec différens degrés de tension ; supposons maintenant dans ces cordes la même tension et la même grosseur. Qu'arrivera-t-il ?

Le Maître. L'expérience nous apprend que si, avec le même degré de tension et la même grosseur, la corde A a 2 pieds, la corde B 1 pied, et la corde C un demi-pied de longueur, la corde A, dans un temps déterminé, donnera 1 vibration, la corde B 2, et la corde C 4 ; donc la corde B sonnera l'*octave* et la corde C la *double octave* de la corde A. Lorsque vous saurez les proportions géométriques, vous trouverez facilement la longueur qu'il faut donner à deux cordes d'égale grosseur et également tendues, pour que l'une sonne la *quinte* et la *quarte* de l'autre.

Le Disciple. Supposons enfin dans trois cordes homogènes égale tension, égale longueur, mais différente grosseur, quand est-ce que la seconde sonnera l'*octave* et la troisième la *double octave* de la première ?

Le Maître. L'expérience nous apprend que cela arrivera, si la première corde a 3 lignes de diamètre, la seconde 2, et la troisième 1. Par le moyen des proportions géométriques, vous trouverez à l'instant les différens diamètres qu'il faut donner à deux cordes de longueur égale et également tendues, pour que l'une sonne la *quinte* et la *quarte* de l'autre. Si un Artiste fait donc jamais, sous votre direction, un instrument de Musique, examinez, avec l'attention la plus scrupuleuse, la longueur, la grosseur des cordes qu'il emploie, et le degré de tension qu'il leur donne ; il n'est rien d'arbitraire dans cette théorie.

Concluez de ce que nous venons de dire, qu'il y a dans la Musique sept tons principaux ; le *ton fondamental*, la *quinte*, la *quarte*, l'*octave*, la *quinte de l'octave*, la *quarte de l'octave*, et la *double octave*. C'est en mêlant ces tons artistement et avec goût, que l'on fait ce qu'on appelle *consonance* ou *accord*.

Le Disciple. Je sais ce que c'est que *consonance* ; j'en voudrois cependant avoir une définition exacte.

Le Maître. La chose n'est pas aussi facile que vous pourriez vous l'imaginer. Je crois que la *consonance* n'est autre chose que la production simultanée de différens sons, causés par des cordes qui font en même temps leurs différentes vibrations. Je ne sais que la partie physique de la Musique vocale et instrumentale ; je ne me hazarderai pas à réunir les tons dont je vous ai parlé ; de manière qu'il résulte de cette réunion, tantôt une *consonance*, tantôt une *équisonance*, et tantôt une *dissonance*. Je laisse cette opération aux Maîtres de l'Art ; vous savez assez la Musique, pour tirer grand parti de la définition que je viens de vous donner.

Le Disciple. Vous ne savez pas la Musique ; vous m'étonnez. A vous entendre parler, j'aurois cru que vous possédiez cette science à fond. Il faut avouer que la Physique est une science admirable ; on n'est étranger nulle part, lorsqu'on en a saisi les principes. Mais vous aimez l'harmonie.

Le Maître. Je l'aime à la folie; je serois un monstre moral, si je ne l'aimois pas. Je vous ai prouvé dans ma 17me. leçon, que les animaux les plus stupides, les animaux même les plus féroces n'étoient pas insensibles aux doux accords de l'harmonie. Que je sois plongé dans un morne silence et dans de létargiques rêveries, *dit Gresset dans son Discours sur l'harmonie*, où trouverai-je un charme dans mes ennuis opiniâtres? Sera-ce dans la raison? Je l'appelle à mon secours; elle vient, elle m'a parlé: hélas! Je soupire encore. Dans nos peines, la raison elle-même est une peine nouvelle.

Sera-ce dans l'enjouement des conversations amusantes? Hélas! a-t-on la force de s'égayer avec autrui, quand on est mal avec soi-même?

Sera-ce enfin dans vos pompeux écrits, Philosophes altiers, Stoïciens orgueilleux? Importuns consolateurs, fuyez; en vain me prêcheriez-vous, sous des termes fleuris, une patience muette, une insensibilité superbe, une constance fastueuse; vertu de spéculation, Philosophie trop chimérique, vous ne faites qu'effleurer la superficie de l'ame, sans la pénétrer, sans la guérir.

Suis-je donc percé d'un trait mortel? Les chagrins sont-ils invincibles? Non; vole dans mon ame, riante harmonie; une voix touchante vient frapper mon oreille, déjà le plaisir passe dans mes sens, des images plus gracieuses brillent à mon esprit; je me retrouve dans moi-même, je suis consolé: ainsi, à la gloire de cet art, souvent mille raisonnemens étudiés du pointilleux Sénéque, valent moins pour distraire nos peines , qu'une symphonie gracieuse du sublime Lulli.

Le Disciple. Mais comment , avec le goût que vous avez, et que sans doute vous avez toujours eu pour l'harmonie , n'avez-vous pas appris la Musique dans votre jeunesse ? je connois plusieurs personnes de votre famille qui la savent très-bien.

Le Maître. Ils avoient de la voix et je n'en avois point ; voilà ce qui, dans ma jeunesse, me dégouta de la Musique.

Le Disciple. Je ne crains pas de vous dire que vos parens eurent tort de vous permettre de la discontinuer. J'ai toujours entendu dire que la Musique donne un peu de voix à ceux qui n'en ont point. Elle apprend à bien conduire le peu que l'on acquiert ; et il est sûr que les délicats sont plus flattés par une petite voix bien conduite , que par une voix étendue , mais mal ménagée et bruyante , faute d'art et de goût. C'est-là la remarque de M. le Maître de Claville dans son *Traité du vrai mérite.*

Le Maître. Je suis charmé que vous ayez lu cet ouvrage , marqué au coin de la saine raison et du bon goût. Avez-vous réfléchi sur les avis qu'il donne à ceux qui, comme vous , ont reçu de la nature le don d'une belle voix ?

Le Disciple. Vous me ferez plaisir de me les rappeler ; bien sûrement j'en profiterai.

Le Maître. Etes-vous né , *dit-il* , avec le don d'une belle voix ? Joignez-y l'art , vous ferez merveille ; mais chantez naturellement , sans grimace, sans affectation ; entrez dans l'air et dans les paroles ; prononcez bien , sentez ce que vous dites, faites-le sentir aux autres ; ne vous faites pas trop prier et ne chantez pas trop ; préférez les airs les plus convenables à votre voix , c'est un ménagement que vous vous devez à vous-même ; ne chantez jamais des chansons obscènes, c'est un respect que vous devez au public, et ce respect doit se redoubler avec des femmes sages et des personnes de considération. Faites plus ; si vous avez quelque délicatesse , ne donnez jamais dans le goût de ces sortes de chansonnettes qui se sont introduites à la faveur de mauvaises pointes et de fades équivoques.

Le Disciple. Dieu merci , je n'ai jamais donné dans ces deux derniers défauts ; et bien sûrement je n'y donnerai jamais de ma vie.

Le Maître. Je le sais et je l'espère. Mais n'avez-vous pas quelques-uns des premiers à vous reprocher ? Souvent ne vous faites-vous pas trop prier pour chanter, dans le temps même que vous en avez le plus d'envie ; et ne pourroit-on pas vous appliquer ce que disoit Horace , il y a près de deux mille ans : *nolunt cantare rogati ?*

Le Disciple. Je vous remercie de l'avis que vous me donnez ; j'en profiterai.

Le Maître. J'avois bien raison de vous dire , à la fin de la dernière leçon , que *peut-être* je vous parlerois de la *réduction* à la fin de celle-ci ; vous voyez que nous n'en avons pas le temps. Je n'en suis pas fâché. Les sons relatifs vous ont mis à même de faire assez de calculs , pour ne pas en entreprendre de nouveaux ; je craindrois de vous ennuyer.

Le Disciple. Vous le ferez donc à la fin de la leçon suivante.

Le Maître. Je vous le promets formellement.

XXI. Leçon.

XXI. Leçon.

Du gout, de l'odorat et du tact.

LE *Maître.* Les sens extérieurs sont au nombre de cinq. Le tact, le goût, l'odorat, l'ouïe et la vue. Je vous ai parlé de l'ouïe dans les leçons XVI et XVII ; il est naturel de vous parler dans celle-ci du goût, de l'odorat et du tact.

Le Disciple. Vous me parlerez donc de la vue dans la leçon suivante. Il n'est pas juste de me laisser en si beau chemin. Je n'aime rien tant que de me connoître moi-même ; c'est la science qui m'interresse le plus.

Le Maître. Il est naturel de le penser ainsi ; cela ne sera pas cependant. Je ne cherche que votre avancement progressif ; et vous ne me comprendriez pas, si, dans la leçon suivante, je vous parlois de la vue. Vous ne connoissez pas la nature de la lumière ; vous ne savez pas ce que c'est que *refraction.* Il vaut mieux en votre faveur intervertir l'ordre des matières, que de vous exposer à perdre votre temps, en suivant une marche trop scrupuleusement didactique. Dans cette leçon même, je l'intervertis par rapport à vous. Car, enfin, quel rapport direct peuvent avoir le goût, l'odorat et le tact avec l'atmosphère terrestre dont je ne suis pas encore sorti, et dont je ne sortirai pas de long-temps ? Cependant, comme dans mes leçons sur le *son*, j'ai été obligé de vous faire entrer dans le mécanisme du corps humain, je ne veux pas différer plus long-temps de vous faire entrer dans celui des sens extérieurs.

Tome I.   **X**

Le Disciple. Je vois bien que le meilleur parti que j'aie à prendre, est celui de me laisser conduire. Qu'est-ce que le goût?

Le Maître. C'est le sens par le moyen duquel nous discernons les saveurs; elles sont l'objet du goût, et la langue en est l'organe principale.

Le Disciple. Je connois la langue; vous m'en avez fait la description anatomique dans la dix-neuvième leçon. Vous me dites même de ne pas oublier qu'il y a dans la langue trois membranes; la membrane extérieure ou l'épiderme; la membrane du milieu ou la *réticulaire*, qui tire son nom des trous dont elle est percée; la troisième membrane ou la membrane nerveuse, qui n'est que la production des nerfs de la cinquième et de la neuvième conjugaison. Vous me fîtes encore remarquer que la membrane nerveuse est couverte d'une infinité de petites *houpes*, de petits *mamelons* qui passent par les trous de la membrane réticulaire, et qui s'élèvent jusqu'à l'épiderme de la langue. Mais la langue a différentes parties. Dans laquelle de ces parties placez-vous l'organe du goût?

Le Maître. Il n'y a pas à hésiter. Je le place dans les *houpes* nerveuses qui terminent les nerfs de la cinquième et de la neuvième conjugaison.

Le Disciple. Je m'attendois à cette réponse. Si vous le jugez à propos, j'expliquerai comment, dans ce système, l'impression que font les saveurs sur l'épiderme de la langue, est portée jusqu'au centre ovale où vous avez placé le siége de l'ame.

Le Maître. Vous le ferez facilement. Je me rappelle avec plaisir que, dans la dix-septième leçon, vous expliquâtes au mieux comment le son parvient, depuis le corps sonore jusqu'à l'organe de l'ouïe, et de l'organe de l'ouïe jusqu'au centre ovale. Le mécanisme est le même, avec la différence essentielle que les corps sonores n'agissent pas immédiatement sur l'organe de l'ouïe, et que les saveurs ont une action directe sur l'organe du goût. Commencez.

Le Disciple. Les saveurs font impression sur l'épiderme de la langue. Elles ne peuvent pas faire une pareille impression, sans picoter les houpes nerveuses où vous avez placé l'organe du goût. Ces houpes nerveuses ne peuvent pas être picotées, sans que les esprits vitaux contenus dans les nerfs de la cinquième et de la neuvième conjugaison, et sans que ces nerfs eux-mêmes dont elles forment les extrémités, soient agités. Ces nerfs et les esprits vitaux qu'ils contiennent, ne peuvent pas être agités, sans que l'impression des saveurs soit portée jusqu'à leur origine, placée à la circonférence du centre ovale, le vrai, l'unique siége de l'ame dans le corps humain. C'est alors que l'ame, en vertu de son union intime avec le corps, produit un acte capable de lui représenter les objets qui ont fait une impression plus ou moins forte sur l'organe du goût.

Le Maître. C'est cet acte que nous appellons la *sensation formelle* du goût, acte immédiatement produit par l'ame, et par conséquent aussi spirituel que les jugemens et les raisonnemens qu'elle forme. Tous les mouvemens qui ont précédé la *sensation formelle* n'ont produit que la *sensation occasionnelle*, opération purement matérielle.

Le Disciple. Vous me l'avez déjà dit à l'occasion de l'ouïe. Vous avez même ajouté qu'il faut être aussi mauvais Métaphysicien que mince Physicien, pour confondre la sensation *occasionnelle* avec la sensation *formelle*.

Le Maître. En attendant qu'à l'occasion du *matérialisme*, je vous démontre cette vérité, gravez-la tellement dans votre esprit, qu'il vous soit impossible de la jamais oublier. Ce sont les Athées et les Matérialistes qui ont abusé de la Physique, pour confondre l'une avec l'autre, les deux sensations dont je viens de vous parler. Ne croyez pas ces prétendus Philosophes; craignez-les encore moins. A peine y a-t-il cinq mois que vous étudiez la Physique, il n'y en a aucun parmi eux qui en sache autant que vous.

Le Disciple. Je comprends maintenant comment telle personne a le goût plus fin, plus délicat que telle autre; comment les goûts sont si différens, etc. Dans les unes, les *houpes* nerveuses sont plus nombreuses, plus déliées, l'épiderme est plus mince; dans les autres, ces *houpes* sont plus rares, plus grossières, l'épiderme a plus d'épaisseur. Mais ce n'est pas seulement sur la langue que se trouve l'organe du goût; il est aussi dans le gosier. On ne juge bien de la qualité d'un vin, que lorsqu'il est arrivé à ce canal.

Le Maître. Vous avez raison. Le gosier ou l'œsophage est un canal qui se trouve vers la racine de la langue, et qui descend jusqu'à l'estomac. Son ouverture se nomme *pharinx*. C'est par ce canal que passent tous les alimens que nous prenons. Le *Pharynx* et le commencement du gosier sont parsemés de *houpes* qui appartiennent aux nerfs de la cinquième et de la neuvième conjugaison; ils font comme un *tout* avec la langue.

Ainsi, dire que la langue est l'organe du goût, c'est dire que le *pharynx* et le commencement du gosier, le sont aussi.

Le Disciple. Vous m'avez dit que les saveurs étoient l'objet du goût. Je sais qu'on donne ce nom à tout ce qui excite la sensation du goût. Je voudrois bien savoir combien il y a d'espèces de saveurs.

Le Maître. L'on peut réduire les saveurs à sept espèces, le doux, l'amer, l'âcre, l'âpre, l'aigre, le gras et le salé. Un corps est doux, lorsqu'il est composé de molécules oblongues, polies, bien préparées et bien cuites ; un corps amer au contraire doit avoir des molécules irrégulières, couvertes d'inégalités, mal cuites. La saveur âcre annonce des molécules très-aiguës et très-subtiles. Un fruit est âpre, lorsqu'il n'est pas encore mûr. L'aigre contient beaucoup de sels acides. Le gras est composé de parties molles et sphériques. Enfin, un corps a une saveur, que l'on nomme salée, lorsqu'il ne contient presque que des particules de sel.

Le Disciple. Je comprends pourquoi les enfans aiment ce qui est doux, et les malades ce qui est aigre. Les premiers ont les *houpes* nerveuses très-délicates et l'épiderme qui les couvre encore plus ; les seconds ont la langue imprégnée de bile, et couverte pour l'ordinaire d'une espèce de peau plus ou moins blanchâtre ; les corps doux ne sauroient exciter en eux la sensation du goût ; composés de molécules oblongues et polies, ils glissent trop facilement sur leur langue. Les sels acides au contraire qui entrent dans la composition des corps aigres, percent la peau blanchâtre dont vous venez de me parler, et font grand plaisir aux malades, parce qu'ils leur prouvent qu'ils n'ont pas encore perdu le sentiment du goût. Les plus grands plaisirs que nous ressentions, ont toujours pour cause l'amour de nous-mêmes et la conservation de notre existence.

Mais vous ne comptez que sept saveurs ; il y en a sans nombre : les gourmets ne trouvent pas une saveur qui soit parfaitement semblable à l'autre.

Le Maître. Je ne compte que sept espèces de saveurs *primitives*. Mais mêlez ces saveurs de deux en deux, de trois en trois, etc., vous aurez une infinité de saveurs que je serois fort tenté d'appeler *subalternes.* N'y a-t-il pas des couleurs sans nombre ? Je vous démontrerai cependant dans la suite qu'il n'y a que sept couleurs primitives. Ne vous ai-je pas prouvé, dans la leçon précédente, qu'il n'y a que sept tons principaux. M. Dodart cependant a compté 9632 nuances dans ces tons, et bien sûrement il ne les a pas toutes aperçues.

Le Disciple. Je le vois, je ne suis pas encore Physicien ; je viens de vous faire une demande qui n'a ni rime, ni raison. Je voudrois bien savoir quelle est la cause des saveurs.

Le Maître. Ce sont les sels qu'il faut regarder comme la cause physique des saveurs ; rien de plus insipide qu'un bouillon qu'on a oublié de saler. La différence spécifique des saveurs ne peut donc venir que de la figure et de la quantité de parties salines qu'elles contiennent.

Le Disciple. Qu'est ce que le sel ? Il y en a qui le regardent comme l'un des élémens des corps ; il n'est peut-être aucun corps en effet qui n'en contienne plus ou moins. Vous m'avez assuré

cependant dans votre première leçon, *pag.* 13 ,
que les corps sont composés de quatre différens
principes connus sous le nom *d'élémens primitifs* ,
l'eau , l'air , la terre et le feu.

Le Maître. Le sel est un corps dur et inflexible
que la chimie n'a pas encore résolu et ne résoudra peut-être jamais en ses parties élémentaires.
Le sel se trouve dans l'assemblage de tous les
corps ; il paroît même destiné à en faire l'assemblage. Ses lames sont comme autant de petites chevilles qui unissent étroitement les différentes parties des corps , les unes avec les
autres.

L'on distingue en Physique différens élémens ,
les *primitifs* et les *secondaires.* Les élémens *primi-*
tifs sont ceux, en effet, dont je vous ai parlé
dans ma première leçon ; ils entrent dans la composition de tous les corps, et ils sont composés
de parties parfaitement semblables entre elles.
Aussi les appelle-t-on corps *simples* , corps *homo-*
gènes. Pour les élémens *secondaires* , tels que les
sels, les métaux, les demi-métaux, etc. , ils entrent, il est vrai , dans la composition de presque
tous les corps ; la chimie n'a pas encore pu les
analyser, de manière du moins à ne nous laisser
aucun doute sur leur essence physique. Nous
pensons cependant que ce sont des corps *mixtes* ,
des corps composés de parties *hétérogènes* , des
corps en un mot que la chimie perfectionnée
résoudra peut-être un jour en ses premiers élémens, l'eau, l'air, la terre et le feu. Nous dis-
cuterons dans la suite cette grande question dans
notre leçon sur la *pierre philosophale.* Contentons-
nous maintenant d'assurer que, parmi les élémens

secondaires, c'est le sel ordinaire qui, sans contredit, doit tenir le premier rang.

Le Disciple. N'est ce que de la mer que l'on tire le sel ?

Le Maître. On le tire aussi de la terre. De là la grande division des sels ordinaires en *marin* et en *gemme*. Le premier se tire des eaux de la mer en la manière suivante. On prépare des marais salans, c'est-à-dire, de grands parcs bien glaisés et bien battus, sur lesquels, pendant l'été, et lorsque le temps est le moins à la pluie, on laisse entrer par une vanne une certaine quantité d'eau de mer. Au bout de deux à trois jours, le soleil fait évaporer presque toute l'eau du marais. Le sel que l'eau raréfiée abandonne, s'abaisse peu à peu, se serre et s'épaissit. De ces pointes rapprochées, il se forme une espèce de voûte. On la casse avec des rateaux avec lesquels on retire ensuite tous les morceaux de sel. On les égoutte, et on les fait sécher pour les mettre ensuite en grains.

Le sel gemme se tire de la terre, dans le sein de laquelle on le trouve en masse, comme dans une espèce de mine. On ne sait pas s'il y a été créé dès le commencement du monde, ou s'il y a été déposé par les eaux du déluge. Ce qui paroît vraisemblable, c'est que les puits salans ne contiennent que des eaux qui, en roulant sur ces masses, en détachent et en amenent un grand nombre de particules. Les plus fameuses mines de sel gemme se trouvent dans la haute Hongrie. Il y en a des veines desquelles on a retiré des masses de sel qui pesoient dix mille livres. La pierre de sel, lorsqu'on la tire de la mine, est de couleur grisâtre ; mais étant broyée et réduite en poudre, elle devient aussi blanche que le sel rafiné. L'on trouve aussi de l'eau dans ces mines. On la fait bouillir et on en retire un sel noirâtre, que les gens du pays donnent à leur bétail.

Le sel *marin* et le sel *gemme* ont deux parties, l'une acide et l'autre alkaline. La partie acide est un amas d'aiguilles, si fines et si légères, que lorsqu'on réduit le sel en poussière, elles s'envolent et flottent dans l'air. La partie alkaline n'est autre chose qu'une matière criblée d'une infinité de pores, et destinée à réunir les acides. Dans nos sels ordinaires, les acides sont dans leurs alkalis, à peu près comme une épée est dans son fourreau; aussi les appelle-t-on sels *neutres*. La leçon qui précédera celles que je dois vous faire sur les *fermentations*, sera sur les *acides* et les *alkalis*.

Je ne vous parlerai pas ici des sels moins communs, tels que le salpêtre, l'alun, le vitriol, etc.; ils ne servent pas à spécifier les saveurs.

Le Disciple. Nous pouvons passer à l'odorat. Les odeurs sont l'objet de ce sens extérieur, dont l'organe se trouve dans les narines. Je voudrois bien que vous me missiez au fait des odeurs; il en est certaines que j'aime à la folie.

Le Maître. Les odeurs ont pour cause des corpuscules très-déliés de sel et de soufre que les corps odoriférans envoient à nos narines. C'est sur-tout de la figure de ces corpuscules que se tire la différence spécifique des odeurs. Elles nous informent de la bonne ou mauvaise qualité des viandes, de la salubrité et de l'insalubrité des lieux, etc.; et comme elles nous annoncent par des sensations délicates et flatteuses ce qui est d'une nature bienfaisante et convenable à nos usages, elles ne sont pas moins fidelles à nous affliger à propos, quand il faut fuir un poison, un séjour marécageux, une demeure infecte et mal saine.

Le Disciple. Vous venez de m'apprendre ce que c'est que le sel ; vous m'apprendrez sans doute maintenant ce que c'est que le soufre.

Le Maître. Le soufre est un mixte inflammable composé de feu, d'huile, d'eau et de terre. Dans cette composition le feu occupe la première place, l'huile la seconde, l'eau la troisième, et la terre la quatrième. L'air entre aussi dans sa composition ; c'est un élement primitif.

Le Disciple. Ne peut-on pas regarder le bitume comme une espèce de soufre ?

Le Maître. Le bitume, il est vrai, a beaucoup d'analogie avec le soufre ; leur composition est presque la même : cependant les Physiciens naturalistes ne les confondent pas l'un avec l'autre. Le bitume a communément une couleur noire ; l'on en voit cependant de blanc et de jaune ; ce dernier pourroit bien ne pas différer spécifiquement du soufre. Je regarde le bitume comme un mixte amphibie, puisqu'on le trouve aussi bien sur les eaux que dans la terre. Les rivages de la mer Baltique nous fournissent cette espèce de bitume que l'on nomme *ambre*. On le regarde comme un assez bon remède contre les douleurs de la goutte, si l'on en croit les gens du pays. Ce qu'il y a de sûr, c'est que l'eau de bitume est excellente contre la plupart des maladies qui attaquent les nerfs.

Le Disciple. Il est temps de déterminer quel est l'organe de l'odorat. Vous le placerez sans doute dans quelques *houpes* nerveuses.

Le Maître. Peut-on faire autrement ? Les nerfs de la première et quelques rameaux des nerfs de la cinquième conjugaison se rendent dans les narines. Ce sont leurs extrémités faites en forme de petites *houpes*, et placées entre la peau et l'épiderme intérieur du nez, que tous les Physiciens regardent comme l'orgagne de l'odorat.

Le Disciple. J'en vois la raison. Les odeurs faisant impression sur ces *houpes*, agitent non seulement les nerfs dont elles forment les extrémités, mais encore les esprits vitaux que ces nerfs contiennent ; en faut-il davantage pour que cette impression soit portée jusqu'au *centre ovale*, le vrai siége de l'ame ; et par conséquent en faut-il davantage pour nous faire regarder ces *houpes nerveuses* comme l'organe de l'odorat ?

Le Maître. Vous vous arrêtez là !

Le Disciple. Je m'en garderois bien ; je m'arrêterois en trop beau chemin ; je ne veux être ni mauvais Métaphysicien, ni mince Physicien. Ce que je viens de vous dire ne présente que la *sensation occasionnelle.* A cette opération purement mécanique, succède la *sensation formelle.* C'est un acte par lequel l'ame, en vertu de son union intime avec le corps, connoît les objets qui ont fait impression sur l'odorat. Cet acte est aussi spirituel que la pensée, le jugement et le raisonnement.

Le Maître. Vous avez très-bien profité de la leçon que je vous ai faite ; aussi vous apprendrai-je ce que c'est que l'éternuement.

Le Disciple. J'allois vous en prier. Rien ne fait tant de plaisir, que de pouvoir expliquer clairement les choses les plus communes et les plus usuelles.

Le Maître. L'éternuement est un mouvement subit et convulsif des muscles qui servent à l'*ex-piration*. Dans ce mouvement, l'air, après une grande *inspiration* commencée et un peu sus-pendue, est chassé tout d'un coup et avec vio-lence par la bouche, et sur-tout par le nez. La cause la plus ordinaire de l'éternuement est l'im-pression que font certaines odeurs sur les *hou-pes* que nous regardons comme l'organe de l'o-dorat. Cette impression est toujours suivie d'une irritation des muscles ; et cette irritation est tou-jours communiquée au diaphragme et aux au-tres muscles de la respiration.

Le Disciple. Je ne suis pas étonné que le ta-bac fasse éternuer, les personnes sur-tout qui en prennent rarement. Il picote furieusement les *houpes* nerveuses. Vous me donnerez bien quel-ques notions sur le tabac ?

Le Maître. Le tabac est une plante qui nous est venue de l'île de Tabaco, dans l'Amérique septentrionale ; on la cultive maintenant dans toute l'Europe. La tige du tabac est assez haute ; elle a quelquefois un pouce de diamètre, moins pour l'ordinaire ; elle est velue, remplie de moëlle blanche ; sa feuille est aussi grande que celle de l'énule campane, et à peu près de la même figure ; elle est un peu velue ; sa fleur est longue, de couleur purpurine ; sa semence est petite et rougeâtre ; sa racine est fibreuse, blan-che et d'un goût fort âcre ; toute la plante a une odeur forte ; elle croît dans les terres grasses et aérées ; elle contient de l'huile en partie exaltée, et beaucoup de sel fort âcre. Le tabac pris en fumée ou par les narines décharge fort le cer-veau ; l'on suppose qu'on en prend modérément.

Pris en trop grande quantité, il cause des accidens d'apoplexie.

Le Disciple. Je ne veux pas m'y accoutumer ;
je pourrois tôt ou tard changer le remède en
poison. Mais quelle est l'origine de ces souhaits
honnêtes et religieux qu'on fait aux personnes
qui éternuent ?

Le Maître. Les éternuemens trop forts et trop
fréquens, sont nuisibles à la santé. L'on prétend
qu'il règna, je ne sais en quel temps, une maladie mortelle qui s'annonçoit par de pareils éternuemens ; et l'on donne cette origine aux souhaits dont vous venez de me parler.

Les éternuemens ordinaires sont très-salutaires ; ils annoncent même la fin d'une maladie
dangereuse, et le commencement de la conva-
lescence.

Le Disciple. Nous en viendrons sans doute
maintenant au *tact*. C'est un sens général ; il n'est
aucune partie du corps qui ne soit sensible. Dans
quelles *houpes nerveuses* placez-vous son organe ?

Le Maître. Sous l'épiderme se trouve une
membrane percée d'une infinité de petits trous ;
cette membrane est appelée par les Anatomistes,
la *peau.* Les nerfs du corps se divisent en une
infinité de filamens presqu'insensibles qui traversent les trous de la peau, et qui s'élèvent jusqu'à l'épiderme. Ce sont ces extrémités des nerfs
faites en forme de petites *houpes*, que Malphigi
regarde comme l'organe du tact. Nous lui devons cette belle découverte ; c'est depuis lors,
et ce n'est que depuis lors que nous parlons des
sens extérieurs d'une manière raisonnable.

Le Disciple. Le mécanisme est le même pour le
tact, que pour les autres sens extérieurs. Les
objets sensibles ne peuvent pas faire impression

sur le corps, sans agiter les *houpes nerveuses* placées
entre l'épiderme et la peau: ces *houpes nerveuses* ne
peuvent pas être remuées, sans que les esprits
vitaux contenus dans les nerfs, et sans que les
nerfs eux-mêmes qui communiquent avec le
centre ovale, le vrai siége de l'ame, soient agités.
C'est donc dans ces *houpes* que nous devons placer l'organe du tact. Delà la *sensation occa-
sionelle*, opération purement mécanique, à laquelle succède la *sensation formelle* du tact, opération purement spirituelle. Mais il n'y a que
dix paires de nerfs qui partent du *centre ovale.*
Comment peuvent-ils fournir à toutes les parties
du corps les *houpes* nécessaires à l'organe du
tact ?

Le Maître. Ces dix paires de nerfs se divisent
en des filamens si déliés, qu'ils pourroient en
fournir à un corps dix fois plus grands que celui
d'un géant. Si cependant cela vous inquiette, appelez à votre secours les trente paires de nerfs
qui partent de l'épine du dos ; leurs extrémités
sont sans doute terminées en *houpes.*

Le Disciple. Mais ces trente paires de nerfs ne
communiquent pas avec le cerveau ?

Le Maître. Non pas directement, mais indi-
rectement. Le canal qui se trouve au milieu de
l'épine du dos, est rempli de moëlle, et cette
moëlle est la production de la partie *cendrée* et de
la partie *calleuse* du cerveau dont je vous ai déjà
parlé dans ma seizième leçon, et dont je vous
parlerai bien plus au long dans ma leçon suivante.
Je vous conseille cependant de ne pas avoir recours à ces trente paires de nerfs, lorsqu'il
s'agira du mécanisme des sens extérieurs ; vous
pouvez, je dirois même, vous devez vous en
passer. Laissez aux Anatomistes le soin de les

suivre dans leur marche, et de les faire entrer dans la composition de différentes parties du corps, dans celle sur-tout des muscles nerveux. Vous ne devez savoir de l'anatomie, que ce qui est absolument nécessaire à un Physicien.

Le Disciple. Quel est l'objet du tact ?

Le Maître. Ce sont tous les corps sensibles, qu'ils soient durs ou mous, élastiques ou non élastiques, froids ou chauds, etc. Un sens aussi général que le tact, doit avoir un objet aussi étendu.

Le Disciple. Quelle idée dois-je me former de Malpighi, à qui la Physique a de si grandes obligations ?

Le Maître. Marcel Malpighi, l'un des plus grands Anatomistes que l'Italie ait produit, nâquit à Crevalcuore, près de Bologne, le 10 mars 1628. L'éclat avec lequel il enseigna la Médecine à Bologne et à Pise, lui méritèrent d'abord une place à la Société de Londres, et ensuite la charge de premier Médecin du Pape Innocent XII. Il a composé en latin un très-grand nombre d'ouvrages, dont les Savans font grand cas. J'ai connu des Médecins célèbres qui donnent la préférence à ceux qui ont pour objet le *cerveau*, la *langue* et l'*organe du tact.* Malpighi mourut à Rome le 19 novembre 1694, à l'âge de 67 ans.

Le Disciple. Vous m'avez promis, dans la leçon précédente, de me parler de la *réduction* à la fin de celle-ci.

Le Maître. Bien sûrement je tiendrai ma parole. Vous savez la *multiplication* et la *divifion*; la *réduction* ne vous coûtera rien à apprendre.

La *réduction* est une opération par laquelle on change tantôt une espèce supérieure en une espèce inférieure, et tantôt une espèce inférieure en une espèce supérieure, sans rien changer à la valeur équivalente de la somme sur laquelle on opère. La première de ces *réductions* se fait par la *multiplication*, et se nomme *réduction descendante*; la seconde se fait par la *division*, et s'appelle *réduction ascendante*. Vous n'aurez point de peine dans ces sortes d'opérations, lorsque vous jeterez les yeux sur le catalogue suivant.

1°. Une livre vaut 20 *sous*; et puisqu'un sou vaut 12 *deniers*, une livre vaut 240 *deniers*.

2°. Lorsqu'il s'agit de *poids*, une *livre* vaut 16 *onces*; et puisqu'un *marc* vaut 8 *onces*, une *livre* vaut 2 *marcs*.

3°. Une *once* vaut 8 *gros* ou *dragmes*, et par conséquent un *marc* vaut 64 *gros*, et une *livre* en vaut 128.

4°. Un *gros* vaut 3 *deniers*, et par conséquent une *once* vaut 24 *deniers*, un *marc* en vaut 192, et une *livre* 384.

5°. Un *denier* vaut 24 *grains*, et par conséquent un *gros* vaut 72 *grains*, une *once* en vaut 576, un *marc* 4608, et une *livre* 9216.

6°. La *toise* vaut 6 *pieds*, et puisque le *pied* vaut 12 *pouces*, la toise vaut 72 *pouces*.

7°. Le *pouce* vaut 12 *lignes*, et par conséquent le *pied* vaut 144 *lignes*, et la *toise* en vaut 864.

8°. La *ligne* vaut 12 *points*, et par conséquent le *pouce* vaut 144 *points*, le *pied* en vaut 1728, et la *toise* 10368.

9°. Le *jour* est de 24 *heures*, et puisque l'*heure* est de 60 *minutes*, le *jour* est de 1440 *minutes*.

10°. La *minute* contient 60 *secondes*, et par conséquent l'*heure* contient 3600 *secondes*, et le *jour* en contient 86400.

XXII Leçon.

XXII. LEÇON.

Des sens intérieur.

LE Maître. Outre les sens extérieurs, il y a trois sens intérieurs, la *mémoire*, *l'imagination* et le *sens commun*. Ils ont évidemment leur organe dans le cerveau.

Le Disciple. Vous me ferez sans doute la dissection anatomique la plus exacte de cette partie si essentielle dans le corps humain.

Le Maître. Je ne vous dirai du cerveau que ce qu'un Physicien ne doit pas ignorer. Que vous importe, *par exemple*, de savoir les noms des différens os qui forment le crâne, comment ils s'emboîtent les uns dans les autres, etc. ? Il vous suffit de savoir que cette espèce de boîte est composée d'os très-durs, arrangés en forme de voûte. La dureté de ces os, et la manière dont ils sont arrangés, mettent à l'abri des accidens, au moins ordinaires, tout ce que le crâne renferme. Je le comparerois presque à l'écaille d'une tortue qui met son corps hors de toute atteinte.

Le Disciple. Qu'est-ce donc que le crâne renferme ?

Le Maître. Le crâne se divise d'abord en deux parties, l'une supérieure que l'on nomme le *grand cerveau*, l'autre inférieure que l'on appelle le *cervelet* ; c'est la membrane que les anatomistes nomment la *faucille*, qui sépare ces deux parties l'une de l'autre.

Dans le grand comme dans le petit cerveau

Tome I.   Y

l'on distingue deux substances et deux membranes. Ces substances sont la *partie cendrée* et la partie *calleuse.* La première est molle, spongieuse et de coulenr de cendre ; la seconde est blanche et beaucoup plus ferme ; on ne la connoît guère que sous le nom de moëlle. Je vous ai expliqué, dans ma seizième leçon, *pag.* 251 et 252, comment ces deux substances contribuent à la formation des esprits vitaux.

Les deux membranes que l'on trouve dans le cerveau sont la *dure* et la *pie-mère.* La *dure-mère* tapisse intérieurement le crâne contre lequel elle est étroitement collée, la *pie-mère* est beaucoup plus déliée, aussi sert-elle d'enveloppe à la moëlle.

On remarque encore dans le cerveau quatre cavités que l'on nomme *ventricules.* Les deux premiers se trouvent assez près de l'origine des nerfs de la première conjugaison ; le troisième est un peu plus bas que les deux premiers, il est séparé d'eux par la partie du cerveau à laquelle les Anatomistes ont donné le nom de *voûte* ; le quatrième ventricule se trouve dans le *cervelet* ; il est séparé du troisième par la fameuse *glande pinéale*, dans laquelle Descartes plaçoit le siége de l'ame. Dans cette leçon même j'aurai occasion de discuter cette question intéressante.

Enfin, l'on remarque dans le cerveau l'origine de dix paires de nerfs dont je vous ai parlé si souvent dans les leçons précédentes, et dont je vous parlerai encore dans celle-ci, à l'occasion du *sens commun.*

Le Disciple. Je suis maintenant au fait du cerveau. Si jamais l'occasion se présente, j'en parlerai avec confiance, je dirois presque, avec hardiesse.

Le Maitre. Gardez-vous en bien. N'en parlez jamais qu'en tremblant, et ne donnez jamais que comme des conjectures assez probables la plupart des choses que vous venez d'entendre. Imitez le célèbre Stenon qui, chargé d'expliquer le cerveau dans une assemblée d'Anatomistes, leur parla de la sorte:

Messieurs, au lieu de vous promettre de contenter votre curiosité touchant l'anatomie du cerveau, je vous fais ici une confession sincère et publique que je n'y connois rien. Je souhaiterois de tout mon cœur être le seul qui fût obligé de parler de la sorte; car je pourrois profiter avec le temps des connoissances des autres; et ce seroit un grand bonheur pour le genre humain, si cette partie qui est la plus délicate de toutes, et qui est sujette à des maladies très-fréquentes et très-dangereuses, étoit aussi bien connue, que beaucoup de Philosophes et beaucoup d'Anatomistes se l'imaginent. Peu imitent l'ingénuité de M. Sylvius qui n'en parle qu'en doutant, quoiqu'il y ait travaillé plus que personne que je connoisse. Le nombre de ceux à qui rien ne donne de la peine, est infailliblement le plus grand; car ceux qui ont l'affirmative si prompte, vous donneront l'histoire du cerveau et la disposition de ses parties avec la même assurance que s'ils avoient été présens à la composition de cette merveilleuse machine, et que s'ils avoient pénétré dans tous les desseins de son grand Architecte. Quoique le nombre de ces affirmateurs soit grand, et que je ne doive pas répondre du sentiment des autres, je ne laisse pas d'être très-persuadé que ceux qui cherchent une science solide, ne trouveront rien qui les puisse satisfaire dans tout ce que l'on a écrit du cerveau. Il est très-certain que c'est le principal organe de notre ame, et l'instrument avec lequel elle exécute des choses admirables. Elle croit avoir tellement pénétré tout ce qui est hors d'elle, qu'il n'y a rien au monde qui puisse borner sa connoissance. Cependant, quand elle est rentrée dans sa propre maison, elle ne sauroit la décrire, et elle ne s'y connoît plus elle-même.

Ainsi parlent les vrais savants, ainsi parle Stenon qui cependant, après cet exorde, a dit sur le cerveau des choses admirables : les Anatomistes qui sont venus après lui, n'ont presque fait que le copier. A quelque âge que vous parveniez, imitez ce bel exemple. Lorsque, comme moi, vous aurez étudié cinquante ans la Physique, vous ne prononcerez affirmativement que sur les choses qui sont *géométriquement* ou *physiquement* démontrées ; les autres choses, vous les donnerez pour des conjectures plus ou moins probables, plus ou moins raisonnables. Sur quelque sujet que vous parliez, la modestie sera toujours le plus bel ornement de votre discours.

Le Disciple. La leçon est bonne, elle est nécessaire aux jeunes-gens ; j'en profiterai. Par lequel des sens intérieurs commencerons-nous ?

Le Maître. Par la mémoire ; c'est le premier des sens intérieurs.

Le Disciple. Je sais par expérience que je me rappelle des choses passées ; et c'est là ce que j'appelle *mémoire.* Mais dans quelle partie du cerveau placerez vous l'organe de cette puissance de l'ame, ou plutôt de ce sens interne ?

Le Maître. Je place l'organe de la mémoire dans toute la *substance cendrée* du cerveau, et sur-tout dans la portion de cette substance qui répond au front. Cette partie me paroît assez mole pour recevoir, et assez dure pour conserver plus ou moins long-temps les vestiges des objets auxquels nous avons pensé avec une certaine attention. D'ailleurs, la *substance cendrée* est spongieuse et par conséquent percée d'une infinité de petits trous ou petites cases dans lesquelles ces vestiges vont comme se loger, sans se confondre les uns avec les autres. Les esprits vitaux vont remuer les vestiges gravés dans l'organe de la mémoire et déterminent l'ame à se ressouvenir des choses passées, souvent depuis bien des années. De là la sensation *occasionnelle*, opération purement mécanique, toujours suivie de la sensation *formelle*, opération purement spirituelle.

Le Disciple. Pourquoi placez-vous l'organe principal de la mémoire dans la partie de la *substance cendrée* qui répond au front ?

Le Maître. Que faites-vous naturellement et comme sans y penser, lorsque vous voulez vous rappeler de quelque chose que vous avez oubliée ?

Le Disciple. Je porte la main au front, et je le frotte plus ou moins long temps. Très-souvent après cette opération, je me rappelle de la chose que j'avois oubliée.

Le Maître. Voilà précisément ce qui m'engage à placer le principal organe de la mémoire dans la partie de la *substance cendrée* qui répond au front. Les Physiciens examinent avec attention les mouvements les plus indélibérés de la nature, et ils en tirent des conséquences qui, pour l'ordinaire, sont assez justes; car vous comprenez que je ne vous donne ceci que comme une pure conjecture.

Le Disciple. La conjecture est fort heureuse, je l'adopte avec empressement. Mais, pourquoi les enfans apprennent-ils si facilement par cœur ?

Le Maître. Parce qu'ils ont la *substance cendrée* très-molle, et par conséquent très-susceptible de recevoir les vestiges des choses qu'ils veulent graver dans leur mémoire; mais par là même que cette substance est très-molle, les enfans oublient presqu'aussi facilement, qu'ils apprennent.

Le Disciple. Je comprends pourquoi il est presqu'impossible aux vieillards d'apprendre par cœur. Ils ont la *substance cendrée* trop dure, pour que les vestiges dont vous parlez, puissent s'y imprimer. Mais les vieillards se rappellent des choses passées depuis longues années, et ils oublient ce qu'ils ont fait, il n'y a que quelques moments. Voilà un fait dont je ne pourrois pas donner l'explication.

Le Maître. La chose cependant n'est pas difficile à expliquer. Lorsqu'il est tombé de la neige, tracez-y votre nom avec le doigt; vous le ferez le plus facilement du monde. Mais si la neige vient à se gêler, pourrez-vous en venir à bout ? Le nom que vous avez tracé ne s'effacera pas; mais je vous défie de faire une semblable opération sur la neige gelée.

Le Disciple. Je vous comprends. Dans les vieillards la *substance cendrée* de leur cerveau, en se durcissant, a conservé les anciens vestiges d'une manière ineffaçable; mais elle est trop durcie pour en recevoir de nouveaux. Je comprends encore comment les uns ont plus de mémoire que les autres; cela dépend de la nature de la *substance cendrée* plus ou moins bien disposée à recevoir et à conserver les vestiges qu'on lui confie. Pour ceux à qui l'Auteur de la nature a donné une mémoire excellente, leur *substance cendrée* doit n'avoir ni trop de mollesse, ni trop de dureté. Mais pendant le sommeil, nous nous ressouvenons des choses passées. Comme cela peut-il se faire ?

Le Maître. Je vous parlerai des songes, lorsque vous serez aussi au fait de l'imagination, que vous l'êtes de la mémoire. Contentez-vous maintenant de vous former une idée nette du sommeil et de la veille.

La veille et le sommeil sont deux états opposés. Ainsi, puisque nous ne veillons que lorsque nous avons beaucoup d'esprits vitaux qui se meuvent librement depuis les organes des sens extérieurs jusqu'au centre ovale, et depuis le centre ovale jusqu'aux organes des sens extérieurs, il est naturel d'assurer que nous devons dormir, lorsqu'il y a évaporation d'esprits vitaux, ou bien lorsque quelque humeur vient boucher les conduits qui se trouvent au milieu des nerfs qui se rendent aux organes des sens extérieurs. Ces sortes d'accidens, ou pour parler dans les termes de l'art, ces sortes d'obstructions causent le sommeil, lorsqu'elles sont passagères, et des maladies sérieuses, lorsqu'elles sont permanentes. Il est temps de passer à l'imagination.

Le Disciple. Tout le monde sait par expérience que l'ame spirituelle a le pouvoir de se représenter sous des images sensibles et corporelles les objets absens, comme s'ils étoient réellement présens. C'est là, sans doute, ce qu'on appelle *ima-*

gination. Mais, dans quelle partie de cerveau placez-vous l'organe de cette puissance de l'ame, ou pour mieux dire , de ce sens interne ?

Le Maître. Je le place dans la partie *calleuse* du cerveau qui se trouve au-dessus du centre ovale. Cette partie ferme et solide me paroît très-propre à recevoir et à conserver les images que les esprits vitaux vont y graver. Ils les y gravent à peu près comme les rayons de lumière peignent les objets extérieurs sur la rétine placée au fond de l'œil. Vous comprenez sans peine que cette image matérielle donne occasion à l'ame de produire un acte que j'appelle volontiers une image spirituelle.

Une belle imagination est sans doute un des plus beaux présents de la nature. Mais aussi rien n'est plus dangereux que les personnes dont l'imagination est trop vive et trop bouillante. Accoutumées à se représenter les choses sous les images les plus frappantes , elles prennent tout au tragique; et si la réflexion ne venoit à leur secours , elles puniroient, par les châtiments les plus rigoureux, des fautes quelquefois très-légères. L'imagination des femmes offre de temps en temps des phénomènes bien difficiles à expliquer. Sous le règne de Louis-le-Grand , tout Paris a vu , pendant vingt ans , à l'Hôpital des Incurables , un jeune homme qui étoit né imbécille , et dont le corps étoit rompu dans les mêmes endroits dans lesquels on rompt les criminels. Sa mère , pour lors enceinte , ayant su qu'on alloit rompre un assassin , eut l'imprudence de l'aller voir exécuter.

Le Disciple. Voilà , en effet , un phénomène bien inconcevable. Qu'il me tarde d'en savoir l'explication !

Le Maître. Le célèbre Malebranche, témoin oculaire de ce fait, l'expliqua d'une manière assez raisonnable et assez conforme aux lois de la saine Physique. Vous pourrez lire, lorsque vous le jugerez à propos, son explication dans son beau Traité sur l'*imagination*. Elle est précédée des 5 principes suivans :

1°. Les enfans, dans le sein de leurs mères, sont unis avec elles de la manière la plus étroite ; et leur corps n'étant point détaché du leur, l'on peut dire que le corps de l'enfant fait comme un même corps avec celui de la mère. Le sang et les esprits vitaux sont communs à l'un et à l'autre. Les sentimens et les passions, suites naturelles des esprits vitaux et du sang, se communiquent donc nécessairement de la mère à l'enfant.

2°. Il y a dans notre cerveau des ressorts qui nous portent naturellement à l'imitation ; c'est là un des principaux liens de la société civile. Non seulement il est nécessaire que les enfans croient leurs pères, les disciples leurs Maîtres, et les hommes les autres hommes, il faut encore que tous les hommes aient quelque disposition à prendre les mêmes manières, et à faire les mêmes actions de ceux avec qui ils veulent vivre. Car, afin que les hommes se lient, il est absolument nécessaire qu'ils se ressemblent et par le corps et par l'esprit.

3°. Non seulement les esprits vitaux se portent naturellement dans les parties de notre corps pour faire les mêmes actions et les mêmes mouvemens que nous voyons faire aux autres, mais encore pour recevoir, en quelque manière, leurs blessures, et pour prendre part à leurs misères. L'expérience nous apprend, que lorsque nous considérons avec beaucoup d'attention quelqu'un que l'on frappe rudement, les esprits vitaux se transportent avec effort dans les parties de notre corps, qui répondent à celles que l'on voit blesser dans un autre, pourvu qu'on ne détourne point ailleurs le cours de ces esprits.

4°. Le mouvement des esprits vitaux se fait mieux sentir dans les personnes délicates qui ont l'imagination vive et les chairs tendres et molles ; car elles ressentent fort souvent comme une espèce de frémissement dans leurs jambes, si elles regardent, par exemple, attentivement quelqu'un qui ait un ulcère, ou qui reçoive actuellement quelque coup.

5°. Comme les enfans qui sont encore dans le sein de leur mère, ont les fibres d'une extrême délicatesse, le cours des esprits vitaux y doit produire les changemens les plus considérables.

Le Disciple. J'admets facilement ces principes ; ils sont confirmés, pour la plupart, par l'expérience journalière. Comment Malebranche tire-t-il de ces principes l'explication du phénomène en question ?

Le Maître. Le plus ingénieusement et le plus facilement du monde. La mère enceinte alla voir exécuter le criminel condamné à la roue ; tous les coups que l'on donna à ce misérable, frappèrent avec force l'imagination de cette mère imprudente, et par une espèce de contre-coup, le cerveau tendre et délicat de son enfant. Les fibres du cerveau de cette femme furent étrangement ébranlés, et peut-être rompus en quelques endroits par le cours violent des esprits vitaux, produit à la vue d'une action si effrayante ; mais ils eurent assez de consistance pour empêcher leur bouleversement entier. Les fibres, au contraire, du cerveau de l'enfant ne pouvant résister au torrent de ces esprits, furent entièrement dérangés, et le ravage fut assez grand pour lui faire perdre la raison pour toujours.

Le Disciple. Mais, pourquoi cet enfant étoit-il rompu aux mêmes parties du corps que le criminel que sa mère avoit vu mettre à mort ?

Le Maître. En voici la raison physique, *continue Malebranche.* A la vue de cette exécution si terrible, sur-tout pour une femme, le cours violent des esprits vitaux de la mère, alla, avec force, de son cerveau vers tous les endroits de son corps qui répondoient à ceux du criminel, et la même chose se passa dans l'enfant. Mais parce que les os de la mère étoient capables de résister à la violence de ces esprits, ils n'en furent point blessés. Il n'en fut pas ainsi de l'enfant; ce cours rapide des esprits fut capable de fracasser ses os encore tendres. Car les os, *disant les Anatomistes,* sont les dernières parties du corps qui se forment, et ils ont très-peu de consistance dans les enfans qui sont encore dans le sein de leur mère.

Le Disciple. Je n'oublierai jamais le phénomène que vous venez de me mettre sous les yeux. Il m'apprend à me défier de mon imagination, à en craindre les funestes effets.

Le Maître. En voici un encore bien plus frappant, toujours raconté et expliqué par Malebranche. Une femme enceinte ayant considéré, avec trop d'application, le tableau de St. Pie, accoucha à Paris d'un enfant mort, qui ressembloit parfaitement à l'image de ce Saint. Il avoit le visage d'un vieillard, autant qu'un enfant qui n'a point de barbe , en est capable. Ses bras étoient croisés sur sa poitrine ; ses yeux tournés vers le ciel ; il avoit très-peu de front , parce que l'image de ce Saint étant élevée vers la voûte de l'Église , en regardant le ciel , n'en avoit presque point. Il avoit une espèce de mitre renversée sur ses épaules , avec plusieurs marques rondes aux lieux où les mitres sont couvertes de pierreries. En un mot, cet enfant ressembloit parfaitement au tableau sur lequel sa mère l'avoit formé par la force de son imagination.

Le Disciple. Comment Malebranche explique-t-il un phénomène si extraordinaire ?

Le Maître. A peu près comme le précédent. Tandis que cette mère , *dit-il ,* regardoit avec application le tableau de Saint Pie , les esprits vitaux gravèrent dans son cerveau une image semblable à celle du Saint ; peut-être l'auroient-ils gravée sur son visage, si les chairs en avoient été moins dures et les fibres plus flexibles. La même chose arriva dans le cerveau de l'enfant. Les esprits vitaux y gravèrent d'abord l'image de St. Pie, et trouvant ensuite une chair propre à prendre toute sorte de formes , ils y gravèrent tous les traits du tableau en question.

Je ne crois pas, comme Malebranche, que l'enfant , dans le sein de la mère , voie les objets sur lesquels sa mère fixe les yeux. C'est là un de ces écarts , dans lesquels la belle imagination de ce grand homme ne donne que trop souvent ; l'enfant n'a l'usage de la vue que quelques jours après sa naissance. Comment pourroit-il l'avoir dans le sein de sa mère ?

Je crois plutôt que dans cette occasion la mère eut, non seulement envie de ressembler à St. Pie , mais encore de mettre au monde un enfant qui lui ressemblât. Quoi qu'il en soit, le corps de cet enfant fut tellement agité, et par conséquent tellement dérangé par cette imitation forcée, que l'enfant en mourut.

Le Disciple. Vous pensez donc que ces marques que certains enfans portent en naissant, auxquelles on a donné le nom d'*envies*, sont des effets de l'imagination ?

Le Maître. Je le pense d'après Malebranche. Une mère, à imagination vive, désirant fortement de manger un raisin, a-t-elle l'imprudence de porter la main à son visage, l'enfant vient au monde avec la figure d'un raisin, marquée sur la partie de son visage, analogue à celle que la mère a touché sur le sien.

Le Disciple. Je suis en état d'expliquer ce phénomène. La mère dont il s'agit, n'a pas pu avoir une pareille envie, sans que les esprits vitaux aient gravé dans son cerveau l'image d'un raisin. Le mouvement qu'elle a fait, en portant la main à sa joue, a déterminé ces esprits à diriger leur cours de ce côté là ; et ils y auroient vraisemblablement laissé l'empreinte de ce fruit, s'ils n'avoient pas trouvé des obstacles insurmontables. Ces obstacles, ils ne les trouvent pas sur le corps de l'enfant : sa chair tendre et molle est susceptible de toute sorte de figures. Aussi les esprits, après avoir gravé dans le cerveau de l'enfant l'image d'un raisin, iront-ils en graver une pareille sur sa joue ?

Le Maître. Malebranche eût été content de votre explication, je puis bien l'être. Venons-en aux *songes* que nous avons pendant le sommeil. Ils sont occasionnés par les esprits vitaux qui vont du centre ovale dans l'organe de la mémoire ou dans celui de l'imagination, et quelquefois dans l'un et dans l'autre.

Dans la mémoire, les esprits vitaux remuent des vestiges plus ou moins profondément imprimés dans la partie *cendrée*; dans l'imagination, les mêmes esprits vitaux excitent des images plus ou moins profondément gravées dans la partie calleuse du cerveau. Voilà pourquoi sans doute les songes sont tantôt effrayans, tantôt réjouissans, et tantôt paisibles; tout cela dépend des vestiges remués et des images excitées.

Enfin, tout ce que nous voyons arriver aux *somnambules*, ne peut pas avoir une autre cause physique. En effet, si ces mêmes esprits vitaux se partagent en deux espèces de cohortes, dont l'une dirigeant sa marche vers l'organe d'une imagination vive, s'occupe à y tracer l'image d'un homme qui se promène, va rendre visite à un ami, parle, chante, crie, etc.; et que l'autre cohorte se rende dans les nerfs dont le mouvement est nécessaire dans ces sortes d'opérations, l'on verra des persones qui, pendant le sommeil, parleront, chanteront, crieront, se promeneront, entreront dans les chambres voisines, et feront croire aux esprits foibles, que les histoires des *revenans* ne doivent pas toujours passer pour des contes faits à plaisir.

Le Disciple. Nous pouvons en venir maintenant au troisième sens interne, connu sous le nom de *sens commun.* Pourquoi lui donne-t-on ce nom ?

Le Maître. Parce que les impressions qui se font sur les organes des autres sens, vont nécessairement aboutir à l'organe de celui-ci.

Le Disciple. Il faut donc placer l'organe du sens commun dans le *centre ovale* dont vous m'avez parlé si souvent , et sur-tout dans la 16me. leçon , pag. 252 ?

Le Maître. Vous avez raison. Sa circonférence est formée par les dix paires de nerfs dont les extrémités , terminées en petites *houpes* , sont les organes des sens extérieurs. Par la même raison encore, nous regardons ce fameux *centre* comme le vrai siége d'où l'ame préside à toutes les opérations d'un corps avec lequel elle est physiquement unie.

Le Disciple. On dit que Descartes plaçoit le siége de l'ame dans la glande pinéale. Qu'est-ce que cette glande?

Le Maître. Cela est vrai. Les glandes, en général, sont des corps globuleux, couverts d'une forte membrane , et destinés vraisemblablement à purifier le sang de toutes les humeurs qui pourroient lui être nuisibles. La glande pinéale, faite à peu près comme une pomme de pin , est placée entre le troisième et le quatrième ventricule du cerveau. Personne ne la regarde plus comme le siége de l'ame , depuis qu'il est constaté qu'on pouvoit vivre avec la glande pinéale pétrifiée. Nous devons cette preuve à Sylvius, qui la trouva telle dans le corps d'un homme qui venoit d'expirer, et qui avoit joui , quelque temps auparavant , de la santé la plus parfaite. Ceux qui l'ont apportée contre le sentiment de Descartes, l'ont tirée des écrits de ce grand Anatomiste.

Le Disciple. Vous me ferez sans doute connoître maintenant Malebranche, Stenon et Sylvius.

Le Maître. Je commence par le premier; son nom seul est un éloge. Malebranche, Prêtre de la Congrégation de l'Oratoire, de l'Académie royale des sciences, naquit à Paris le 6 août 1638. Il a été le plus grand Métaphysicien, et l'un des plus grands Physiciens de son siècle. La preuve en est consignée dans son fameux ouvrage intitulé : *la Recherche de la vérité.* Ce sont là de ces livres, *dit M. de Fontenelle*, qu'on ne se dispense jamais de lire, et qu'on ne se contente guère de lire une fois. Ce que j'ai cité, dans cette leçon, de cet ouvrage physico-métaphysique, vous prouve que son Auteur a possédé, au suprême degré, le grand art de mettre les idées les plus abstraites dans le plus grand jour, de les lier ensemble et de les fortifier par leur liaison. Vous ne soupçonneriez pas sans doute que Malebranche s'est toujours fort attaché à décrier l'imagination. L'ingrat! il décrioit sa bienfaictrice. Il en avoit une si noble et si vive, qui ornoit sa raison et qui donnoit de l'ame à à tout ce qu'il disoit, à tout ce qu'il écrivoit.

Malebranche embrassa le cartésianisme, après avoir fait à ce système un très-grand nombre de corrections, plus ingénieuses que solides. Vous en conviendrez dans la suite. Il mourut le 13 octobre 1715, regretté de tous les Savans, dont aucun n'est venu à Paris, sans lui rendre ses hommages. Son mérite distingué lui procura l'honneur de recevoir la visite de Jacques II, Roi d'Angleterre; et un Officier Anglais ne se consoloit d'être conduit à Paris Prisonnier, que parce qu'il pourroit y voir le Roi, Louis le Grand, et le P. Malebranche. Dans une autre occasion, nous parlerons de Stenon et de Sylvius.

XXIII. Leçon.

XXIII. Leçon.

De la digestion.

Le Maître. La digestion est l'action par laquelle les parties les plus crasses des alimens, sont séparées des plus subtiles. Cette séparation se fait dans l'estomac et dans les intestins, et sur-tout dans celui qu'on nomme *duodenum.* Pour comprendre ce point de Physique, l'un des plus intéressants que l'on puisse traiter, vous concevez sans peine qu'il faut ajouter bien d'autres connoissances anatomiques à celles que vous avez déjà acquises.

Le Disciple. Je le comprends, et j'en suis charmé; j'aime à me connoître moi-même. Quelles sont ces connoissances anatomiques?

Le Maître. L'on divise le corps humain en trois grandes cavités; la supérieure ou la *tête,* la moyenne ou la *poitrine,* et l'inférieure ou l'*abdomen.* Je vous ai fait connoître la première dans la leçon précédente, et la seconde dans la dix-neuvième leçon; je vous ferai connoître dans celle-ci la troisième; tout ce qu'elle contient, contribue plus ou moins à la digestion.

L'abdomen ou le ventre, est une cavité séparée de la poitrine par le diaphragme. Elle est tapissée d'une membrane que les Anatomistes appellent *péritoine.* L'on y compte dix muscles, qui sont tantôt en contraction, et tantôt en dilatation. Par leur contraction, la cavité de l'abdomen est resserrée , et par leur dilatation elle est élargie.

Le Disciple. Jusqu'à présent je vous ai suivi sans peine. Ce que vous m'avez dit dans la dix-neuvième leçon, m'a mis au fait des muscles et de la cause physique de leur contraction et de leur dilatation. Mais à quoi servent les dix muscles de l'abdomen ?

Le Maître. Leurs mouvemens alternatifs de contraction et de dilatation , servent toujours à la digestion et quelquefois à une certaine respiration. Ne sentons-nous pas en effet que les seuls muscles de la poitrine ne sont pas en mouvement , lorsque nous sommes obligés de déclamer , de chanter , de rire , de pousser des cris considérables, etc. ?

Le Disciple. Vous avez bien raison , je l'ai éprouvé cent fois. Mais quelles sont les parties contenues dans l'abdomen , qu'il n'est pas permis à un Physicien d'ignorer ?

Le Maître. Ce sont l'estomac , le foie, la rate , le pancréas , les intestins et le mésentère.

Le Disciple. Que de choses que j'ignorois et que je saurai bientôt ! Qu'est-ce que l'estomac ?

Le Maître. L'estomac ou le ventricule , que les Anatomistes comparent à une *cornemuse* , est une espèce de poche qui se trouve sous le diaphragme entre le foie et la rate. L'on y remarque deux ouvertures, l'une supérieure à gauche, et l'autre inférieure à droite. Par la première que l'on nomme la *fin de l'œsophage* ou du *gosier*, l'estomac reçoit les alimens solides et liquides dont nous nous nourrissons ; par la seconde que l'on appelle le *pylore* , ces mêmes alimens se rendent dans les intestins.

L'on distingue dans l'estomac trois membranes, l'extérieure dont les fibres très-fermes et très-tendineux, vont d'un orifice à l'autre : la moyenne ou la charnue, dans laquelle on voit des fibres droits, des fibres obliques, et des fibres transverses. Les premiers, dit *Dionis*, vont en droite ligne depuis l'orifice supérieur jusqu'à l'inférieur ; les seconds descendent obliquement des côtés du ventricule vers le fond en sa superficie convexe ; les troisièmes en embrassent tout le corps de haut en bas ; enfin, le troisième membrane de l'estomac, celle que je regarde comme la plus essentielle, comme celle qui contribue le plus à la digestion, c'est la membrane intérieure, connue sous le nom de membrane *veloutée*.

Le Disciple. Pourquoi lui donne-t-on ce nom ?

Le Maître. Parce que cette membrane est parsemée d'une infinité de petites glandes, d'où s'exprime un suc très-acide, que je regarde comme un des principaux agens de la digestion : il est connu sous le nom de *suc gastrique.*

Le Disciple. Je n'ai pas eu de la peine à vous suivre. Je sais que les fibres sont des filamens déliés, fermes et longs, dont le milieu est charnu. Les muscles dont vous m'avez parlé si souvent, sont composés de fibres que l'on appelle motrices. Qu'est-ce que le foie ?

Le Maître. Le foie est un composé de différentes glandes, propres à séparer, d'avec le sang, une liqueur acide et jaunâtre, que l'on nomme *bile* ; aussi est-il toujours joint à une petite vessie remplie d'une bile très-amère, que l'on appelle *fiel.* Il est placé à droite dans la partie supérieure du bas-ventre, et il est attaché au diaphragme, dont, par sa pesanteur, il modère les mouvemens.

Le Disciple. Il y a tant d'espèces de bile ; vous m'en ferez sans doute l'énumération.

Le Maître. Le célèbre Boérhave, l'Hippocrate moderne, de qui je tirerai ma réponse, ne distingue que deux espèces de bile, la *cystique* et l'*hépatique*. La bile cystique est celle de la vésicule du fiel ; elle est épaisse, très-amère, et d'un jaune très-foncé ; elle est principalement composée d'eau, d'huile et de sel. De 12 onces de bile cystique, Boérhave retira 9 onces d'eau, 2 onces ÷ d'huile, et environ 2 gros de sel fixe : elle ne coule dans les intestins, que lorsqu'elle est très-abondante.

Il n'en est pas ainsi de la bile hépatique, c'est-à-dire, de la bile du foie ; elle dégoûte sans cesse dans le premier des intestins, où elle est un des principaux agens de la digestion. La bile hépatique est plus délayée, plus transparente, moins amère que la bile cystique.

Le Disciple. D'où vient l'amertume de la bile?

Le Maître. Boérhave l'attribue à son huile, qui, à force d'être broyée et échauffée, devient rance et amère. Aussi la bile du Lion et des autres animaux féroces est-elle très-amère ; au lieu que dans les personnes sédentaires et qui ont le sang doux, on la trouve le plus souvent aqueuse et insipide.

Les personnes d'un tempérament bilieux, doivent humecter leur corps, sur-tout pendant l'été; elles ne doivent s'adonner à aucune passion vive, et ne pas prendre une nourriture trop légère, lorsqu'elle sont obligée de faire de l'exercice. La vie sédentaire leur est très-nuisible ; il leur faut de la dissipation et une occupation, pour l'ordinaire, fatigante, sans être cependant accablante pour le corps.

Le Disciple. Il faut donc que je garde ces préceptes à la lettre ; quelqu'un m'assuroit que j'étois d'un tempérament bilieux.

Le Maître. Ce quelqu'un est un très-mauvais physionomiste. Les personnes en qui la bile abonde, sont maigres ; elles ont la couleur brune, tirant un peu sur le jaune. Vous êtes gras, et vous avez toujours un teint de couleur de rose. Vous êtes d'un tempéramment sanguin. Il y a long-temps que j'en ai averti votre maman, et que je lui ai conseillé de vous interdire tout ce qui est échauffant et irritant, le vin pur, les liqueurs spiritueuses, les ragoûts trop épicés. Je lui ai même dit de vous faire manger du pain recuit, et de vous empêcher d'en manger en trop grande quantité.

Le Disciple. Maman a bien suivi vos avis. C'est elle qui nous coupe le pain. On sert rarement des ragouts ; les viandes des animaux qui vivent d'herbes et de graines, et sur-tout les herbes potagères, sont notre nourriture ordinaire ; notre boisson est le vin coupé avec l'eau.

Le Maître. Aussi vous portez-vous à merveilles. C'est encore moi qui ai dit à votre maman que l'exercice à cheval vous feroit du bien.

Le Disciple. Pourquoi donc me l'a-t-elle interdit jusqu'à nouvel ordre ?

Le Maître. C'est moi qui en suis cause. Vous prenez cet exercice sans modération. A peine êtes-vous à cheval, que vous galopez à bride abattue. Votre domestique, aussi bien monté

et meilleur cavalier que vous, a peine à vous
suivre.

Le Disciple. Je suis infiniment sensible à vos
attentions véritablement paternelles. Bien sûrement je ne donnerai plus dans cet excès. Mettez-
moi maintenant aussi au fait de la rate que je
le suis du foie.

Le Maître. La rate est une partie du corps,
placée à gauche dans la partie supérieure du bas-
ventre. Comme le foie auquel elle sert de contrepoids, elle est attachée au diaphragme, dont, par
sa pesanteur, elle modère les mouvemens. Sa
longueur est ordinairement de demi-pied, sa
largeur de trois travers de doigt, son épaisseur
d'un pouce. La rate est faite comme une langue
de bœuf ; elle est un peu convexe du côté des
côtes, et concave du côté de l'estomac, situé
entre elle et le foie. Sa couleur est différente,
suivant les âges : elle est rouge dans les enfans,
dans ceux sur-tout qui sont encore dans le sein
de la mère ; noirâtre dans les adultes, et de couleur livide dans les vieillards.

Le Disciple. Quel est l'usage de la rate dans
le corps humain ?

Le Maître. Il nous est encore inconnu. Quelques Anatomistes, je le sais, soupçonnent que
la rate sert à séparer du sang une bile plus déliée que celle du foie. Mais ce soupçon n'est
fondé sur rien. Si cela étoit, cette bile, comme
celle du foie, devroit se rendre dans le *duode-*
num. On n'a encore découvert aucun conduit
de communication entre cet intestin et ce
viscère.

Le Disciple. Lorsqu'on m'interrogera sur la
rate, je me contenterai donc de dire qu'elle est

comme le contrepoids du foie, et qu'elle sert à modérer les mouvemens du diaphragme. Qu'est-ce que le pancréas?

Le Maître. Le pancréas est un assemblage de glandes renfermées dans la même membrane, et placées sous l'estomac près du *duodenum.* Elles servent à séparer du sang une humeur insipide, limpide et qui a beaucoup d'analogie avec la salive. On la nomme *suc pancréatique.* Elle se rend dans le *duodenum,* où elle sert à la digestion.

Le Disciple. Vous m'avez souvent parlé du premier intestin connu sous le nom de *duodenum;* mettez-moi donc maintenant au fait des intestins?

Le Maître. Les intestins ou les boyaux sont des corps longs, ronds et creux, que l'on trouve répandus sur le mésentère, et que l'on divise en grêles et en gros. Les intestins grêles sont au nombre de trois, le *duodenum,* parce qu'il a environ 12 travers de doigt de longueur; le *jejunum,* ainsi appelé, parce qu'on le trouve presque toujours vide; l'*iléon* qui tire son nom des tours et des retours dont il s'entortille.

Les intestins gros sont aussi au nombre de trois, le *cœcum,* le *colon* et le *rectum.* Le premier n'a qu'une ouverture; les douleurs que l'on sent dans le second, se nomment *coliques;* enfin, le troisième qui nous représente une ligne droite, a environ un pied de longueur et trois doigts de largeur.

Le Disciple. Qu'est-ce que le mésentère sur lequel les intestins sont répandus ?

Le Maître. C'est une membrane circulaire à laquelle les intestins sont attachés. J'aurai occasion, dans la leçon suivante, de vous parler des veines lactées répandues en abondance sur le mésentere.

Le Disciple. Il me paroît qu'avec ces connoissances j'entrerai facilement dans le mécanisme de la d'gestion. Vous m'avez dit, au commencement de cette leçon, que c'est une action par laquelle les parties les plus crasses des alimens sont séparées des plus subtiles et des plus nourrissantes. Où et comment se fait cette séparation ?

Le Maître. La première digestion se fait dans la bouche, la seconde dans l'estomac et la troisième dans les intestins.

La première digestion que je regarde comme la plus essentielle, quoiqu'elle ne soit que préparatoire, se fait dans la bouche par la salive et la mastication. Des alimens bien machés et imprégnés de beaucoup de salive, se digèrent très-facilement dans l'estomac. Rien n'est plus essentiel pour la santé que de se faire un bon estomac. Vous ne l'aurez tel, que lorsque vous n'y introduirez que des alimens bien mâchés. Le défaut des jeunes gens est de manger trop vîte.

Le Disciple. J'ai eu ce défaut dans mon enfance. J'ai l'obligation à maman de m'en avoir corrigé ; je donnerois presque maintenant dans le défaut opposé. Comment s'opère la digestion dans l'estomac ? Ce point de Physique me paroît bien intéressant.

Le Maître. Vous avez raison ; je vais vous l'expliquer. Dans l'estomac, la digestion est occasionnée par les sucs dissolvans, la chaleur et la trituration.

Les sucs dissolvans que l'on doit regarder comme la principale cause de la digestion dans l'estomac, sont les liquides que nous prenons, la salive que nous avalons, et sur-tout le suc gastrique que nous fournit la membrane veloutée qui tapisse l'intérieur de l'estomac. Tous ces sucs différens entrent, comme autant de coins, dans les alimens dont nous nous nourrissons, et ils en séparent les parties les plus grossières d'avec les parties les plus déliées.

La chaleur de l'estomac est la seconde cause de la digestion. Elle sert infiniment à raréfier l'air qui se trouve renfermé dans les alimens; cet air raréfié sort avec force de l'espèce de prison dans laquelle il étoit détenu; et c'est en sortant, qu'il brise les alimens en des millions de pièces.

Enfin, l'estomac par son mouvement de contraction et de dilatation, et le diaphragme en s'élevant et en s'abaissant continuellement, causent une espèce de trituration que je regarde comme très-nécessaire à la digestion.

Le Disciple. Je comprends maintenant pourquoi nous mangeons et nous digerons mieux en hyver qu'en été. Le froid resserre les pores du corps et concentre dans l'estomac la chaleur intérieure; cette chaleur au contraire s'évapore par les pores du corps extrêmement dilatés en été; nous devons donc mieux manger et mieux digérer en hyver qu'en été. Mais d'où viennent ces picotemens insupportables, occasionnés par la faim, sur la membrane veloutée de l'estomac?

Le Maître. Ils sont occasionnés par le suc gastrique, suc très-acide et toujours en mouvement. L'estomac contient-il des alimens? C'est contre eux que le suc gastrique exerce son action. L'estomac est-il vide? C'est contre la membrane veloutée que ce suc l'exerce par des picotemens insupportables.

Le Disciple. Et la fin canine, quelle en est la cause ?

Le Maître. Lorsque la bile destinée à se rendre dans les intestins pour y achever la digestion, se rend habituellement dans l'estomac, elle cause un appétit vorace et souvent la faim canine. Le fameux Vésal, Médecin de l'Empereur Charles V et de Philippe II, Roi d'Espagne, ouvrit le cadavre d'un forçat très-robuste, attaqué de cette cruelle maladie. Il trouva que le conduit de la bile, dont je vous parlerai bientôt, se partageoit en deux branches, dont la plus déliée s'inseroit dans l'estomac, près de la naissance du pylore.

Le Disciple. La soif cause des picotemens aussi insupportables que la faim. Quelle en est la cause ?

Le Maître. C'est la salive. Composée d'acides qui exercent leur action sur les houpes nerveuses dont le gosier est tapissé, elle excite en nous la sensation de la soif.

Le Disciple. Si quelqu'un me demandoit ce que c'est que la salive, je ne serois pas peu embarrassé. Que répondrois-je ?

Le Maître. Vous répondriez, avec *Boërhave*, que la salive est une humeur claire, transparente, qui ne s'épaissit point au feu, qui n'a presque ni goût, ni odeur, qui devient fort écumeuse quand elle est battue, et qui, par différentes glandes qui la déchargent dans la bouche, est séparée du sang artériel. La salive est composée d'eau, d'une assez grande quantité d'esprits, d'un peu d'huile et de sel, qui, mêlés ensemble, forment une matière savoneuse.

Le Disciple. Me voilà au fait de la manière dont la digestion se fait dans l'estomac. Comment s'opère-t-elle dans les intestins ?

Le Maître. La digestion s'achève dans les intestins et sur-tout dans le *duodenum*, par le moyen de la bile et du suc pancréatique, qui se rendent dans ce viscère, l'une par le foie, l'autre par le pancréas.

Lorsque la digestion est achevée, les parties les plus grossières des alimens solides et liquides s'évacuent naturellement par les voies ordinaires. Pour les parties les plus déliées, seules elles réparent nos forces; elles forment un suc blanchâtre connu sous le nom de *chyle.* Je vous en parlerai très au long dans la leçon suivante.

Le Disciple. Pourquoi les uns digèrent-ils mieux que les autres?

Le Maître. Parce que les causes que je viens d'assigner, sont plus ou moins vives, les membranes de l'estomac et des intestins plus ou moins fortes dans les uns que dans les autres. Lorsque ces causes sont très-vives, et ces membranes très-fortes, l'on digère facilement les choses même les plus indigestes; témoins les chiens qui digèrent les os, les autruches qui digèrent les pierres; témoin le sauvage dont je vais vous faire l'histoire.

Au commencement du mois de mai 1760, arriva à Avignon un vrai lithophage. Cet homme non seulement avaloit des cailloux d'un pouce et demi de longueur, d'un bon pouce de largeur et d'un demi pouce d'épaisseur; mais il réduisoit en pâte les pierres les plus dures, tels que le marbre, les pierres à fusil. Cette pâte étoit pour lui une nourriture des plus agréables et des plus saines. J'examinai cet homme avec toute l'attention dont je fus capable. Je lui trouvai le gosier fort large, les dents très-fortes, la salive très-corrosive et l'estomac plus bas que dans le commun des hommes. J'attribuai ce dernier effet au grand nombre de cailloux qu'il avaloit ; ce nombre montoit à environ 25 par jour ; je demandai à voir ses excréments ; je les trouvai à peu près semblables au mortier. Les cailloux qu'il avoit avalés , il les avoit rendu un peu rongés et un peu moins pesans qu'auparavant. J'interrogeai le conducteur de ce sauvage, il me raconta les particularités suivantes.

Ce lithophage , *me dit-il*, fut trouvé , il y a trois ans , dans une petite île du nord inhabitée , le jour même du vendredi Saint , par un navire Hollandois. Depuis que je l'ai , je lui fais manger de la chair crue et des pierres ; je n'ai pas encore pu l'accoutumer à manger du pain. Il boit de l'eau, du vin et de l'eau de vie. Cette dernière liqueur lui fait un plaisir infini. Il dort au moins 12 heures par jour, assis à terre , comme vous le voyez, un genoux l'un sur l'autre et le menton appuyé sur le genou droit. Il fume presque tout le temps qu'il ne dort , ou qu'il ne mange pas.

Ce même conducteur m'assura que les Médecins de Paris le firent saigner , et qu'on lui tira un sang qui , deux heures après , fut aussi cassant que le corail. Cela devoit arriver ainsi ; ce qu'il y a de plus délié dans le suc pierreux, s'étoit changé en chyle.

Le Disciple. Rien ne m'étonne dans l'histoire que vous venez de me raconter. Nous savons par expérience que parmi les animaux, les uns digèrent les os, les autres les pierres , etc. Seroit-il impossible qu'un homme qui boit de l'eau, du vin en quantité , et dont la principale occupation est de fumer et de dormir, tel que le lithophage dont vous venez de me parler , seroit-il

Impossible, dis-je, qu'un homme de ce caractère digérât des pierres qu'il a eu la force et le courage de reduire en pâte. Les cailloux qu'il avale et qu'il rend entiers, doivent faciliter cette digestion, comme ils la facilitent, en effet, dans les autruches, les outardes et plusieurs autres animaux voraces.

Vous m'avez parlé dans cette leçon, de Boérhave, de Dionis et de Vésal; vous me ferez, sans doute, maintenant connoître ces grands hommes.

Le Maître. Herman Boérhave, le plus grand Médecin qui ait paru depuis Hippocrate, nâquit à Voorhout près de Leyde, le 31 décembre 1668. A l'âge de 11 ans, il savoit beaucoup de grec, de latin, de belles lettres, et même beaucoup de géométrie. A l'âge de 22 ans, il fut fait docteur en philosophie. Ce fut à cette occasion qu'il soutint sa fameuse thèse où il réfute, avec autant de force que de solidité, les sentimens impies d'Epicure, d'Hobbes et de Spinosa. Il fut reçu 3 ans après docteur en Médecine. L'Université de Leyde n'attendoit que ce moment, pour lui donner les chaires de médecine, de chymie et de botanique. Il les occupa avec tant de réputation, qu'il lui vint de toutes les parties de l'Europe un nombre presque infini de disciples, empressés de profiter des leçons d'un si grand homme. Ce grand concours d'étrangers enrichit Leyde, et fit gagner à Boérhave quatre millions de notre monnoie. En 1713, il fut associé à l'Académie Royale des Sciences de Paris, et quelque temps après à celle de Londres. Ses principaux ouvrages, tous écrits en latin, sont : *Institutiones medicæ; Aphorismi de cognoscendis et curandis morbis; Methodus discendi medici-*

*nam ; de viribus medicamentorum ; Instituiiones et
experimenta chimiæ.* Le premier de ces ouvrages
contient plus de Physique que de Médecine ; c'est
un traité complet de Physiologie ; aussi l'ai-je
lu plus d'une fois, et toujours avec un plaisir
infini. Boérave, après avoir donné en abrégé
l'histoire de la Médecine, depuis le commencement du monde jusqu'à son temps, pose huit
fameux principes. Nos jeunes Médecins, beaux
esprits manqués, ne devroient jamais les oublier ;
ils verroient que l'on ne peut pas être matéria-
liste et disciple de Boérhave. Je vous les rapporte
avec d'autant plus de plaisir, qu'ils contiennent
la condamnation espresse de la Métrie son tra-
ducteur et son commentateur, et de tous ceux
qui font quelque cas de son *homme machine.* Voici
les principes de Boérhave.

L'homme est composé d'un corps et d'une
ame unis ensemble.

La nature de ces deux substances diffère l'une
de l'autre.

Par conséquent leur vie, leurs actions, leurs
affections sont différentes.

Cependant elles sont tellement unies entre elles, que certaines pensées de l'ame occasionnent
toujours et accompagnent certains mouvemens
du corps, et réciproquement.

Telle pensée est produite par l'opération seule de
la substance qui pense ; telle autre est occasionnée par le changement de l'état du corps.

Il se fait aussi des mouvemens dans le corps
sans attention, sans sentiment intérieur, sans la
participation de l'ame, sans quelle y concoure
comme cause efficiente ou conditionnelle : il s'en
fait encore qui dépendent de l'action de l'ame qui
les précède, les produit et les détermine, tant que

la santé subsiste : on voit enfin des actions corporelles composées ou formées de ces deux espèces.

Tout ce qui a rapport à la pensée dans l'homme , ne doit être attribué qu'à l'esprit pur, comme à son principe.

Tout ce qui comprend l'étendue , l'impénétrabilité , la figure ou le mouvement, ne doit se rapporter qu'au corps seul et à son mouvement , comme à son principe; et c'est par les propriétés de ces corps qu'il faut le concevoir , l'expliquer et le démontrer.

Tels sont les principes que pose, comme les fondemens de sa physiologie , le plus grand Médecin que le monde ait encore eu. Ils lui ont paru trop lumineux, pour en donner la démonstration. Cet homme incomparable mourut à Leyde le 23 septembre 1738 , à l'âge de 70 ans.

Le Disciple. Voilà , en effet, un grand homme, Que dois-je penser de Dionis ?

Le Maître. Pierre Dionis, premier Chirurgien de Madame la Dauphine, fit, depuis l'année 1673 jusqu'en l'année 1680 , au jardin royal, les démonstrations publiques de l'anatomie et des opérations de Chirurgie. Le nombre des spectateurs montoit toujours à 400 ou 500 personnes. Ce n'étoit pas trop pour un homme de ce mérite. Ce qu'il disoit devant ce nombreux auditoire, a été donné au public en 2 volumes *in-octavo* , intitulés , l'un, *cours de chirurgie,* et l'autre *anatomie de l'homme.* Le premier n'est aucunément de notre ressort. Il n'en est pas ainsi du second; aussi vous le ferai-je connoître. Je l'ai souvent consulté.

L'anatomie de Dionis contient 18 démonstrations, 8 d'ostéologie et 10 d'anatomie Les 8 démonstrations ostéologiques sont 2 des os en général, 2 des os de la tête, 2 de ceux du tronc et 2 de ceux des extrémités.

Pour les démonstrations anatomiques, il y en a 4 des parties contenues dans le bas-ventre, 2 de celles de la poitrine, 2 de celles de la tête, et 2 des extrémités. Dionis mourut à Paris le 18 décembre 1718.

André Vésal nâquit à Bruxelles en l'année 1506. Son livre intitulé : *De humani corporis fabricâ*, l'a fait mettre au nombre des plus grands Anatomistes de son siècle. Bien des personnes le regardent comme l'inventeur de la circulation du sang.

Vésal enseigna avec éclat l'anatomie à Paris, à Louvain, à Bologne, à Pise et à Padoue. C'est là ce qui le fit nommer Médecin de l'Empereur Charles V et de Philippe II, Roi d'Espagne. Il occupa ce poste brillant jusqu'au temps où arriva l'aventure que je vais vous raconter.

Vésal voulut faire l'ouverture du corps d'un gentilhomme Espagnol qu'il décida mort. A peine eut-il ouvert sa poitrine, que le prétendu défunt donna des marques non équivoques de vie. Les parens furieux et indignés lui intentèrent un procès criminel ; et peut-être auroit-il été condamné comme un assassin, si le Roi d'Espagne, pour appaiser les intéressés, ne l'eût obligé de faire le pélérinage de la Terre Sainte. Il le fit. Il comptoit se rendre ensuite à Padoue où le Sénat de Venise le rappeloit ; mais son vaisseau ayant fait naufrage, il fut jeté dans l'île de Zante où il mourut de faim et de misère, à l'âge de 58 ans, le 16 octobre 1564.

XXIV. Leçon.

XXIV. LEÇON.

De la circulation du sang.

LE *Maître*. La sanguification que les Médecins appellent *hématose*, est l'action par laquelle le chyle se change en sang. Avant que d'examiner comment se fait ce changement, et avant que d'établir la circulation du sang de la manière du monde la plus victorieuse, je dois nécessairement vous parler du *cœur*, des *artères* et des *veines*. Lorsque vous aurez acquis ces connoissances anatomiques, vous pourrez dire que vous savez presque tout ce que doit savoir un Physicien sur le corps humain. Je dis *presque*; je vous ai prévenu, dans ma vingt-unième leçon, que je ne pouvois pas encore vous faire la dissection de l'œil.

Le Disciple. Je le sais; vous ne pouvez me faire cette description intéressante, que lorsque vous m'aurez appris quelle est la nature de la lumière, et quelles sont les lois qu'elle observe dans ses différentes refractions. Mettez-moi maintenant au fait du cœur; c'est la partie la plus essentielle de notre corps.

Le Maître. J'aime mieux vous parler auparavant des artères et des veines. En prenant cette précaution, vous comprendrez plus facilement ce que j'ai à vous dire sur le cœur.

Le Disciple. Qu'entendez-vous par artère?

Le Maître. Ce sont des conduits cylindriques

Tome I.   A a

destinés à porter le sang depuis le cœur jusqu'aux extrémités, et dans toutes les parties du corps. L'on y remarque trois tuniques; la première, qui est extérieure, est nerveuse; la moyenne est musculaire; la troisième, qui est intérieure, est une membrane fine et transparente.

Toutes les artères grandes et petites, celles même qui sont capillaires ou presque capillaires, à l'exception de l'artère pulmonaire dont je vous parlerai dans cette leçon, toutes les artères, dis-je, tirent leur origine de la grande artère, connue sous le nom *d'aorte*. L'aorte est un gros vaisseau qui se trouve au côté gauche du cœur, et qui se divise en ascendante et en descendante. De l'aorte ascendante partent toutes les artères qui se trouvent au-dessus du cœur, et de l'aorte descendante viennent celles qui se trouvent au-dessous du cœur. Voilà tout ce qu'un Physicien doit savoir sur cette matière.

Le Disciple. Vous m'avez dit que la première tunique des artères est nerveuse. Je ne suis pas étonné que lorsque, dans les saignées, un Chirurgien mal habile pique l'artère, au lieu de piquer la veine, la blessure soit si dangereuse et si douloureuse.

Le Maître. Il faut en effet être bien mal habile, pour confondre l'artère avec la veine. On dit cependant qu'il est des occasions critiques où l'on tire du sang en ouvrant une artère avec la lancette. Il s'est trouvé même de grands Médecins qui ont prétendu que dans les apoplexies il valoit mieux ouvrir l'artère que la veine. Leur sentiment n'a pas encore été adopté. Cette opération s'appelle *Artériotomie*. Lorsqu'on la pratique, il faut la faire au front, aux tempes et derrière les oreilles, et jamais aux bras ou aux pieds.

Le Disciple. Je voudrois être aussi au fait des veines, que je le suis des artères.

Le Maître. Vous le serez bientôt. Les veines sont des conduits plus grands que les artères, destinés à rapporter le sang depuis les extrémités et de toutes les parties du corps jusqu'au cœur. Ce sont autant de productions ou de ramifications de la *veine-cave*, si l'on en excepte la veine pulmonaire dont je vous parlerai à l'occasion de l'artère pulmonaire.

Le Disciple. Les veines sont donc à la veine-cave, ce que les artères sont à l'aorte. Qu'est-ce que la veine-cave ?

Le Maître. Au côté droit du cœur se trouve une grosse veine que l'on nomme la *veine-cave*. Sa partie inférieure se nomme *ascendante*, parce que c'est par ce canal que le sang remonte depuis les extrémités inférieures du corps jusqu'au cœur ; par une raison contraire, la partie supérieure de la *veine-cave* s'appelle *descendante*, puisquelle sert à conduire jusqu'au cœur le sang qui descend des extrémités supérieures du corps.

Le Disciple. Puisque le sang se rend des artères dans les veines, il y a donc toujours jonction des unes avec les autres.

Le Maître. Je le pense ainsi. Cette jonction n'est pas toujours visible, parce quelle doit se faire par des artères et des veines capillaires. Elle s'appelle *Anastomose* en langage anatomique.

Le Disciple. Je me crois maintenant en état de vous suivre dans la description anatomique que vous allez faire du cœur. Qu'est-ce que ce

A a 2

viscère, le plus important sans doute qu'il y ait dans le corps humain ?

Le Maître. Le cœur est un muscle ferme et solide, placé à peu près au milieu de la poitrine, la base en haut et la pointe en bas. La membrane dans laquelle il est renfermé, se nomme *péricarde.* L'on voit à la base du cœur deux cavités, l'une à droite et l'autre à gauche; on les nomme *ventricules.* Ils contiennent chacun deux onces de sang. Le ventricule gauche est un peu plus long que le ventricule droit ; chacun d'eux est comme muni de son *oreillette.* L'on voit encore dans le cœur quatre vaisseaux considérables, la veine-cave et l'artère pulmonaire au côté droit, la veine pulmonaire et l'aorte au côté gauche. Mais ce qu'il faut ne jamais oublier, c'est que le cœur est toujours en mouvement ou de dilatation ou de contraction, ou, pour parler le langage des Anatomistes, de *diastole* ou de *systole.* Le cœur est-il en *diastole* ? Ses ventricules se remplissent de sang. Le cœur au contraire est-il en *systole* ? Ces mêmes ventricules rendent le sang qu'ils viennent de recevoir. Les *oreillettes* ont aussi leurs mouvements de dilatation et de contraction ; mais dans un temps différent, c'est-à-dire, elles sont en *diastole*, lorsque le cœur est en *systole* ; et elles sont en *systole*, lorsque le cœur est en *diastole.*

Le Disciple. Quelle est la cause physique des mouvemens du cœur ?

Le Maître. Je ne m'attendois pas, je vous l'avoue, à une pareille question de votre part.

Le Disciple. Pourquoi cette question est-elle étrangère au sujet que nous traitons ?

Le Maître. Non, sans doute. Mais ne viens-je pas de vous dire que le cœur est un muscle ; et ne vous ai pas appris, dans ma dix-neuvième leçon, *pag.* 290 et 291 , quelle est la cause physique de la contraction et de la dilatation successive des muscles ?

Le Disciple. C'est donc aux esprits vitaux qu'il faut avoir recours dans cette occasion. Leur introduction dans les différens muscles dont le cœur est composé, causera le mouvement de *systole*, et la sortie de ces muscles celui de *diastole.* Vous voyez que je n'ai pas oublié ce que vous m'avez dit dans la dix-neuvième leçon.

Le Maître. Je le pense ainsi. Je ne vous cacherai pas cependant qu'il est bien des Physiciens qui n'expliquent pas ainsi les mouvemens du cœur, et que je ne suis pas éloigné de leur manière de penser.

Le Disciple. Comment expliquent-ils ces mouvemens ?

Le Maître. Ils les attribuent au ressort de l'air renfermé entre les fibrilles du cœur. Le sang, *disent-ils*, entrant avec une espèce d'impétuosité de la veine-cave dans le ventricule droit du cœur, comprime l'air qui s'y trouve renfermé, et met ce muscle dans l'état de *diastole.* Cet air doué d'un ressort prodigieux, se dilate, reprend son premier état, chasse le sang dans l'artère pulmonaire, et remet le cœur dans l'état de *systole.* Le même jeu recommence l'instant d'après, et par là le cœur passe alternativement de l'etat de *diastole* à celui de *systole.*

Ce que l'on dit du ventricule droit par rapport au sang qui vient de la veine-cave, on doit le dire du ventricule gauche par rapport au sang qui lui vient de la veine pulmonaire.

Le Disciple. Laquelle des deux explications faut-il que j'adopte ?

Le Maître. Comme je ne vois rien dans ces deux opinions que de très-conformes aux lois de la saine Physique, je suis persuadé que l'action des esprits vitaux se joint au ressort de l'air, pour conserver au cœur ses mouvemens continuels de *diastole* et de *systole*.

Le Disciple. Que vous me faites plaisir ! J'aurois été bien fâché de me passer du ressort de l'air dans l'explication d'un point de Physique aussi intéressant que celui des mouvemens du cœur. Vous n'avez sans doute plus rien à me dire sur ce muscle.

Le Maître. Pardonnez-moi. Savez-vous ce que c'est que *soupape.*

Le Disciple. Vous m'en avez montré de toutes les espèces. Ce sont comme de petites portes à ressort, qui empêchent un fluide de rentrer par l'endroit par où il vient de sortir, ou qui l'empêchent de sortir par l'endroit par où il vient d'entrer. Vous m'avez fait remarquer dans la machine pneumatique une *soupape* qui laisse sortir l'air que l'on a introduit dans l'intérieur de la pompe, et qui empêche l'air extérieur d'entrer dans cette même pompe. Vous m'avez même dit de me rappeller de cette *soupape*, lorsque vous m'expliquerez le jeu de cette fameuse machine. Il y a donc des *soupapes* dans le cœur ?

Le Maître. Il faut bien qu'il y en ait. L'on compte dans le cœur humain 11 valvules ou *soupapes* ; 5 sont destinées à y laisser entrer le sang et à l'empêcher d'en sortir par le même chemin, et 6 laissent sortir le sang du cœur, et empêchent qu'il n'y revienne par la même voie. Les 5 valvules de la première espèce, à peu près semblables à des languettes, sont appelées *tricuspides*; elles s'ouvrent de dehors en dedans; on peut les appeler en général *valvules veineuses*, puisque le sang n'entre dans le cœur que par les veines. Pour les 6 valvules de la seconde espèce que j'appelle volontiers *valvules artérielles*, puisqu'elles servent à faire passer le sang des ventricules du cœur dans les artères, elles sont faites en forme de croissant ; aussi leur a-t-on donné le nom de valvules *sémilunaires*; elles s'ouvrent de dedans en dehors. N'oubliez pas ces notions anatomiques; vous en aurez bientôt besoin.

Le Disciple. Je le comprends. Vous m'avez dit, dans la leçon précédente, que la partie la plus déliée des alimens digérés dans l'estomac et dans les intestins, forme un suc blanchâtre connu sous le nom de chyle. Que devient ce chyle?

Le Maître. Le chyle passe des intestins dans les veines lactées répandues sur le mésentère ; des veines lactées du mésentère, il monte dans le réservoir de *pecquet*; du réservoir de *pecquet* il va dans le canal thorachique; du canal thorachique dans la veine souclavière gauche; de la veine souclavière gauche dans la veine-cave, et de la veine-cave dans le ventricule droit du cœur. Il est évident que le nouveau chyle qui entre dans les veines lactées du mésentère pousse celui qui y est déjà, et l'oblige à monter jusques dans le cœur. Il est cependant une cause bien plus puissante de cette ascension. La plupart des conduits par où passe le chyle pour arriver jusqu'au cœur, ont un diamètre plus petit que celui de nos tubes capillaires ordinaires dont je vous ai parlé dans différentes leçons. Je vous ai fait remarquer que dans ces sortes de tubes les liquides s'élèvent au-dessus de leur niveau, contre toutes les lois de l'hydrostatique, et je vous ai promis de vous expliquer dans la suite, d'une manière satisfaisante, cette espèce de jeu de la nature. Voilà la grande cause qui oblige le chyle à s'élever depuis les veines lactées du mésentère jusqu'au cœur.

Le Disciple. Qu'est-ce que le réservoir de *Pecquet* ?

Le Maître. L'endroit principal où se ramasse le chyle, est une vésicule membraneuse à peu près semblable à la vésicule du fiel. Elle est située au côté droit de l'aorte, derrière la jambe droite du muscle inférieur du diaphragme. On la nomme *réservoir de Pecquet*, parce que ce fameux Médecin de Dieppe la découvrit.

Le Discipe. Vous m'avez dit, au commencement de cette leçon, que le chyle se changeoit en sang. Où et comment se fait ce changement ?

Le Maître. Les Anciens prétendoient que ce changement se faisoit dans le foie ; Vésal que vous connoissez par ma leçon précédente, assure que le sang se fait aussi bien dans le foie, que le vin dans le tonneau.

Le Disciple. Ce sentiment est insoutenable. Vous m'avez prouvé, en me parlant de la digestion, que le foie est un conglobar, de glandes destinées à séparer la bile d'avec le sang.

Le Maître. Voici une preuve bien triomphante de la fausseté du sentiment des Anciens sur la sanguification. Dionis dont je vous ai fait connoître le mérite dans la leçon précédente , a démontré que le chyle ne se rend jamais dans le foie. J'ai fait, *dit-il*, l'ouverture de plusieurs chiens en vie, quatre heures après les avoir fait manger : j'ai aussitôt découvert le foie que j'ai séparé du corps du chien, et ayant en même temps inbibé tout le sang épanché dans la place qu'occupoit le foie , je n'ai point vu qu'il y eût une goûte de chyle répandu dans cet endroit, ni dans aucune partie du foie; quoique les veines lactées , le réservoir de *Pecquet* et le canal thérarchique en fussent remplis : ce qui fait voir que le chyle va droit au cœur , et non pas au foie. *Dionis*, pag. 193.

J'ai fait faire souvent en ma présence de pareilles expériences, et j'ai toujours trouvé le même résultat. J'ai toujours pris la précaution de faire manger un riz au lait aux chiens sur lesquels le chirurgien devoit opérer.

Le Disciple. Où se fait donc la sanguification ?

Le Maître. Tout le monde convient maintenant qu'elle commence à se faire dans la veine-cave , et qu'elle se perfectionne dans le ventricule droit du cœur. Mais comment s'opère-t-elle ? Voilà sur quoi l'on ne fera jamais que des conjectures plus ou moins heureuses.

Lewenhoek prétend qu'un globule de sang est composé de 6 globules de chyle unis ensemble d'une façon très-régulière , et que par conséquent le changement du chyle en sang se fait par la réunion de six globules de chyle en un seul , cela peut-être ; je n'oserois pas cependant l'assurer.

Bien des Physiciens assurent que le sang doit sa couleur rouge aux particules nitreuses et sulfureuses que nous recevons avec l'air dans le temps de *l'inspiration*, et qui s'insinuent dans la substance même des poumons. Cela peut être ; mais ils ont tort de l'affirmer.

Le Disciple. C'est ainsi que je parlerai, lorsqu'on m'interrogera sur la sanguification. Venons-en maintenant à la grande question de la circulation du sang. Comment se fait-elle ?

Le Maître. Le sang va du cœur aux extrémités du corps par les artères, et des extrémités du corps il retourne au cœur par les veines. C'est pour cela sans doute que le Chirurgien qui vous saigne, vous lie le bras au-dessus de l'endroit où doit se faire la saignée ; il sait que le sang qui revient au cœur par les veines *axillaires*, sera arrêté par la ligature, et jaillira par le trou qu'il a fait avec sa lancette.

Le Disciple. Je regarde ce que vous venez de me dire comme une démonstration physique de la circulation du sang. Entrez, je vous prie, dans un détail plus circonstancié.

Le Maître. Cela est juste. Voici donc quel est le cours du sang. Il va du ventricule gauche du cœur dans l'aorte ascendante et descendante ; de l'aorte ascendante dans les artères placées au-dessus du cœur, et de l'aorte descendante dans les artères placées au-dessous du cœur ; des artères placées au-dessus du cœur aux extrémités supérieures du corps, et des artères placées au-dessous du cœur aux extrémités inférieures du corps ; des extrémités supérieures du corps dans les veines placées au-dessus du cœur, et des extrémités inférieures du corps dans les veines placées au-dessous du cœur ; des veines placées au-dessus du cœur dans la veine-cave supérieure ou descendante, et des veines placées au-dessous du cœur dans la veine-cave inférieure ou ascendante ; de la veine-cave descendante et ascendante dans le ventricule droit du cœur ; du ventricule droit dans l'artère pulmonaire ; de l'artère pulmonaire dans la veine pulmonaire, et de la veine pulmonaire dans le ventricule gauche, d'où il étoit d'abord sorti, pour recommencer son mouvement de circulation. Il n'est pas nécessaire de vous faire remarquer que ce sont les mouvemens de *diastole* et de *systole* du cœur qui sont la cause physique de la circulation du sang.

Le Disciple. Je comprends maintenant pourquoi vous m'avez averti de ne pas oublier ce que vous m'avez appris sur les valvules artérielles et veineuses dont le cœur est muni. Les unes et les autres s'ouvrent toujours à propos ; les premières, pour laisser sortir le sang du ventricule gauche, et pour s'opposer à son retour ; les secondes, pour favoriser le retour du sang dans le ventricule droit du cœur. Mais, par quel mécanisme le sang, porté de ce ventricule dans les poumons par l'artère pulmonaire, va-t-il des poumons dans le ventricule gauche par la veine pulmonaire ?

Le Maître. Je vous ai appris dans ma dix-neuvième leçon, qu'au mouvement *d'inspiration* succède toujours celui *d'expiration.* Dans le mouvement *d'expiration* les poumons se compriment, et rendent, par la veine pulmonaire, le sang qu'ils avoient reçu dans *l'inspiration* par l'artère pulmonaire. Il arrive à peu près aux poumons ce qui arrive à une éponge que l'on comprimeroit, après l'avoir auparavant jetée dans l'eau. Aussi assurons-nous en physique qu'un des principaux

effetsde la respiration , est de contribuer à la circulation du sang.

Le Disciple. Les enfans respirent donc dans le
sein de leur mère ?

Le Maître. Non.

Le Disciple. Comment donc dans eux le sang
peut-il circuler ?

Le Maître. Il circule , mais cette circulation
est un peu différente de la nôtre. Chez nous le
sang va du ventricule droit dans les poumons
par l'artère pulmonaire ; des poumons dans le
ventricule gauche par la veine pulmonaire et du
ventricule gauche dans l'aorte.

Dans les enfans qui sont renfermés dans le
sein de leur mère , le sang va du ventricule droit
dans le ventricule gauche par le trou *ovale* ou
botal , sans passer par les poumons. Ce trou
se ferme naturellement quelque temps après que
l'enfant est venu au monde , et alors le sang
circule dans lui , comme dans le commun des
hommes.

Voilà pourquoi il est très-facile de savoir si
un enfant trouvé mort, est venu au monde mort
ou en vie. Que l'on mette dans l'eau un morceau de son poumon, et que l'on examine s'il va
au fond ou s'il surnage. Va-t-il au fond ? L'enfant étoit mort avant que de naître. Surnage-
t-il ? L'enfant étoit en vie , lorsqu'il est venu au
monde.

Le Disciple. Je ne fais qu'entrevoir ce mécanisme ; je ne serois pas en état de l'expliquer.

Le Maître. Je n'en suis pas surpris, vous ne
savez pas encore les lois de l'hydrostatique. Si
l'enfant est venu au monde en vie , il a respiré ;
s'il a respiré , il est resté de l'air dans ses pou-

mons ; s'il est resté de l'air dans ses poumons, ils sont relativement plus légers, qu'un pareil volume d'eau, et par conséquent ils doivent surnager : donc s'ils vont au fond, l'on a droit de conclure que l'enfant étoit mort, avant que de naître ; et s'ils surnagent, l'enfant est venu au monde en vie.

Le Disciple. Les animaux amphibies qui vivent aussi facilement dans l'eau que dans l'air, ont donc le trou *botal* ouvert.

Le Maître. Il ne faut pas en douter. Il en est de même des pêcheurs de perles, et de tous ceux qui demeurent long-temps dans l'eau, sans avoir besoin de respirer. Ce qui cause la mort des noyés, ce n'est pas l'eau qu'ils boivent, ils en boivent très-peu ; c'est qu'ils ne peuvent par respirer dans l'eau.

Le Disciple. Est-ce un mouvement bien rapide que celui de la circulation du sang ?

Le Maître. Je puis vous apprendre combien de fois, chaque heure, chaque jour, chaque année, etc., toute la masse du sang passe par le cœur de l'homme. Mais comme ce sont des problèmes de pure arithmétique, nous le résoudront à la fin de cette leçon.

Le Disciple. A qui doit-on la belle découverte de la circulation du sang ? Vous m'avez dit, dans la troisième leçon, *pag.* 39, qu'à la fin du dernier chapitre sur les causes physiques du sommeil et de la veille, Aristote regardoit la circulation du sang comme une chose connue de tout le monde. Aristote cependant nâquit à Stagyre, 384 ans avant la naissance du Messie.

Le Maître. Cela est vrai. Aristote, dans l'endroit que vous venez de citer, parle de la veine-cave, de l'aorte, du mouvement du sang. Il faut convenir cependant qu'il n'en parle pas en grand Anatomiste, puisqu'il compte trois ventricules dans le cœur humain. Quoi qu'il en soit, ce problème est très-difficile à résoudre. Il est sûr que de tout temps on a supposé le sang en mouvement dans le corps humain; car, enfin, de tout temps, on a ordonné des saignées, et on les a faites comme nous les faisons actuellement.

Hippocrate, qui naquit 66 ans avant Aristote, assure dans son ouvrage intitulé : *de Flatibus*, *sect.* 3, qu'il est impossible que la masse du sang soit en repos dans le corps de l'homme. Il ajoute dans celui où il apprend quelle est la manière dont il faut user des alimens, que, dans les jeunes-gens le sang circule beaucoup plus vîte que dans les vieillards. Vous savez, au reste, qu'Hippocrate, le père de la médecine, a été le premier qui l'ait rédigée en corps de science. Ce qui le rendit célèbre, ce furent les remèdes qu'il ordonna contre la peste qui ravageoit l'Illyrie.

Galien, que la Faculté met à côté d'Hippocrate, et qui nâquit à Pergame l'an 131 de l'Ere chrétienne, a enseigné évidemment la circulation du sang. Il assure, dans son Traité sur les artères et sur les veines, pag. 198, que la veine-cave est comme le tronc d'où partent les veines. Il a fait un livre entier, pour prouver que le sang se trouve aussi bien dans les artères que dans les veines. Enfin, dans son ouvrage *de usu partium corporis humani*, lib. 4, pag. 507, il prononce que la veine-cave fait, par rapport au sang, ce que les aqueducs ordinaires font par rapport à l'eau.

Le P. Fabri, jésuite, enseigna publiquement,

en 1638 , la circulation du sang , à peu près comme nous l'enseignons maintenant. L'ouvrage d'Harvey n'avoit pas encore paru. Il ne se donne pas cependant pour l'auteur de cette découverte. Il prouve , dans son Traité de l'homme, que non seulement les Anciens ont connu la circulation du sang, mais encore qu'ils l'ont regardée comme un fait incontestable.

Enfin , Guillaume Harvey , contemporain du P. Fabri, l'un des plus grands médecins que l'Angleterre ait produit, a fait un excellent ouvrage sur les mouvemens du cœur et du sang, d'où j'ai tiré la plupart des choses que je vous ai enseignées dans cette leçon. Depuis lui, on a regardé la circulation du sang comme une question parfaitement bien éclaircie.

Le Disciple. Je conclus de ce que vous venez de me dire , qu'on ignorera toujours quel est l'inventeur de la circulation du sang , et qu'Harvey mérite d'être regardé comme l'Anatomiste qui a connu mieux que personne la route de ce fluide. Il me reste à connoître Pecquet et Lewenoek , dont vous m'avez parlé dans cette leçon.

Le Maître. Jean Pecquet , l'un des premiers membres de l'Académie royale des sciences de Paris , nâquit à Dieppe. Il nous a aussi bien tracé le cours du chyle, qu'Harvey nous avoit tracé quelque temps auparavant le cours du sang. Il a découvert le réservoir qui porte son nom , et le canal thorachique. Il a fait un grand nombre d'expériences anatomiques qu'il publia en 1651 , et dont le recueil est très-estimé. Il mourut à Paris, au mois de février 1674.

Pour Lewenoek , je ne connois de lui que la découverte que je vous ai rapportée dans cette leçon.

Le Disciple. Nous pouvons donc maintenant résoudre les problèmes que vous m'avez annoncés sur la circulation du sang. Résolvez le premier.

Problème. Trouver combien de fois, dans chaque heure, toute la masse du sang passe dans le cœur de l'homme.

Résolution. Elle y passe 18 fois. Pour en comprendre la démonstraion, faites attention à ce que je vais vous dire.

1°. Le ventricule gauche du cœur contient 2 onces de sang.

2°. A chaque pulsation du cœur, il sort 2 onces de sang du ventricule gauche.

3°. Le cœur bat une fois chaque seconde.

4°. Une heure contient 3600 secondes.

5°. Une livre contient 16 onces.

6°. Le commun des hommes a 25 livres de sang.

Cela supposé, voici comment je raisonne.

Démonstration. Chaque heure, le cœur bat 3600 fois. A chaque pulsation il sort 2 onces de sang du ventricule gauche ; donc il passe chaque heure 7200 onces de sang par le cœur. Mais 7200 onces contiennent 450 livres de sang, puisque 7200 divisés par 16 donnent pour *quotient* 450. De plus, 450 contiennent 18 fois 25, puisque 450 divisés par 25 donnent pour *quotient* 18 ; donc il passe chaque heure par le cœur 18 fois 25 livres de sang, c'est-à-dire, 18 fois toute la masse du sang.

Vous comprenez, sans peine, que je ne parle dans ce calcul que d'un homme sain, et non pas d'un homme tourmenté par la fièvre.

XXV. Leçon.

XXV. LEÇON.

Sur l'air méphitique.

LE *Maître.* Dans les différentes leçons que je vous ai faites sur l'air atmosphérique, je l'ai toujours considéré comme absolument nécessaire à la vie des hommes et par conséquent comme respirable. Il est bien des cas où il est assez vicié, pour qu'il ne puisse pas être respiré, sans un danger évident pour la vie ou du moins pour la santé des hommes et des animaux; on le nomme alors *air méphitique.*

Le Disciple. J'entends ce terme; je voudrois cependant en avoir une définition exacte.

Le Maître. Il est aisé de vous satisfaire. On appelle air *méphitique* tout air atmosphérique rendu nuisible par le mélange qui se fait de cette substance élémentaire avec telle et telle vapeur plus ou moins maligne.

Le Disciple. Quelles sont les causes les plus capables d'infecter l'air que nous avons coutume de respirer? Entrez, je vous prie, dans les détails les plus minutieux; il ne s'agit pas seulement de la santé, il s'agit de la vie des hommes.

Le Maître: Comptez sur mon zèle et mon humanité. Je vous donnerai même dans cette leçon différentes méthodes de purifier l'air atmosphérique.

Le Disciple. Que cette leçon sera intéressante! qu'on la lira avec plaisir! Quelles sont donc les causes les plus capables d'infecter l'air que nous respirons?

Tome I. B b

Le Maître. Je les réduits à trois, le charbon allumé, la putréfaction et la respiration des animaux. Il est quelques autres causes moins puissantes dont je ne manquerai pas de vous faire l'énumération.

Le Disciple. Nous nous exposons donc à un très-grand danger, lorsque nous avons l'imprudence d'allumer du charbon de bois dans un appartement fermé, sur-tout si l'appartement n'est pas spatieux.

Le Maître. Vous vous exposez au danger évident de perdre la vie, si vous n'êtes pas promptement secouru. La vapeur qui s'exhalera du charbon allumé, infectera bientôt l'air de la chambre, et le raréfiera de manière à ne pas pouvoir être respiré ; tous ceux qui le recevront, tomberont dans *l'asphyxie* la plus complette, c'est-à-dire, ils seront sans pouls, sans respiration, sans sentiment et sans mouvement. *L'alkali volatil fluor* est le remède le plus propre à les faire sortir de cet état. J'aurai occasion de vous le prouver, lorsqu'en traitant la grande matière des *airs factices* découverts de nos jours par M. Priestley, j'examinerai la nature de *l'air alkalin.*

Le Disciple. Je comprends sans peine qu'on ne sauroit vivre dans un air trop raréfié. Mais l'est-il à ce point par les charbons qu'on allume dans un appartement fermé ?

Le Maître. M. Priestley dont le nom est si connu en Physique depuis ses nouvelles découvertes, suspendit dans un vaisseau de verre un charbon du poids de deux grains. Il l'alluma en faisant tomber sur ce charbon le foyer d'un verre convexe, connu sous le nom de *lentille.* Il trouva que, par cette opération, l'air atmosphérique dont le vaisseau étoit rempli, fut diminué d'un cinquième; l'eau de chaux qu'il y avoit placée devint trouble par la précipitation de la chaux; et il prétend que la flamme ne sauroit subsister dans un air ainsi diminué et impregné de vapeurs aussi pernicieuses. La preuve la plus évidente qu'un air n'est plus propre à être respiré, est lorsque vous voyez que la flamme d'une chandelle ne peut plus y subsister. Lorsque je vous ferai les expériences de la machine pneumatique, vous verrez un oiseau folatrer dans le récipient, jusqu'à ce que vous ayez assez raréfié l'air, pour que la chandelle allumée s'éteigne. Alors vous verrez l'oiseau tomber en convulsions; et il mourra infailliblement, si vous ne faites au plutôt rentrer dans le récipient l'air que vous en avez fait sortir.

Le Disciple. Je le ferai rentrer bien vîte; je serois au désespoir d'orner mon esprit de nouvelles connoissances aux dépens de la vie, je ne dis pas d'un oiseau, mais du plus vil et du plus incommode de tous les insectes; j'aimerois mieux croupir dans l'ignorance la plus crasse. Mais, enfin, on ne sait pas ce qui peut arriver; si jamais je suis obligé d'allumer du charbon de bois dans ma chambre où j'ai une très-bonne cheminée, quelles précautions dois-je prendre, pour ne m'exposer à aucun fâcheux accident?

Le Maître. N'en allumez point; voilà le meilleur conseil que je puisse vous donner.

Le Disciple. Je n'en allumerai jamais. Mais enfin si le cas arrivoit, le mal seroit-il sans remède?

Le Maître. Avant d'allumer votre charbon, ouvrez les portes et les fenêtres de votre cham-

bre ; sortez-en lorsque le charbon commencera
à s'allumer, et n'y rentrez que lorsque le charbon aura été réduit en braise.

Le Disciple. La putréfaction est-elle aussi capable d'infecter l'air que nous respirons, que le
charbon allumé ?

Le Maître. Elle l'est encore plus, soit que
vous vouliez me parler de la putréfaction animale, soit que vous ayez en vue la putréfaction végétale. L'une et l'autre infectent l'air dans
lequel elle se fait ; et les particules nuisibles qui
s'exhalent des corps putréfiés, causent souvent
des maladies mortelles à ceux qui ont l'imprudence de les respirer. Aussi dans les villes poli-
cées ne souffre-t-on dans les rues aucune espèce
de fumier. Rien n'étoit moins salubre pendant les
chaleurs de l'été, que l'air qu'on respiroit à Nismes, lorsqu'on se promenoit au tour des murailles de la ville ; et rien ne sera plus salutaire
que celui qu'on y respirera, lorsqu'on aura couvert tous les fossés dont les murailles étoient en-
tourées. L'eau qui y croupissoit rendoit déser-
tes ces belles promenades. Que les choses ont
changé de face ! Combien d'étrangers qui ne
venoient dans cette Ville que pour contempler
ces monumens antiques que la rigueur des temps
a respectés, y viendront dans la suite pour admi-
rer les embellissemens modernes dont les héritiers
de la magnificence romaine ont orné l'ancienne
Emule de la maîtresse du monde !

Le Disciple. La putréfaction seroit donc bien
plus à craindre, si elle se faisoit dans un lieu
fermé.

Le Maître. Le mal seroit sans remède. Mettez
dans une bouteille remplie d'air atmosphérique

un animal mort ; bouchez-la exactement, et laissez-y l'animal jusqu'à ce qu'il soit corrompu. Introduisez ensuite dans cette bouteille un animal en vie de la même ou de différente espèce, vous l'y verrez mourir, souvent sur le champ.

J'excepte cependant de cette règle générale les mouches, les papillons, les pucerons et les autres insectes de cette espèce ; ils vivent très-bien dans un air corrompu par l'effluve putride.

Le Disciple. Comment peut-on purifier l'air atmosphérique vicié par la putréfaction ?

Le Maître. Les plantes en végétation nous fournissent un moyen infaillible de purifier l'air ainsi infecté, et la raison physique de cet effet se présente comme d'elle-même.

Le Disciple. Je ne suis pas encore Physicien, je ne l'aperçois pas.

Le Maître. Ce n'est pas seulement par leurs racines, c'est aussi par leurs feuilles que les plantes se nourrissent. L'effluve putride sera donc extrait de l'air corrompu par les feuilles des plantes en végétation qu'on y placera, et l'air deviendra par là même propre à être respiré sans danger. M. Priestley a fait des expériences sans nombre pour faire passer cette vérité pour un principe incontestable. Il les communiqua au docteur Franklin, dont les connoissances en Physique ont été aussi étendues et aussi sûres que celles qu'il a eues dans la Politique. Voici comment lui répondit ce grand homme que nous venons de perdre, et dont le monde entier pleure la mort, quoiqu'elle nous l'ait enlevé dans l'âge le plus avancé.

» Que les végétaux aient le pouvoir de rétablir » l'air qui a été corrompus par les animaux :

» c'est un systéme qui me paroît raisonnable et
» parfaitement d'accord avec les autres lois de la
» nature. Ainsi le feu purifie l'eau dans tout l'u-
» nivers : il la purifie par la distillation en l'éle-
» vant en vapeurs et la faisant retomber en pluie:
» il la purifie par la filtration, lorsque, lui con-
» servant sa fluidité, il permet à la pluie de pé-
» nétrer la terre. On savoit déjà que les subs-
» tances animales putrides fournissoient un ali-
» ment convenable aux végétaux, lorsqu'elles
» étoient mêlées avec la terre et appliquées com-
» me engrais ; et maintenant il paroît que les
» mêmes substances putrides, mêlées avec l'air,
» ont un effet semblable. L'état vigoureux de
» votre menthe dans l'air putride, semble indi-
» quer que l'air est corrigé par la soustraction,
» et non par l'addition de quelque chose. J'es-
» père que ceci mettra des bornes à la fureur
» qu'on a d'arracher les arbres qui croissent au-
» tour des maisons, et détruira le préjugé où
» l'on est, malgré nos derniers progrès dans l'art
» du jardinage, que leur voisinage est contraire
» à la santé. Je suis assuré par une longue obser-
» vation, que l'air des bois n'a rien de mal sain ;
» car nous autres Américains, avons par-tout
» nos maisons de campagne au milieu des bois,
» et il n'est aucun peuple sur la terre qui jouisse
» d'une meilleure santé que nous ».

Le Disciple. Voilà pourquoi l'air que nous
respirons dans notre maison est si sain ; tous
les appartemens sont entre cour et jardin : et
quel jardin ! Vous le connoissez. Jusqu'à présent
je ne l'avois regardé que comme un objet d'agrément ; je conçois maintenant que nous lui devons, au moins en partie, la santé dont nous

jouissons. Vous me ferez sans doute, à la fin de cette leçon, l'éloge du célèbre Franklin.

Le Maître. Quelqu'empressé que je sois de lui payer ce tribut que je lui dois à tant de titres, ce ne sera cependant que dans une de mes leçons sur l'*électricité*, que je vous ferai connoître ce grand homme. Il n'est personne, je n'en excepte pas même M. l'abbé Nollet, qui ait travaillé avec autant de génie et autant de succès que lui, sur une matière que je regarde comme l'ame de la Physique, je dirois presque comme l'ame du monde matériel.

Le Disciple. Vous m'expliquerez donc maintenant comment et jusqu'à quel point la respiration des hommes et des animaux infecte l'air atmosphérique; c'est l'une des trois principales causes du méphitisme de cet air.

Le Maître. L'air fermé est presqu'aussi infecté par la respiration des hommes et des animaux, que par la putréfaction animale et végétale. L'affreuse expérience du *cachot noir* doit faire trembler quiconque a l'imprudence de respirer un air aussi nuisible.

Le Disciple Qu'est-ce que le *cachot noir*, et quelle est l'expérience dont vous me parlez?

Le Maître. Dans la guerre que les Anglais soutinrent contre les Indiens à Coli-Cotta dans le Bengale, ceux-ci, dans une action, firent cent quarante-six prisonniers. Ils les enfermèrent dans un cachot obscur connu sous le nom de *cachot noir*. L'air fut tellement vicié par la respiration de ces pauvres malheureux, qu'ils y périrent en grand nombre dans l'espace d'une nuit. Les Indiens furent au désespoir, lorsqu'ils apprirent cette fâcheuse nouvelle; ils n'étoient pas assez barbares pour donner la mort à leurs plus cruels ennemis. On fit ouvrir les portes du cachot ; on donna les secours les plus prompts et les plus efficaces à ceux qui étoient encore en vie , et on les mit en liberté. Le *cachot noir* fut démoli , avec défense de construire jamais de pareilles prisons.

Le Disciple. Ah ! le bon peuple ! et il y a des Historiens qui l'appellent barbare ! Je suis en état de vous expliquer pourquoi tant de malheureux périrent dans le *cachot noir.*

Le Maître. Vous le ferez même très-facilement. Vous êtes au fait de la respiration dont je vous ai expliqué le mécanisme dans la dix-neuvième leçon.

Le Disciple. La respiration, *m'avez-vous dit ,* renferme deux mouvemens, celui d'*inspiration* et celui d'*expiration.* Le premier se fait, lorsque nous recevons de l'air dans la poitrine ; le second a lieu, lorsque nous le rendons par la même voie par laquelle il est entré. La poitrine est toujours dans un de ces deux mouvemens. Cela supposé , voici comment je raisonne.

L'air qu'on rend par l'*expiration* est toujours imprégné , en sortant de la poitrine, d'un effluve plus ou moins putride, dans les personnes même qui jouissent de la meilleure santé. Sans cette imprégnation , sans doute , les maladies seroient et plus communes et plus dangereuses. Les prisonniers renfermés dans le *cachot noir* recevoient par *inspiration* un air très-mauvais, et rendoient par *expiration* un air encore plus mauvais. Ce qui m'étonne , c'est qu'ils ne périrent pas tous pendant la nuit qu'ils passèrent dans cette affreuse prison. Mais n'est-il aucun moyen de rétablir l'air vicié par la respiration ordinaire des hommes et des animaux ?

Le Maître. Les plantes en végétation me paroissent très-propres à produire un pareil effet. Je vous ai fait remarquer que ce qu'il y a de putride dans l'air corrompu par la respiration , sera nécessairement absorbé par les feuilles de ces plantes, et l'air deviendra par là même très-propre à être respiré sans danger. Aussi conseillerois-je qu'on mît dans les chambres des malades et dans les salles des hôpitaux , un certain nombre de pots contenant des plantes qui n'eussent pas encore reçu leur accroissement.

Quelque nuisible que soit l'air des cimetières, il le seroit bien davantage, s'il n'y avoit pas quantité de plantes qui , par leurs racines et par leurs feuilles , absorbent une grande quantité de l'effluve putride qui s'exhale des cadavres qu'on y inhume journellement. L'on feroit bien sans doute de semer sur les fosses qu'on vient de couvrir, quelques-unes de ces graines qui lèvent dans l'espace de 24 heures.

Tout ceci n'est pas opposé à la précaution qu'il faut prendre de placer les cimetières le plus loin qu'on pourra des endroits habités. Les magistrats, de leur côté, ne sauroient trop veiller à l'observation de la loi qui défend d'enterrer dans les églises. Les funestes accidens arrivés à l'ouverture des caveaux sont trop connus et en trop grand nombre , pour que je vous en fasse ici l'énumération. Je me contenterai de vous faire remarquer que, dans ces sortes d'occasions, le vinaigre est un excellent anti-méphitique. Ainsi le pensoit, en 1780, la Société Royale de médecine de Paris. Consultée par son Excellence le grand Maître de Malthe, sur les précautions qu'il conviendroit de prendre lors de la démolition des caveaux destinés aux sépultures, elle envoya un savant mémoire, dans lequel on lit ce qui suit : (Les ouvriers qui descendront les premiers dans les caveaux, auront sous le nez et sur la bouche un mouchoir imbibé de vinaigre...... S'il y a des corps ou des ossemens à exhumer, les ouvriers auront toujours sous le nez une éponge imbibée de vinaigre. Afin d'éviter l'odeur qui pourroit s'élever dans le temps des fouilles, les habitans des maisons voisines seront invités à les parfumer avec du vinaigre.... Ceux des ouvriers qui travailleront à la démolition du caveau dans lequel on a déposé les corps des pestiférés, on les désinfectera, c'est-à-dire, qu'on les forcera à se laver tout le corps avec de l'eau vinaigrée. Ces précautions préviendront tout danger.)

Le Disciple. Je suis surpris, je l'avoue, que, parmi les causes les plus propres à infecter l'air que nous respirons, vous n'ayez pas fait mention du vidange des latrines. Cette cause me paroît plus puissante que le charbon allumé, la putréfaction et la respiration des hommes et des animaux.

Le Maître. Votre surprise cessera bientôt, lorsque je vous aurai dit que je dois vous faire au plutôt une leçon sur le vinaigre. Ce sera alors que j'examinerai, de la manière la plus impartiale, la découverte de M. *Janin de Combeblanche*, qui prétend neutraliser, par le moyen du vinaigre, l'air méphitique qui s'exhale des fosses d'aisance, lorsqu'on est obligé de les vider.

Le Disciple. Vous m'avez annoncé, au commencement de cette leçon, qu'il est plusieurs autres vapeurs qui procurent à l'air atmosphérique un méphitisme réel, mais moins dangereux que celui qui provient des causes dont nous venons d'examiner la malignité. Quelles sont ces vapeurs ?

Le Maître. Elles sont en trop grand nombre, pour que je vous en fasse l'énumération. Je me contenterai de vous faire regarder, comme plus ou moins méphitiques, les vapeurs qui causent quelque mauvaise odeur, lorsqu'elles sont mêlées avec l'air atmosphérique. Je crois cependant devoir vous avertir qu'il est très-dangereux de faire brûler des chandelles dans un petit endroit exactement fermé. Le feu qu'on pourroit allumer à la cheminée que je veux bien y supposer, ne seroit pas capable de purifier entièrement l'air que la flamme d'une ou de plusieurs chandelles qui s'y consument, auroit infecté. L'on a vu des animaux périr presque sur-le-champ, lorsqu'on les a placés sous un grand vase de verre où l'on avoit fait brûler une seule chandelle du poids d'un quarteron.

Le Disciple. Quelles précautions faut-il donc prendre, lorsqu'on n'est pas assez riche pour brûler de la bougie ?

Le Maître. Ne fermez jamais la porte de ce petit appartement, et ouvrez-en de temps en temps la fenêtre, afin d'en renouveler l'air par l'introduction de celui qui est respirable.

Le Disciple. Vous n'avez donc plus rien à me dire, dans cette leçon, sur l'air plus ou moins méphitique ?

Le Maître. Non. Je ne regarde cette leçon que comme préliminaire à celles que je suis sur le point de vous faire sur les *airs factices*; ils sont, pour la plupart, plus ou moins méphitiques.

Le Disciple. Vous serez bien content de moi.

Le Maître. Je n'entends rien à ce langage; en ai-je jamais été mécontent? Vous êtes le modèle des disciples; expliquez-vous donc?

Le Disciple. Vous m'avez dit, dans la dernière leçon, que vous étiez en état de m'apprendre combien de fois, chaque heure, chaque jour, chaque année, etc., toute la masse du sang passe par le cœur de l'homme. Vous n'avez eu le temps de résoudre que le premier de ces trois problèmes; et vous m'avez prouvé, par le calcul le plus infaillible, que, dans chaque heure, toute la masse du sang passe 18 fois dans le cœur d'un homme que vous avez supposé sain, et non pas tourmenté de la fièvre. J'ai résolu les deux autres problèmes dans mon cabinet, et j'ai trouvé que toute la masse du sang passe 432 fois, chaque jour, et 157788 fois, chaque année, par le cœur.

Le Maître. Faites-moi part de vos opérations.

Le Disciple. Je suis assuré qu'elles sont exactes; j'ai réfléchi sur la manière dont vous avez résolu le problème qui termine la leçon précédente, et j'ai suivi la même marche.

Problème 1. Combien de fois, chaque jour, dans un homme sain, toute la masse du sang passe-t-elle par le cœur?

Résolution. Elle y passe 432 fois.

Démonstration. 1°. Le jour contient 24 heures.

2°. Chaque heure, dans un homme sain, toute la masse du sang passe 18 fois par le cœur. La démonstration de ce fait se trouve dans la solution du problème qui termine la leçon précédente.

3°. Je multiplie 24 par 18, et j'ai pour *produit* 432 : donc toute la masse du sang passe 432 fois, chaque jour, par le cœur d'un homme sain.

Le Maître. Je n'aurois pas mieux résolu ce problème. Cherchez maintenant combien de fois, chaque année, toute la masse du sang passe par le cœur de l'homme.

Le Disciple. A l'instant ce problème va être résolu. Il est presqu'aussi facile que le précédent.

Problème 2. Trouver combien de fois, chaque année, toute la masse du sang passe par le cœur d'un homme sain.

Résolution. Elle y passe 157788 fois.

Démonstration. 1°. L'année contient 365 jours et 6 heures.

2°. Chaque jour, dans un homme sain, toute la masse du sang passe 432 fois, et chaque heure 18 fois par le cœur.

3°. Je multiplie 365 par 432, j'ai pour *produit* 157680.

4°. Je multiplie 18 par 6, parce que l'année contient 365 jours et 6 heures ; j'ai pour *produit* 108.

5°. J'additionne ces deux *produits*, j'ai pour *somme totale* 157788, nombre qui exprime combien de fois, chaque année, toute la masse du sang passe par le cœur d'un homme sain.

Le Maître. Voilà ce qu'on appelle une véritable démonstration.

Le Disciple. Que je me félicite de savoir l'arithmétique, et de la savoir scientifiquement ! Je résoudrois, comme en badinant, non pas un, mais cent problèmes de cette espèce. J'ai 18 ans ; je n'ai qu'à multiplier 157788 par 18, le produit m'apprendra nécessairement combien de fois toute la masse de mon sang a passé par mon cœur depuis que je suis au monde.

Le Maître. N'allez pas si vîte ; vous pourriez vous tromper dans votre calcul, tout simple et tout évident qu'il vous paroît.

Le Disciple. Je regarde la chose comme impossible.

Le Maître. Dans les jeunes gens le sang circule beaucoup plus vîte, que dans les personnes dont le tempérament est formé. Première cause d'erreur dans votre calcul.

N'avez-vous jamais été , je ne dis pas en colère, mais en vivacité ? Alors votre sang circuloit plus vîte. Seconde cause d'erreur dans votre calcul.

N'avez-vous jamais eu la fièvre ? Il en est de si violentes, qu'elles obligent le sang de passer par le cœur, non pas seulement 18, mais 25, 30, 36 fois chaque heure. Troisième cause d'erreur dans votre calcul.

Le Disciple. Vous avez raison , il y auroit plusieurs corrections à faire dans la solution de ce dernier problème ; nous ne pourrions avoir que des *à peu prés.* Je crois que vous avez oublié la promesse que vous me fîtes à la fin de la vingt-deuxième leçon.

Le Maître. Quelle est cette promesse ?

Le Disciple. Vous deviez me faire connoître, à la fin de cette leçon, Malebranche, Stenon et Sylvius. Vous ne me parlâtes que du premier, et vous ajoutâtes que, dans une autre occasion, vous me parleriez des deux autres ; vous devriez le faire maintenant.

Le Maître. Cela est juste. Nicolas Sténon naquit à Copenhague le 10 janvier 1638. On doit le mettre au rang des plus grands Anatomistes de son siècle. Il fut Médecin de Ferdinand II, grand Duc de Toscane, et Précepteur du petit-fils de ce Prince. Il enseigna ensuite l'anatomie à Copenhague avec tout l'éclat imaginable. Il a beaucoup composé sur différentes parties du corps humain, et sur-tout sur le cerveau. Je vous ai fait connoître, au commencement de ma vingt-deuxième leçon, le discours qu'il fit sur cette cavité dans une assemblée d'Anatomistes ; c'est un monument de sa science et de sa modestie.

Né et élevé dans la secte de Luther, Stenon embrassa la religion catholique en l'année 1669 et l'état ecclésiastique en 1677. Il fut sacré Evêque de Titiopolis en Grèce par le Pape Innocent XI, et il fut envoyé par le même Souverain Pontife dans l'électorat d'Hanovre avec le titre de vicaire apostolique dans tout le nord. Il mourut à Swerin dans l'exercice des missions les plus laborieuses, à l'âge de 48 ans, le 25 novembre 1686.

Le Disciple. Il ne me reste maintenant qu'à connoître Sylvius.

Le Maître. Jacques Sylvius nâquit à Lavilly près d'Amiens en l'année 1478. Il se distingua dans les Mathématiques, dans la Médecine et sur-tout dans l'Anatomie. Descartes sans doute ne connoissoit pas ses découvertes sur la glande pinéale ; il ne l'auroit jamais assignée comme le trône d'où l'ame préside à toutes les opérations du corps. Il mourut en l'année 1555, à l'âge de 77 ans. Il ne faut pas le confondre avec François Sylvius, son frère, fameux principal du collége de

Tournai à Paris, qui travailla beaucoup à introduire en France le goût des belles-lettres.

Le Disciple. Je n'oublierai jamais les découte de Jacques Sylvius. Il trouva la glande pinéale pétrifiée dans le corps d'un homme qui venoit d'expirer, et qui avoit joui, quelque temps auparavant, de la santé la plus parfaite. Vous avez tiré, dans la vingt-deuxième leçon, *pag.* 351, les conséquences les plus légitimes d'une découverte si intéressante.

Le Maître. Vous aimez l'étude, je le sais ; vous avez fait des progrès dans la Physique ; il s'agit d'en donner une preuve éclatante.

Le Disciple. Quelle est cette preuve ? Je la donnerai volontiers. Elle sera sûrement éclatante. Les leçons que vous me donnez, sont connues non seulement dans toute la France, mais encore chez l'Etranger. Vous devez être bien flatté que, dans un temps où l'on ne lit que les papiers-nouvelles, on demande vos leçons avec tant d'empressement. Quelle est donc cette preuve ?

Le Maître. Il faut dans huit jours me rendre compte des leçons que je vous ai faites depuis six mois.

Le Disciple. Dans huit jours ! Le terme est bien long. Dans trois, si vous le voulez.

Le Maître. Je ne le veux pas ; un excès d'étude pourroit endommager votre santé. Vous savez jusqu'à quel point je m'y intéresse.

XXVI. Leçon

XXVI. Leçon.

Récapitulation de tout ce qui a été dit dans les leçons précédentes.

L E *Maître.* Je vous en ai prévenu; c'est ici sans contredit la leçon la plus intéressante que vous ayez encore prise. Il s'agit d'étudier avec ordre, et de ranger dans votre mémoire les choses que vous avez apprises, de manière à éviter toute confusion. Depuis huit jours vous vous préparez à me rendre compte de ce que contiennent de plus essentiel les XXV leçons que je vous ai données. Pouvons-nous commencer aujourd'hui ? Etes-vous prêt à me répondre?

Le Disciple. Je le suis. Je vous prie cependant de différer jusqu'à demain cette récapitulation, ou plutôt cette espèce d'examen; je ne serai pas le seul à le subir. J'espère même que la personne que je vous emmenerai, répondra au moins aussi bien que moi. Si cela arrive, le jour de demain sera pour moi le plus beau jour de ma vie.

Le Maître. Je n'entends presque rien à tout ceci. Je n'ai eu d'autre disciple que vous. Expliquez-vous et mettez-moi au fait de tout.

Le Disciple. Ne vous ai-je pas dit, à la fin de la septième leçon, que j'apprenois la Physique à une jeune personne qui m'est infiniment chère? N'ai-je pas ajouté qu'elle en savoit autant que moi, et que j'espérois que, dans peu de temps, elle partageroit avec moi l'avantage que j'ai de vous entendre. Dès demain vous vous convaincrez de la vérité du fait.

Tome I.   C c

Le Maître. Quelle est cette jeune personne ?

Le Disciple. C'est ma cousine, Mlle. Caroline.

Le Maître. Mlle. Caroline, que vous me faites plaisir ! Je renchérirai toujours sur les éloges qu'on lui donnera ; ils seront inférieurs à son mérite. Rendez-vous demain chez votre cousine sur les quatre heures du soir ; ce sera chez elle que dorénavant nous tiendrons nos séances. Mon respect et mon attachement pour tout ce qui compose sa respectable famille, sont connus de tout le monde.

Le Disciple. Le mot de *disciple* est un mot générique ; vous en aurez deux dans la suite. Comment ferez-vous, dans vos leçons imprimées, pour que le lecteur ne confonde pas les réponses de ma cousine avec celles que je vous aurai faites ?

Le Maître. Votre nom de baptême est Théodore. Les trois interlocuteurs seront donc le *Maître*, *Théodore* et *Caroline*.

Le Disciple. Je me rendrai demain, à l'heure marquée, chez ma cousine. Il me tarde que vous jugiez par vous-même des progrès qu'elles a faits en Physique.

Le Maître. Vous comprenez facilement, l'un et l'autre, quel est le plaisir que j'aurai à vous entendre. Ce sera Mlle. Caroline qui me rendra compte de la première leçon ; Théodore analysera la seconde ; Caroline la troisième, et ainsi de suite jusqu'à la vingt-cinquième leçon inclusivement. Vous pouvez commencer.

Caroline. Votre première leçon est sur la Physique considérée en général, en elle-même et dans son objet. N'a-t-on aucune teinture de Physique ? On est comme étranger sur la terre. A-t-on assez étudié la nature, pour mériter, à juste titre, le nom de Physicien ? Rien n'étonne dans ce vaste univers ; on le parcourt, depuis le centre du globe que nous habitons, jusqu'à la région des étoiles fixes, à peu près comme fait un homme qui visite les différens appartemens d'un palais magnifique qu'il vient de faire meubler. Telle est la conséquence qu'il faut tirer de l'énumération intéressante que vous avez faite des avantages que procure l'étude d'une science qui a pour objet immédiat le corps en général, et tout corps quelconque en particulier. Vous appellez *corps* toute substance qui a les trois différentes dimentions ; la longueur, la largeur et la profondeur ou l'épaisseur. Vous assurez que tous les corps sont composés de quatre différens principes connus sous le nom *d'élémens primitifs*, l'air, l'eau, la terre et le feu ; et vous prouvez que c'est l'arrangement et la configuration des parties sensibles et insensibles, qui place un corps dans une espèce plutôt que dans une autre. C'est à vous, Théodore, à rendre compte de la seconde leçon.

Théodore. La seconde leçon est sur la petitesse incompréhensible des parties élémentaires des corps. Pour donner une idée de cette petitesse incompréhensible, vous avez prouvé, par les expériences les mieux constatées, et le plus souvent réitérées, qu'un grain de sable a plus de masse vis-à-vis une partie élémentaire quelconque, que la terre entière n'en a vis-à-vis ce grain de sable. L'observation qui m'a le plus frappé et le mieux convaincu, est celle de ce nombre infini de rayons de lumière qui passent très-librement et sans se confondre par la prunelle d'un homme qui a la vue excellente, et qui, du haut d'une montagne, distingue tant d'objets différens : vous avez conclu de là que la matière

est actuellement divisible et divisée autant qu'il
est nécessaire à la conservation de l'univers,
c'est-à-dire, en des parties encore plus subtiles,
que tout ce que nous pouvons nous imaginer de
plus délié. Caroline, vous pouvez continuer.

Caroline. La troisième leçon est sur l'air
considéré en général. L'air est un corps fluide,
grave et élastique, répandu jusqu'à une certaine
hauteur aux environs de la terre. Sa pesanteur
est démontrée; elle n'a pas été inconnue à Aristote dont vous avez fait l'éloge le plus pompeux.
Le ressort de l'air est aussi démontré que sa pesanteur. Après avoir parlé de l'élasticité en général, vous avez prouvé, par les expériences les
plus décisives, que l'air est peut-être le plus élastique de tous les corps. Vous avez donné, dans
la troisième leçon, à Boyle et à Hales les éloges qu'ils méritent à tant de titres. Nous en sommes à la quatrième leçon; c'est vous, Théodore, qui en ferez l'abrégé.

Théodore. La quatrième leçon est sur l'atmosphère terrestre, considérée en général. Après en
avoir fait la description et expliqué la nature,
vous en avez examiné la hauteur qu'on prétendoit, il n'y a pas encore 40 ans, n'être que de
15 à 20 lieues tout au plus. Vous l'avez fixée à
300 lieues de hauteur perpendiculaire. Vous avez
donné une idée de la densité des corps en général et de celle de l'air en particulier. Vous avez
enfin calculé avec quelle force l'atmosphère terrestre, grave et élastique de sa nature, presse la
surface d'une lieue quarrée; et ce calcul vous a
servi à donner une idée de la pression totale
de l'atmosphère sur la surface de la terre. Caroline, c'est à vous à parler; il me tarde de vous
entendre.

Caroline. La cinquième leçon est sur le baromètre. Vous avez d'abord fait la description de cet instrument météorologique, et vous avez donné à son inventeur *Toricelli* les éloges qu'il mérite. Vous en avez ensuite expliqué le mécanisme, et à cette occasion vous avez rapporté l'expérience que M. Dupérier, à la prière de Descartes, fit en Auvergne, en plaçant deux baromètres parfaitement égaux; l'un au pied et l'autre au sommet de la montagne du *Puy de Domme*. Enfin, par le moyen de la pesanteur et du ressort de l'air, vous avez répondu à toutes les questions qu'on a coutume de faire sur le baromètre. Théodore, vous pouvez continuer.

Théodore. La sixième leçon est sur le baromètre-phosphore, c'est-à-dire, le baromètre qui, secoué dans les ténèbres, donne une très-vive lumière. Nous devons à M. Picard la découverte de ce phénomène, et à M. Jean Bernoulli la construction de cet instrument météorologique. Vous avez fait connoître ces deux grands hommes. Vous avez adopté la construction de M. Bernoulli, et vous avez rejeté l'explication qu'il donne d'un phénomène que vous regardez comme purement électrique. Par le moyen du baromètre-phosphore, vous avez réglé les variations et déterminé la hauteur moyenne de tout baromètre à mercure.

Caroline. La septième leçon est sur les météores considérés en général, et sur les nues considérées en particulier. Vous avez d'abord donné la définition des météores considérés en général, que vous avez divisés en *aqueux*, *aériens* et *ignés*. Vous avez regardé les vapeurs et les exhalaisons comme la matière de ces météores. Vous avez appris comment se forment les vapeurs et les

exhalaisons, et par quel mécanisme elles s'élèvent dans l'atmosphère. Vous avez encore appris
comment se forment les nues; vous avez parlé
de leur élévation au-dessus de la surface de la
terre, de leurs couleurs, de la différence qu'il
y a entre les nues et les nuages, les nuages et
les brouillards.

Théodore. La huitième leçon est sur les brouillards. Après avoir donné une idée générale de
ce météore destructeur, vous avez distingué les
brouillards d'hiver d'avec les brouillards d'été;
ceux-ci doivent s'élever le soir, et ceux-là le
matin. Vous avez expliqué pourquoi un seul
brouillard, lorsque les épis sont prêts à être
moissonnés, lorsque la vigne, les oliviers sont
en fleurs, etc., fait souvent évanouir, dans une
matinée, les espérances les mieux fondées. Ce
qu'il y a de plus fâcheux, c'est que vous les regardez comme un mal sans remède. On ne peut
guère plus se garantir des effets des brouillards,
que de ceux de la gêlée, de la grêle, des inondations, etc.

Vous en êtes ensuite venu aux brouillards que
vous appelez *extraordinaires*, tels que ceux que nous
eûmes aux mois de juin et de juillet de l'année
1783. Vous en avez fait l'histoire intéressante;
et il n'est aucun de leurs effets qui n'ait été suivi
d'une explication physique.

Caroline. La neuvième leçon est sur la neige.
Après avoir réfuté les idées de Descartes sur ce
météore, vous en avez donné une description
exacte, et vous en avez expliqué la formation
d'une manière conforme aux lois de la saine Physique. Vous avez assuré que la neige ordinaire
est neuf fois plus rare que l'eau. Vous avez expli-
pliqué d'où vient son excessive blancheur. Vous

avez fait l'énumération des bons et des mauvais effets de la neige.

Comme l'année 1784 fera époque en Physique, parce que les annales de cette science ne font mention d'aucun année où la neige ait été aussi abondante, aussi constante et aussi générale, vous vous êtes occupé de ce phénomène. Vous le regardez comme la suite nécessaire des fameux brouillards de l'année précédente. Cette explication vous est propre ; quiconque se l'appropriera ne sera qu'un misérable plagiaire. L'on trouve, à la fin de la neuvième leçon, l'éloge de *Muschembroek.*

Théodore. La dixième leçon est sur la pluie. Comment les vapeurs se changent-elles en pluie ? Pourquoi les gouttes de pluie sont-elles plus grosses pendant l'été que pendant l'hyver ? Quelle est la partie dominante dans les nuages qui se fondent en pluie ? Y a-t-il jamais eu des pluies de sang ? Quelle quantité de pluie tombe-t-il ordinairement chaque année ? Quels sont les effets de la pluie ? Voilà ce que vous avez expliqué dans la dixième leçon.

Caroline. La onzième leçon est sur la grêle, la rosée et le serein. Après avoir appris comment la pluie se change en grêle, vous avez expliqué pourquoi elle ne tombe pour l'ordinaire que pendant l'été ; pourquoi elle est tantôt plus et tantôt moins grosse, et pourquoi on ne doit pas la confondre avec le verglas.

Vous en êtes venu à la rosée. Vous en avez assigné la cause, et vous nous avez appris, par l'expérience la plus décisive, qu'elle monte au lieu de tomber.

Enfin, ce que vous avez dit sur le serein, prouve combien il est dangereux de s'y exposer. Il n'est pus .cependant la cause de la maladie connue sous le nom de *goutte sereine*.

A la fin de cette leçon, vous avez fixé le point du *vrai orient* et celui du *vrai occident*.

Théodore. La douzième leçon ne contient que des notions préliminaires à la théorie des vents. Vous avez d'abord fait l'analyse de la dissertation de Descartes sur les causes physiques des vents ; vous en avez relevé les beautés et les défauts ; et comme il y parle de l'*éolypile*, vous avez dit sur cette machine tout ce que doit en savoir un Physicien. Vous avez ensuite fixé sur l'horizon les huits *points* d'où soufflent les 4 vents *cardinaux* et les 4 vents *collatéraux*.

Caroline. Si j'avois rendu compte de cette leçon, j'aurois fait remarquer, Théodore, que vous avez fait à l'éolypile ordinaire des changemens qui vous ont mérité, de la part de votre maître, les éloges les plus flatteurs. Venons-en à la treizième leçon ; elle a pour objet les causes physiques des vents ; elle sont au nombre de cinq, la raréfaction de l'air, son ressort, les feux souterrains, la chûte des nuages, et l'action de la lune sur l'atmosphère terrestre. C'est vous qui avez découvert cette cinquième cause.

Par le moyen de ces causes, tantôt prises solitairement et tantôt combinées les unes avec les autres, Théodore a expliqué très-facilement les 4 vents principaux, les vents alizés, les ouragans, etc.

Le Maître. Vous voilà, Théodore, au comble de vos vœux ; Caroline a aussi bien répondu que vous.

Théodore. Elle a beaucoup mieux répondu ; j'étois trop transporté de joie, pour être dans mon assiette ordinaire.

Le Maître. Quoi qu'il en soit ; vous avez l'un et l'autre, besoin de repos ; la séance a dû être aussi fatigante pour vous, qu'elle a été agréable pour moi. Demain je me rendrai ici à la même heure. Nous continuerons ; ce sera vous, Théodore, qui rendrez compte de la quatorzième leçon.

Théodore. La quatorzième leçon est sur les vents pluvieux et les vents secs. Vous avez adopté la théorie de M. Ducarla. Ce grand Physicien prétend que les vents courant au hazard sur la surface de la terre, arrosent nécessairement les contrées qu'ils rencontrent, avant de franchir les chaînes des montagnes, et dessèchent nécessairement celles qu'ils trouvent après ce passage. Vous avez exposé cette nouvelle théorie avec tant de clarté, que vous m'avez mis en état d'expliquer facilement tout ce qui a rapport aux vents pluvieux et aux vents secs, non seulement dans le pays que nous habitons, mais encore dans presque toutes les parties de l'univers.

Caroline. La quinzième leçon est sur l'hygromètre et sur l'anémomètre. L'hygromètre est un instrument météorologique destiné à nous indiquer l'état actuel de l'atmosphère terrestre, par rapport à l'humidité et à la sécheresse. Vous avez rejeté tous ceux qui ont paru avant l'hygromètre *à plume* inventé, il y a quelques années, par M. Buissart. Vous avez fait la description de cet instrument météorologique, et vous vous l'êtes approprié en le rendant hygromètre *de comparaison.*

Vous en êtes ensuite venu à *l'anémomètre*, instrument destiné à nous faire connoître la direction et la force du vent. Les girouettes sont des

anémomètres *simples* qui ne nous font connoître
que la direction du vent; il n'est que l'anémomètre *composé* qui en fasse connoître la direction et
la force. Vous avez appris à construire facilement
un pareil instrument.

Théodore. La seizième leçon est sur le son considéré en général, et dans l'organe de l'ouïe en
particulier. Vous avez fait l'éloge de M. de la
Hire, qui a prouvé, par l'expérience la plus sensible et la plus décisive, que le son consiste dans
un mouvement de frémissement et de trémoussement impri.né par la percussion aux parties insensibles des corps sonores. Vous avez fait la
description anatomique des différentes parties
dont l'oreille est composée. Vous avez placé l'organe de l'ouïe dans les nerfs qui tapissent l'intérieur du *labyrinthe*; et comme, dans la leçon
suivante, vous devez conduire le son jusqu'au
siége de l'ame, vous avez donné des notions
préliminaires sur les *nerfs*, les *esprits vitaux* et
le *centre ovale*.

Caroline. La 17e. leçon est sur le son considéré dans l'air. Vous avez prouvé que l'air est en
même temps *corps sonore* et *véhicule du son*, et
vous avez ajouté qu'il ne seroit ni l'un ni l'autre,
si ce n'étoit pas un fluide pesant et élastique.
Vous avez ensuite conduit le son depuis le corps
sonore jusqu'à l'organe de l'ouïe, et de l'organe
de l'ouïe jusqu'au siége de l'ame. Vous avez expliqué pourquoi, ayant deux oreilles, nous n'entendons pas deux fois le même son; pourquoi
nous entendons en même temps, d'une manière
distincte, des sons diamétralement opposés entre
eux; pourquoi, parmi les sons, les uns sont
agréables et les autres désagréables; pourquoi la
monotonie a coutume de nous endormir; pour-

quoi, parmi les hommes , les uns ont plus de goût pour l'harmonie que les autres , etc. L'on trouve à la fin de cette leçon les éloges de M. le Monnier et du P. Regnault.

Théodore. La 18e. leçon est sur le son direct et sur le son réfléchi. Nous recevons tantôt le son direct simplement, tantôt le son direct et le son réfléchi en même temps, et tantôt le son réfléchi seulement. J'ai eu le bonheur de bien saisir cette théorie ; aussi ai-je expliqué sans peine une foule de phénomènes plus intéressans les uns que les autres. Il n'est plus rien qui m'embarrasse dans le mécanisme des échos *simples* et des échos *poliphones.* Vous m'avez prouvé que le son parcourt 173 toises dans une seconde de temps, et par là vous m'avez mis à même de savoir à quelle distance se trouve le nuage qui porte le tonnerre.

Caroline. La 19e. leçon est sur le son articulé ou la parole. Il étoit naturel qu'une personne de mon sexe analysât cette leçon : vous y parlez d'une fille qui nâquit sans langue, et qui cependant parla aussi facilement que le commun des hommes. Pour savoir comment se forme la parole , il faut savoir auparavant ce que c'est que la poitrine, les poumons, la trachée-artère, la langue, etc.; aussi avez-vous donné la description anatomique de ces différentes parties du corps humain. Vous avez ensuite expliqué comment le son, d'abord inarticulé, se change en son articulé. Vous avez fait l'éloge de MM. Dodart et de Jussieu.

Théodore. La 20e. leçon est sur les sons relatifs ou les tons qui sont l'objet de la musique. Il y a dans la musique sept tons principaux, le *ton fondamental* , la *quinte* , la *quarte* , *l'octave* , la *quinte de l'octave*, la *quarte de l'octave* et la *double octave*. C'est en mêlant ces tons artistement et avec goût, que l'on fait ce qu'on appelle *consonnance* ou *accord*. Vous avez donné des règles infaillibles sur la longueur, la grosseur et la tension des cordes des instrumens de musique. Vous avez terminé cette leçon par l'éloge de l'harmonie.

Caroline. La 21e. leçon est sur le goût, l'odorat et le tact. Après avoir assigné l'organe du goût, et après en avoir conduit la sensation jusqu'au siège de l'ame, vous en êtes venu aux saveurs que ce sens a pour objet. Vous les avez réduites à sept espèces, diversifiées par la figure et la quantité des parties salines qu'elles contiennent. Rien de plus curieux que ce que vous avez dit sur le sel *marin* et le sel *gemme*, de même que sur les sels *acide*, *alkali* et *neutre*.

Vous en êtes ensuite venu à l'odorat dont vous avez assigné l'organe et conduit la sensation jusqu'au siége de l'ame. Vous prétendez que les odeurs ont pour cause des corpuscules très-déliés de sel et de soufre; et c'est de la figure de ces corpuscules que vous tirez la différence spécifique des odeurs. Vous avez expliqué comment elles causent l'éternuement; et ce mouvement convulsif vous a donné occasion de faire l'histoire du tabac.

Enfin, vous avez fait l'éloge de Malpighi, qui a découvert que les *houpes nerveuses*, placées entre l'épiderme et la peau, sont l'organe du tact dont vous avez conduit la sensation jusqu'au siége de l'ame. Comme ce sens est général, il a pour objet tous les corps sensibles.

Théodore. La 22e. leçon est sur les sens intérieurs, la mémoire, l'imagination et le sens commun. Comme ces sens ont leur organe dans le cerveau, vous avez dit de cette partie si essentielle dans le corps humain, ce qu'un Physicien ne doit pas ignorer. Vous avez placé l'organe de la mémoire dans toute la *substance cendrée* du cerveau, et sur-tout dans la portion de cette substance qui répond au front. C'est là tellement son organe naturel, que vous n'avez eu aucune peine à expliquer tout ce qui peut avoir quelque rapport avec la mémoire.

Vous avez ensuite placé l'organe de l'imagination dans la *partie calleuse* qui se trouve au-dessus du centre ovale; et adoptant les principes de Malebranche dont vous avez fait le plus grand éloge, vous avez expliqué, d'une manière vraisemblable, les phénomènes incroyables, suite naturelle d'une imagination vive, de celle sur-tout des femmes enceintes.

Vous avez enfin assigné pour l'organe du sens commun, et par conséquent pour le siége de l'ame, le fameux *centre ovale*, à l'exclusion de la glande pinéale.

Caroline. La 23e. leçon est sur la digestion. C'est l'action par laquelle les parties les plus crasses des alimens sont séparées des plus subtiles. Les parties du corps qui contribuent le plus à la digestion, sont l'estomac, le foie, le pancréas et les intestins. Vous en avez fait la description anatomique. La première digestion se fait dans la bouche par la salive et la mastication; la seconde dans l'estomac par la chaleur, la trituration et les sucs dissolvans, dont le plus actif est le suc gastrique. De là vous avez tiré l'explication des picotemens insupportables occasionnés par la faim, par la soif, et sur-tout par la faim canine. Enfin, la digestion s'achève dans les intestins par le moyen de la bile et du suc pancréatique. L'histoire de votre *lithophage* m'a fait beaucoup de plaisir. Vous avez terminé cette leçon par les éloges dus à Boerhave, Dionis et Vésal.

Théodore. La 24e. leçon est sur la circulation du sang. Vous avez prouvé que le sang va du cœur aux extrémités du corps par les artères, et que des extrémités du corps il retourne au cœur par les veines. Il suit du calcul que vous avez fait, à la fin de cette leçon, que chaque heure, toute la masse du sang passe 18 fois par le cœur de l'homme. Vous regardez les mouvemens alternatifs de *diastole* et de *systole* comme la cause physique de cette circulation.

Caroline. La 25e. leçon est sur l'air méphitique. Vous avez prouvé que le charbon allumé, la putréfaction et la respiration des hommes, et des animaux rendent l'air assez méphitique, pour causer la mort à ceux qui le respireroient. Vous avez fait l'énumération de plusieurs autres causes qui procurent à l'air un méphitisme moins dangereux. Vous avez enfin donné différentes méthodes de purifier l'air atmosphérique. La plupart des leçons sont terminées par des règles d'arithmétique absolument nécessaires à un Physicien.

Le Maître. L'analyse que vous venez de faire des leçons que contient ce premier volume, leur donne un nouveau prix. Recevez-en tous mes remercîmens.

FIN du Tome premier.

TABLE DES MATIERES

Contenues dans le premier Volume.

FAUTES A CORRIGER.

Page 19, ligne 21 , notre, *lisez* votre.
  32, lig. 6 , envers, *lisez* entre.
  92, lig. 4 , ceux-ci, *lisez* celui-ci.
  112, lig. 24 , avez , *lisez* ayez.
  116, lig. dernière, courpissantes, *lisez* croupissantes.
  148, lig. 19 , de vers, *lisez* des vers.
  155, lig. 8 , de, *lisez* du.
  279, lig. 27 , avançant, *lisez* avancent.
  306, lig. 25 , un , *lisez* une.
  355, lig. 11 , le, *lisez* la.
  356, lig. 13 , $\frac{-}{-}$, *lisez* $\frac{1}{2}$.
  372, lig. 34, Pourquoi cette, *lisez* Pourquoi ? Cette.
  376, lig. 31, conglobar, *lisez* conglobat.

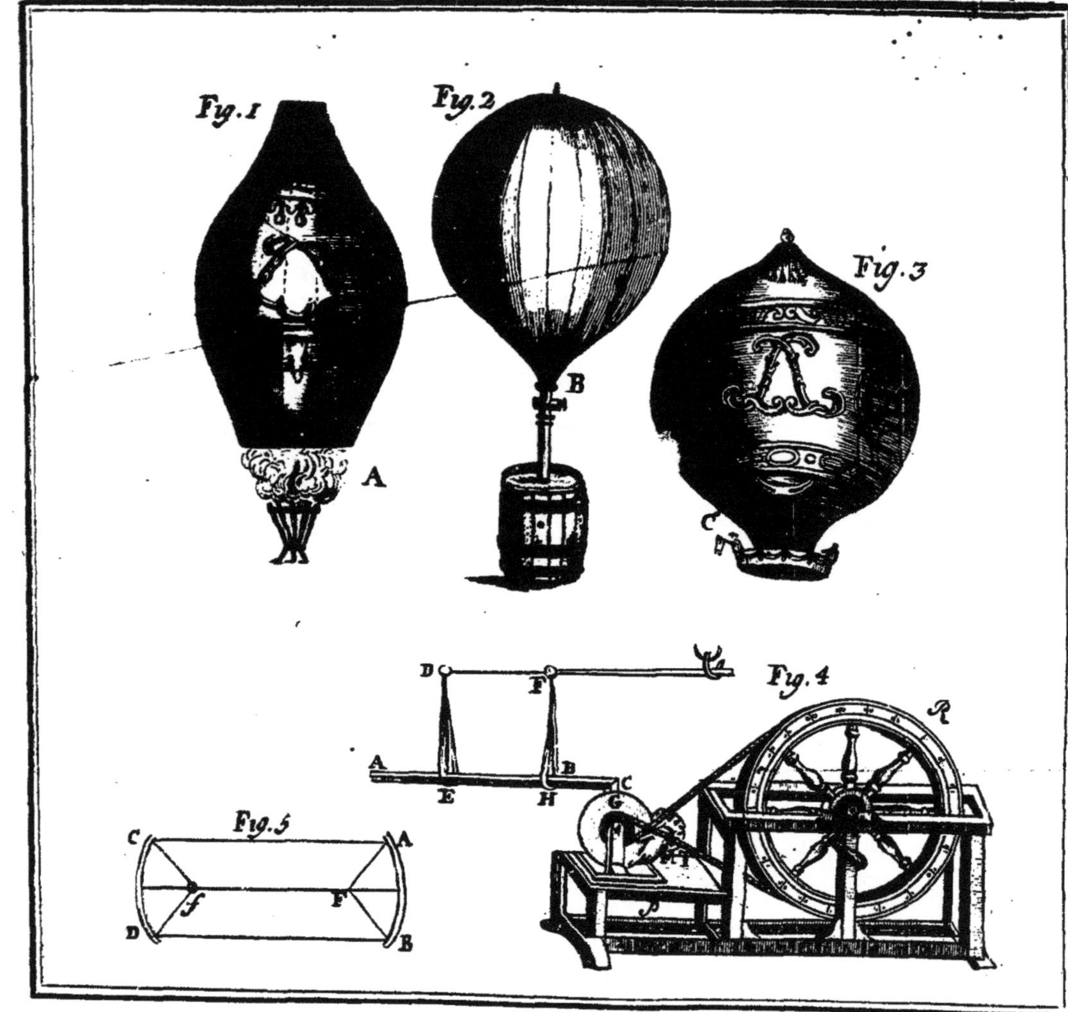

Fig. 1
Fig. 2
Fig. 3
A
B
Fig. 4
D
F
A
E
H
B
C
G
R
P
Fig. 5
C
A
D
f
F
B

www.ingramcontent.com/pod-product-compliance
Ingram Content Group UK Ltd.
Pitfield, Milton Keynes, MK11 3LW, UK
UKHW021914070726
13614UKWH00001B/21